Digital Information Resources Strategy Planning

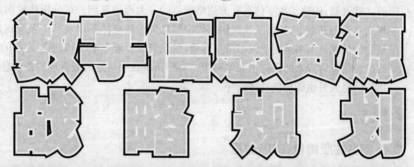

数字信息资源战略规划

——基于"我国学术数字信息资源公共存取战略"的分析

——Analysis of "China's Academic Digital Information Resources Public Access Strategy"

南京大学"985"工程资助

◆ 柯 青 著

U0148582

东南大学出版社
·南京·

内 容 简 介

本书综合了图书情报学、信息科学、管理科学、社会科学等相关领域的理论与方法,通过全面系统的文献调研,构建了数字信息资源战略规划的三大理论基础。在分析比较国内外数字信息资源战略规划案例的基础上,提出了我国国家数字信息资源战略体系以及基于系统观的数字信息资源战略规划分析模式。本书适用于图书情报专业、信息资源管理专业、编辑出版专业的科研与教学人员以及高等院校信息管理系的研究生和本科生。对于从事数字信息资源管理的各信息机构、政府部门、企事业单位信息人员也能提供具体指导。

图书在版编目(CIP)数据

数字信息资源战略规划:基于"我国学术数字信息资源公共存取战略"的分析/柯青著. —南京:东南大学出版社,2008.12
ISBN 978 - 7 - 5641 - 1489 - 3

Ⅰ. 数… Ⅱ. 柯… Ⅲ. 信息管理-研究-中国 Ⅳ. G203

中国版本图书馆 CIP 数据核字(2008)第 188282 号

数字信息资源战略规划——基于"我国学术数字信息资源公共存取战略"的分析

著:柯 青
策划编辑:张 煦
文字编辑:吕雪筠
装帧设计:王 玥
出 版 人:江 汉
出版发行:东南大学出版社
社　　址:江苏省南京市四牌楼 2 号(210096)
经　　销:江苏省新华书店
印　　刷:南京玉河印刷厂
版　　次:2008 年 12 月第 1 版　2008 年 12 月第 1 次印刷
开　　本:B5
印　　张:16
字　　数:350 千字
ISBN 978 - 7 - 5641 - 1489 - 3/G · 139
定　　价:30.00 元

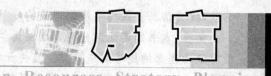
现代信息技术的迅猛发展,特别是数字环境的形成,使得信息的生产、存储和传递方式发生了革命性的变化。数字信息资源以传统信息资源难以比拟的优势逐渐成为信息资源的主体。一方面,全球数字信息资源的数量激增,为人类创造了历史上前所未有的数字信息的海洋。另一方面,人们越来越深刻地认识到,数字信息资源已成为新的开放环境下政治、经济、文化和军事等国际竞争的焦点,成为国家的重要战略资源。在这种背景下,迫切需要研究数字信息资源战略规划理论和实践问题,探讨我国的数字信息资源战略。因此,柯青同志所著的《数字信息资源战略规划研究》一书,具有重要的理论意义和现实意义。

本书综合了情报学、图书馆学、出版学、管理科学以及系统科学的思想,研究国家层次的数字信息资源战略规划。书中首先详细研究了形成数字信息资源战略规划的三大理论来源:数字信息资源理论、现代企业战略规划理论以及信息资源规划理论,构建了数字信息资源战略规划的理论基础。其次,对国内外已经形成的数字信息资源战略的主要内容进行述评,采取对比方法,分析我国数字信息资源战略规划存在的问题。接着,本书提出了基于系统观的数字信息资源战略规划模式,其中有关采用 PEST 方法对国家数字信息资源的环境进行分析的思路是一个独到的尝试。最后,通过实证分析,探讨我国数字信息资源公共存取战略,作者所提出的系统观的战略规划模式在实证分析中得到了淋漓尽致的应用,再一次验证了本书中提出的数字信息资源战略规划模式的科学性和可行性。

本书结构严谨,条理清楚,论点明确,文字流畅,是一本具有一定理论深度和新意的论著。其学术价值在于:

首先,它突破了当前对数字信息资源管理的研究集中于微观层次,偏技术管理的局限,从宏观视野来研究数字信息资源开发利用问题,通过系统化和深层次地分析数字信息资源发展中的各种环境因素,构建数字信息资源战略。其研究成果将丰富和完善信息资源管理的理论体系,提高信息资源管理理论服务于社会的能力。

其次,将企业战略理论引入到数字信息资源战略规划中来,拓宽了战略理论的应用领域。战略的概念产生于军事领域,随后迅速推广到经济、社会领域,相关理论在实践中不断发展,信息资源战略规划是信息管理与战略规划理论交融的结果。通过本书作者的研究,将为信息资源战略规划引进充分的理论依据、科学的思维模式、适宜的研究方法,促进信息资源战略规划理论的发展。

第三,本书的实证部分将重点探讨学术数字信息资源的公共存取战略,提出了以开放存取为理念的战略实施方案。有关开放存取是近年来学术界的研究热点,本书的研究是建立在对大量的国外文献调研基础之上的,许多知识尚属首次在国内出现。这方面的工作将促进国内学术界对开放存取研究的进程。

除了上述学术价值外,本书的研究对于促进我国数字信息资源保障体系的建设和数字信息资源的开发利用,消除数字鸿沟的影响,推进国家信息化发展战略,进而推动我国综合国力的提高和社会全面发展具有重要现实意义。其对学术数字信息资源的公共存取战略的研究,对于促进学术数字信息资源的公开获取、促进科研信息的快速交流,刺激科研创新,实现科技强国目标,具有积极意义。

本书是在作者博士学位论文的基础上写成的,也是作者参加教育部哲学社会科学研究重大课题攻关项目"数字信息资源的规划、管理与利用研究"的重要成果之一。作为柯青同志的博士研究生指导教师,我很高兴应作者之邀,为其著作出版作序。

孙建军

2008 年 10 月

数字信息资源战略规划是对数字信息资源发展中的战略性重大问题进行全局性、长远性、根本性的重大谋划。它既是基于对数字信息资源管理的创新发展,同时也是数字信息资源管理的更高层次要求。通过对数字信息资源战略规划的研究,突破当前对数字信息资源管理集中于微观层次,偏技术角度的局限,从宏观的视野来研究数字信息资源的开发利用问题,既丰富和完善了数字信息资源管理的理论体系,又促进了数字信息资源的开发利用,消除数字鸿沟的影响,推进国家信息化发展。

本书综合了图书情报学、信息科学、管理科学、系统科学等相关领域的理论与方法,通过全面系统的文献调研,构建了数字信息资源战略规划的三大理论基础:数字信息资源理论、企业战略规划理论及信息资源规划理论。在分析比较国内外数字信息资源战略规划案例的基础上,提出了我国国家数字信息资源战略体系以及基于系统观的数字信息资源战略规划分析模式。其中,我国国家数字信息资源战略体系沿着数字信息资源生命周期和类型两条交叉主线来构建,形成一个三层次的体系结构。最外层按照数字信息资源类型划分为政务数字信息资源战略、公益数字信息资源战略和商业数字信息资源战略;中间层按照数字信息资源的生命周期分为数字信息资源生产、采集、配置、存取、归档、销毁/回收6个子战略;核心内容层包括数字信息资源的法律政策、标准规范、技术创新、商业模式、组织机制和最佳实践。基于系统观的数字信息资源战略规划模式,将数字信息资源战略规划过程分为3个阶段:战略环境分析、战略功能定位、战略形成,并引入了PEST方法作为战略环境分析方法。这种模式依据数字信息资源的系统特性,将数字信息资源看成一个整体,明确数字信息资源发展的环境因素,并进行综合分析与评价,形成科学的战略。

随后,探讨了国家数字信息资源战略体系中的一个子战略——"我国学术数字信息资源公共存取战略"。提出借助开放存取运动给我国学术数字信息资源公共存取的实现带来的良好发展契机,从政策法规、经济、技术、社会等方面研究了我国实施以开放存取为理念的学术数字信息资源公共存取战略的总体外部环境和内部条件。构建了我国学术数字信息资源公共存取的SWOT模型。基于SWOT模型,提出了我国数字信息资源公共存取战略指导思想、基本方针、战略目标,构建了包括8个方面的战略内容和4个主要战略行动。这8个战略内容包括:普及开放存取理念,提高对学术数字信息公共存取的认识;建立保障数字信息资源公共存取的相关法律政策;加强网络设施建设和管理;加快制定数字资源标准规范;多种途径为公共存取提供经费支持;积极建设机构资源库;扶持开放存取期刊出版;提高公众信息获取技能。主要战略行动包括:推进创作共用协议的本地化进程;推动数字资源唯一标识符技术发展;利用网络广告来获取运营资金;加强信息质量控制措施。

通过这个子战略的研究,一方面,对本书提出的基于系统观的数字信息资源战略规划分析模型和方法在解决实际问题能力方面进行验证,另一方面,针对我国学术数字信息资源获取存在的问题,提出我国数字信息资源的公共存取战略,促进了我国学术信息资源的共享和利用。

本书的主要贡献是构建国家数字信息资源战略体系框架、提出了基于系统观的数字信息资源战略规划模式以及深入研究了我国学术数字信息资源公共存取战略。

Digital information resources strategy is an overall, long-term and fundamental planning on strategic and significant issues in digital information resources development process. It is an innovation and advancement over digital information resources management, as well as a higher-level demand of digital information resources management. From the study of digital information resources strategy planning, we will discuss the development and utilization of digital information resources from a macro view, which breaks through current research limitation, which is mostly from a technical and micro view. Our research will enrich and perfect digital information resources management theory system, accelerate the development and utilization of digital information, eliminate the impact of the digital divide, and promote national informatization development.

In this book, we use theories and methods from information science, management science, system science and other related domains. By comprehensive and systematic literature investigation, three theory foundations of digital information resources strategy planning are built. They are the digital information resources theory, the strategic planning theory and the information resources planning theory. Based on the comparative analysis of digital information resources strategy planning practices at home and abroad, we propose China's national digital information resources strategy system and a strategy planning model for digital information resources from a systematic view.

Our national digital information resources strategy system is built crossing the life cycle of digital information resources and types, and formed a three-layer structure. The outer layer is classified as government digital information strategy, public digital informaiton strategy and business digital information strategy according to digital information type. The middle layer is classified as the production, collection, allocation, access, preservation and destruction or transfer strategies according to digital informaiton life cycle. The inter layer is the core content of digtial information strategy including policies and rules, standards, technical innovations, business models, organizational mechanisms and best practices. In our model, the strategy planning process can be divided into three stages: environment analysis, function judgement and stragegy formation. PEST method is introduced into the analysis of digtial information resources strategy environments.

We further discuss one of the sub-strategy of national digital information resources strategy system-China's public access strategy to academic digital information resources. Open access movement has brought good development opportunities for the public access to academic digital resources. We study the overall environments and internal conditions including policies, regulations, economics, technological and social issues in the implementation of China's public access strategy to academic digital information based on the concept of open access. By systematic analyses, the SWOT model of China's public access strategy to academic digital information is provided. Further, we propose China's public access strategy to academic digital information, which includes guiding ideology, basic principles, strategy objectives, strategy contents and major strategy actions. The eight elements of the strategy include: (1) Popularize concept of open access, and improve public awareness on public access to digital information. (2) Build related policies and laws of public access to digital information resources. (3) Strengthen the building and management of network infrastructure. (4) Speed up the formation of strandards and norms of digital information resources. (5) Various channels to provide funding supports for public access. (6) Actively build the institutional repository. (7) Support the open access journal publishing. (8) Enhance skills of public access to information. The main strategy actions include: (1) Promote the localization process of creative common. (2) Speed up the development of digital objective identifier technology. (3) Active use Internet advertisements to obtain operating funds. (4) Strengthen information quality control measures.

The purpose of case study is, on the one hand to test the proposed system-based strategy planning model and method, on the other hand, to propose China's academic digital resources public access strategy and promote the sharing and utilization of academic digital resources in view of the problems occurred in the acquiring of academic digital resources.

The major contributions are to build a national digital information resources strategy system, to propose a strategy planning model based on system theory and to research the China's academic digital information resources public access strategy.

目录

数 字 信 息 资 源 战 略 规 划

1 绪　论

1.1　研究背景、意义及目的

1.1.1　研究背景

随着现代信息技术的迅速发展,特别是网络环境的形成,信息的生产、存储和传递方式发生了革命性的变化。数字信息资源以传统信息资源难以比拟的优势逐渐成为信息资源的主体,数字信息资源战略规划正是在全球数字信息资源的迅猛发展和数字信息资源战略地位确立的背景下提出的一个重要研究课题。

首先,是全球信息资源数字化背景。

20 世纪 90 年代中期以来,全球启动和实施了"数字图书馆"的研究,为人类创造了丰富多彩的数字资源①。这项研究首先始于美国。1994 年 10 月,美国国会图书馆就推出了数字化项目,使该馆馆藏逐步实现数字化,并领导与协调全国的公共图书馆、研究图书馆,将其收藏的图书、绘画、手稿、照片等转换成高清晰度的数字化图像并存储起来,通过互联网供公众利用②。1995 年 2 月 25～26 日,在比利时布鲁塞尔召开了全球信息社会讨论会,这次讨论会被视为西方主要发达国家在社会信息化进程中的一个重要里程碑。会议将 11 项示范计划之一的全球数字图书馆计划与数字博物馆计划等确立为全球信息社会化的重要组成部分③。

继美国之后,英国、法国、日本、德国、意大利等西方发达国家以及亚洲的新加坡、韩国等国家也先后提出了各自的数字图书馆计划。例如,法国将收藏的艺术精品及分散在法国各地的古书艺术插页用彩色高分辨率扫描仪录入光盘,目前法国国家图书馆的

① 新华网. 国外数字图书馆的启动和实施. http://news. xinhuanet. com/it/2002 - 05/27/content_411040. htm. [2006 - 9 - 15]

② The Library of Congress. About the Digital Preservation Program. http://www. digitalpreservation. gov/about/index. html. [2006 - 09 - 10]

③ 邱均平,段宇锋. 数字图书馆建设之我见. 情报科学,2002,(10):1089～1091

数字资源已达 2.4 亿页,3 000 GB 以上,书目数据 830 万条。此外,西方七国国家图书馆在法国成立了"G7 全球数字图书馆集团",后来又吸收俄罗斯参加,成为"G8",从现存的数字化项目组织一个大型的人类知识的虚拟馆藏,通过网络为广大公众服务①。

　　21 世纪以来,互联网的发展更为迅猛。中国互联网络信息中心 2006 年全球互联网统计信息跟踪报告(23 期)显示:截至 2006 年 12 月②,著名研究机构 Netcraft 的调查收到 105 244 649 个站点的反馈,相比上月增加了 380 万个站点,这使 2006 年度全球站点数量的增长量为 3 090 万,打破了在 2005 年度增长 1 750 万的记录③。国际电信联盟(ITU)2006 年 12 月公布的一份统计报告也表明,在过去的两年中,全球宽带互联网的平均网速已经增至 1.4 Mb/s,数字技术在以革命性的速度扩展着,为更多数字资源的问世提供了平台④。

　　我国数字资源也伴随着互联网在中国的发展而取得巨大进展。《2005 年中国互联网络信息资源数量调查报告》显示:截至 2005 年 12 月 31 日,全国域名数为 2 592 410 个,与 2004 年同期相比增长了 40%,其中 CN 域名数量为 1 096 924 个,比 2004 年同期增长了 154%,成为亚洲最大的国家顶级域名,在全球所有国家顶级域名中的排名从年初的第 13 位上升到第 6 位。我国网上资源增长更加迅速,网页总数约为 24 亿个,同期相比增幅为 269%,其中,动态网页数比例超过静态网页数,占全部网页数的 64%。网页字节总数约为 67 300 GB,一年内增长 46 763 GB,同期相比增长率达到 227.7%。这充分说明 2005 年我国网上信息量的高速增长⑤。

　　在学术数据库建设方面也取得了巨大的进展。一方面,我国积极采购引进国外大型网络数据库和电子文献。例如,中国高等教育文献保障系统(China Academic Library & Information System,简称 CALIS),截至 2004 年 5 月,已组成了 55 个集团,购买了 202 个数据库,全国共有 721 个高校和科研机构、2 985 个馆次参加了集团采购。其中,高校系统 584 所、2 682 个馆次,非高校科研机构 137 所、303 个馆次⑥。国外数据库的成功引进对高校科研和教学起到了极大的推动作用。另一方面,我国也建设了面向高等教育的特色数字资源库。许多高校都建立了本校面向教学和科研服务的特色数

　　① 中国人民大学图书馆. 国外数字图书馆研究与建设. http://www.lib.ruc.edu.cn/zy/tx-brow.php?id=46. [2006-09-11]

　　② CNNIC. 全球互联网统计信息跟踪报告(第 23 期). http://www.cnnic.net.cn/download/manual/info_v23.pdf. [2007-02-10]

　　③ Netcraft. December 2006 Web Server Survey. http://news.netcraft.com/archives/web_servey.html. [2007-02-10]

　　④ Lara Srivastava, Tim Kelly, etc. ITU Internet Reports 2006: digital life. Geneva: International Telecommunication Union. 2007:8~12

　　⑤ 中国互联网络信息中心. 2005 年中国互联网络信息资源数量调查报告. http://www.maowei.com/download/2006/20060516.pdf. [2006-09-15]

　　⑥ CALIS 华中地区中心. 集团采购简介. http://www.lib.whu.edu.cn/calis2/yjsjk_jtcgjj.asp. [2006-09-15]

据库,例如,上海交通大学建立了"机器人信息数据库"和"音乐数字图书馆"等数据库。国内的三大数据库生产商中国学术期刊(光盘版)电子杂志社、万方数据库公司以及重庆维普公司也分别建立了各自的数据库产品,例如,清华大学发起的国家知识基础设施(China National Knowledge Infrastructure,CNKI)自建的数据库包括中国期刊全文数据库、优秀硕博士论文库、重要会议论文全文数据库、图书全文数据库、年鉴全文数据库等一系列数据库产品。

其次,是数字信息资源作为国家战略资源地位的确立。

随着全球信息化进程的加快,人们越来越深刻地认识到信息资源是重要的财富和资产,是最活跃的生产要素,国家的科技创新能力以及与此相关的国际竞争力都依赖于开发与利用信息资源的能力。特别是在数字技术的推动下,数字信息资源已成为新的开放环境下政治、经济、文化和军事等国际竞争的焦点,成为国家的重要战略资源。

从国际上看,发达国家大力推进数字社会建设,把信息和知识作为现代社会的关键资源,形成了信息资源理论体系、政策法规体系。美国政府把数字信息资源的生产、传播、获取和利用,作为国家信息化建设的关键和重点。新世纪美国政府信息资源开发战略的主要内容就包括了重点建设数据库资源,促进网络信息资源开发等问题。美国科学基金会(NSF)作为负责美国国家信息化建设的重要政府机构,在大力加强信息基础设施建设的同时,也大力推进数字信息资源的开发利用。加拿大在 2002 年提出的国家创新体系中,将建立国家数字科技信息网作为其重要组成部分。欧盟在国家信息化发展方面也取得了长足的进步。欧盟制定了信息社会行动纲领,各国也分别制定了本国的信息社会行动计划,并积极付诸行动[1]。

从国内看,我国从 20 世纪 80 年代开始重视信息资源的开发利用,逐步形成了国家信息化发展战略,并先后出台了关于加强信息资源建设和开发利用的一系列指导性文件。1993 年成立专门信息化领导机构,九五计划开始实施信息化专项规划,并先后出台了关于加强信息资源建设和开发利用的一系列指导性文件。2004 年 10 月 27 日召开的国家信息化领导小组第四次会议审议通过了《关于加强信息资源开发利用工作的若干意见》,明确提出加强信息资源开发利用工作将是今后一段时期信息化建设的首要工作,把对信息资源开发利用和战略规划工作,尤其是作为其主体的数字信息资源开发利用,提高到了前所未有的高度[2]。2005 年 11 月 3 日,国家信息化领导小组在温家宝总理主持下召开第五次会议,审议并原则通过《国家信息化发展战略(2006—2020年)》,提出了在制定和实施国家信息化发展战略中,要着力解决好的七大问题[3]。

正是在上述背景下,我们开始思考一系列问题:在迅速发展的数字时代,我国数字

---

① 任波. 美、欧、日推动信息化发展的相关政策和措施. 科学研究动态监测快报,2005,(12):3~5

② 中共中央办公厅.《关于加强信息资源开发利用工作的若干意见》. 中办发〔2004〕34 号. http://www. cnisn. com. cn/news/info_show. jsp? newsId=14799. [2006-9-15]

③ 中共中央办公厅. 2006—2020 年国家信息化发展战略. http://chinayn. gov. cn/info_www/news/detailnewsbmore. asp? infoNo=8396. [2006-12-26]

信息资源建设存在哪些亟待解决的问题,特别是如何从宏观角度对学术信息资源进行系统和深入的战略规划,如何提高学术数字信息资源的利用效率,实现其价值? 对这些问题的探讨,是本书研究的出发点。本书将在构建国家数字信息资源战略体系的基础上,以学术数字信息资源的存取为研究对象,重点探讨我国学术数字信息资源的公共存取战略。

1.1.2 研究意义

数字信息资源战略规划是对数字信息资源发展中的战略性重大问题进行全局性、长远性、根本性的重大谋划。它既是对数字信息资源管理的创新发展,同时也是对数字信息资源管理的更高层次要求。

本书研究的学术价值在于,首先,它突破了当前对数字信息资源管理的研究集中于微观层次,偏技术管理的局限,从宏观视野来研究数字信息资源开发利用问题,通过系统化和深层次地分析数字信息资源发展中的各种环境因素,构建数字信息资源战略。其研究成果将丰富和完善信息资源管理的理论体系,提高信息资源管理理论服务于社会的能力。

其次,将企业战略理论引入数字信息资源战略规划中来,拓宽了战略理论的应用领域。战略的概念产生于军事领域,随后迅速推广到经济、社会领域,相关理论在实践中不断发展,信息资源战略规划是信息管理与战略规划理论交融的结果。通过本书的研究,将为信息资源战略规划引进充分的理论依据,科学的思维模式,适宜的研究方法,促进信息资源战略规划理论的发展。

最后,本书的实证部分将重点探讨学术数字信息资源的公共存取战略,提出了以开放存取为理念的战略实施方案。有关开放存取是近年来学术界的研究热点,本书的研究是建立在大量的国外文献调研基础之上的,许多知识尚属首次在国内出现。这方面的工作将促进国内学术界对开放存取研究的进程。

除了上述学术价值外,本书的研究对于促进我国数字信息资源保障体系的建设和数字信息资源的开发利用,消除数字鸿沟的影响,推进国家信息化发展战略,进而推动我国综合国力的提高和社会全面发展具有重要的现实意义。本书的研究重点是学术数字信息资源的公共存取战略,对于促进学术数字信息资源的公开获取,促进科研信息的快速交流,刺激科研创新,实现科技强国目标,具有积极意义。

1.1.3 研究目的

通过对数字信息资源战略规划的系统研究以及对我国学术数字信息资源公共存取战略的实证分析,本书主要达到以下研究目的:

(1) 构建国家层次数字信息资源战略体系;

(2) 提出数字信息资源战略规划模式;

(3) 从政策法律、技术、经济、社会 4 个角度分析我国学术数字信息资源存取的内外环境；

(4) 提出我国学术数字信息资源公共存取的战略。

1.2 文献综述

本书的研究属于数字信息资源管理中的宏观层次，笔者系统检索和查阅了国内外有关资料，以使本书的研究在已有学术沉淀的基础上更有针对性，并有所创新。选择检索的数据库包括：Proquest Digital Dissertations、Proquest 学位论文全文检索系统、EBSCO 的 ASP、Elservier 的 SDOS、ACM、InterWiely、CNKI 中国期刊网、重庆维普中文期刊数据库等国内外著名的学术数据库以及搜索引擎 Google。在详细分析的基础上，归纳了国内外数字信息资源战略规划理论与实践研究现状。

1.2.1 国外数字信息资源战略实践进展

世界上许多国家都将数字信息资源的建设列入最高层领导人的决策议程中，纷纷制定政策，进行了许多有益的实践探索。从总体情况看，研究集中在企业或组织范围内的数字信息资源战略规划，探讨的重点放在数字信息技术及系统方面，从国家宏观层次上对数字信息资源进行整体综合规划的成熟案例较为少见，但是仍有一些国家主管部门委托全国性的学术团体、协会等组织开展了卓有成效的工作，形成了一系列数字信息资源战略。

美国由国家数字图书馆联盟(Digital Library Federation，DLF)、国会图书馆以及一些地区性图书馆陆续开展了面向数字信息自动搜集和获取的 Minerva 项目、面向数字信息存取保障的 PADI(Preserving Access to Digital Information)项目、国家数字图书馆规划(National Digital Library Program)和国家数字信息基础设施及保存计划(National Digital Information Infrastructure Preservation Program，简称 NDIIPP)等一系列重大项目①，发布了《数字资源保存国家战略》(Building a National Strategy for Digital Preservation，2002)②、《电子资源管理报告》(Electronic Resource Management：Report of the DLF ERM Initiative，2004)③、《建立数字化采集项目战略规划》(Strategies for Building Digitized Collections，2001)④等战略报告，走在了全球数字信息资源建设的前列。迄今为止，在数字信息的数字化、采集、存取、保存等各个方面，美

---

① 温斯顿·泰伯. 美国国会图书馆：21 世纪数字化发展机遇. 国家图书馆学刊，2002，(4)：7～12

② Library of Congress. Building a National Strategy for Digital Preservation：Issues in Digital Media Archiving. Washington：Council on Library and Information Resources and Library of Congress. 2002. http://www.clir.org/PUBS/reports/pub106/pub106.pdf. [2006-9-15]

③ Timothy D. Jewell，Ivy Anderson，etc. Electronic Resource Management Report of the DLF ERM Initiative. Washington：Digital Library Federation. 2004. http://www.diglib.org/pubs/dlf102/ERMFINAL.pdf. [2006-9-15]

④ Abby Smith. Strategies for Building Digitized Collections. Washington：Digital Library Federation，2001

国均进行了许多实践探索,取得了令人瞩目的成绩。

加拿大数字信息资源战略还在探索中。从掌握的资料来看,加拿大图书档案协会(LAC)是国家数字信息资源战略规划的主要负责机构。2006 年 6 月,加拿大图书档案协会发布了《Toward a Canadian Digital Information Strategy》,其中提到加拿大国家数字信息资源战略的使命是"数字信息的产生、存储和存取过程中面临了许多挑战,为了迎接挑战必须从国家高度制定数字信息战略,帮助加拿大成为世界上信息资源最为丰富的国家之一。加拿大将跻身于数字资产认证、评估、保存的成功国家之列,成为为公众提供普遍而公平的信息存取的领导者"。①

为了使新西兰成为世界上利用信息技术实现经济、社会、环境、文化目标的领先国家,新西兰政府开展了称为"数字化未来"的国家数字信息资源战略。政府希望所有的新西兰人能够享受数字技术带来的好处,数字技术使得新西兰公众能够访问独一无二的新西兰文化,并且通过利用数字信息资源,能够促进改革、提高生产率、丰富国民生活质量。2004 年 6 月,国家数字信息战略的草案对外发布②,旨在为所有新西兰人创建一个未来的数字社会,将信息通信技术充分用于人们的生活之中,并用以实现经济、环境、社会和文化目标。数字战略的几项关键内容为:内容(可以获取的、有利于提高人们生活质量的信息);信心(使用信息通信技术的技能及其周围的安全环境)和连接(获取和使用信息通信技术)以及各种变化因素的作用:社区、企业与政府。

英国联合信息系统委员会(Joint Information Systems Committee, JISC)于 1997 年开始实施 e-Lab 数字图书馆项目,并建立了面向高等教育的分布式数字资源建设(Distributed National Electronic Resource, DNER)规划,目前,最新的 JISC 三年发展战略(JISC Strategy,2007—2009 年)草稿已经发布③。其他的成果还有:英格兰博物馆、图书馆及档案馆委员会 MLA 发布的《保存数字时代(Archives in the Digital Age,2001—2006 年)》以及英国人文科学数据服务中心(AHDS)发布的人文科学数据服务战略规划(2002—2005 年)等等④。

在日本,总务省(MIC)正在起草一系列实现无所不在的网络社会所需的政策⑤,以便人们可以轻而易举地"在任何时间、任何地点、利用任何工具、向任何人提供网络接入",而且使通信方便、自由。在 2005 年 5 月 16～17 日在东京举办的"朝着实现无所不

① Library and Archives Canada. Toward a Canadian Digital Information Strategy. http://www. collectionscanada. ca/cdis/index-e. html. [2006 - 9 - 15]

② Hon David Cunliffe. The Digital Strategy-Creating Our Digital Future(2005). http://www. digitalstrategy. govt. nz. accessed [2006 - 9 - 15]

③ JISC. Draft JISC Strategy 2007 - 2009. http://www. jisc. ac. uk/aboutus/strategy/draft _ strategy0709. aspx. [2007 - 1 - 21]

④ 中央研究院数位典藏国家型科技计划资料室. 数位典藏国际资源观察报告. 台北:中央研究院,2005,3(1). http://www. sinica. edu. tw/%7Endaplib/watch%20report/v3n1/watch_report_v3n1_new. htm. [2006 - 9 - 15]

⑤ Minstry of Internal Affairs and Communications. Postal Services Policy Planning. http://www. soumu. go. jp/english/index. html. [2006 - 9 - 15]

在的网络社会前进"的 WSIS 主题会议上讨论了该政策提案(U-Japan)①。

为了实现《联合国千年宣言》中所提出的目标,各种国际组织和金融机构也相继制定了各自的数字化发展战略,开展了相关活动。联合国信息通信技术任务组(UNICTTF)于 2004 年 11 月 19～20 日在柏林举办了一个题为"为数字发展创造有利环境"的全球论坛②。该国际大会讨论了政策监管、融资和不同利益相关方在创建有利于数字发展的环境方面的作用等问题。该论坛通过融资机制任务组推动了 WSIS 进程,促进了《行动计划》的落实,同时还提高了人们对信息通信技术在实现《千年宣言》目标中的作用的认识。国际贸易中心(ITC)是联合国贸发大会(UNCTAD)和世界贸易组织(WTO)建立的一个联合机构,该机构根据其电子化促进贸易发展战略制定了电子贸易桥梁计划,帮助中小企业(SME)弥合国际贸易领域的数字鸿沟③。该项目帮助企业经理、各种组织的管理人员和政府的政策制定人员更好地在日常工作中理解和应用基于信息通信技术的工具和服务,以提高竞争能力。该计划目前已在 30 个国家开展活动。

1.2.2 我国数字信息资源战略实践进展

我国对数字信息资源战略的实践贯穿到信息化建设实践中。2001 年 8 月重新组建了国家信息化领导小组,加强了对全国信息化工作的领导。国家信息化领导小组重组以来,先后召开了 5 次会议,审议通过了《国民经济和社会发展第十个五年计划信息化重点专项规划》、《我国电子政务建设指导意见》、《振兴软件产业行动纲要(2002 年至2005 年)》、《关于加强信息安全保障工作的意见》、《关于加强信息资源开发利用工作的若干意见》、《关于加快电子商务发展的若干意见》、《国家信息化发展战略(2006—2020年)》等一系列指导性文件,对国家信息化发展做出了全面部署,为未来信息化发展提供了明确指导。尽管完整、有效的国家数字信息资源战略仍未真正"浮现",但是国家颁布的一系列信息化政策也为数字信息资源的开发利用创造了良好的政策环境,其中有不少文件提到了数字信息资源问题。

例如,2005 年 10 月,党的十六届五中全会通过了《中共中央关于制定国民经济和社会发展第十一个五年规划的建议》,明确了"十一五"期间我国信息化建设的主要任务和方向。其中指出:重点培育数字化音视频,加强信息资源开发和共享,推进信息技术普及和应用。

2006 年 5 月 8 日,中共中央办公厅印发《2006—2020 年国家信息化发展战略》,明

---

① MIC. U-Japan Policy Working Toward Realizing the Ubiquitous Network Society by 2010. http://www.soumu. go. jp/menu_02/ict/u-japan_en/outline01. html. [2006 - 9 - 15]

② 联合国信息通信技术任务组(UNICTTF)"为数字发展创造有利环境"全球论坛. http://www.unicttaskforce. org/seventhmeeting. [2006 - 9 - 15]

③ 信息社会世界峰会执行秘书处. 关于信息社会世界峰会清点工作的报告. http://www. itu. int/wsis/docs2/tunis/off/5-zh. doc. [2006 - 9 - 15]

确了未来 15 年我国信息化发展的指导思想、战略目标、战略重点、战略行动计划和保障措施,第一次提出了我国向信息社会迈进的宏伟目标,第一次把国家信息化与军队信息化纳入统一的体系之中,是一部全面、整体的国家信息化战略①。国家信息化战略的发布使得中国信息化建设未来 15 年的发展方向得以明确,更加鲜明地突出了整个信息化发展的价值,也充分体现了国家全面贯彻落实信息化战略的意志与决心。这是我国第一个在国家层次关注信息化与信息资源开发利用的战略。

2004 年 7 月 14~16 日,国家科技图书文献中心、国家图书馆、中国高等教育文献保障系统、中国科学院国家科学数字图书馆项目管理中心和欧洲有关国家图书馆合作,邀请了 11 位欧盟国家直接从事数字资源长期战略保存国家战略设计、技术系统设计、应用项目组织的专家于北京举行"中欧数字资源长期战略保存国际研讨会",标志着我国对数字信息资源长期保存战略的研究达到阶段性成果②。

此外,由我国图书情报部门等科研机构负责牵头、组织的与数字信息战略相关的研究活动还有中国科学院与 IAP(科学院间国际问题研究组织)于 2005 年 6 月召开的"科学信息开放获取政策与战略国际研讨会",会议的主题是科学信息开放获取政策与战略③;中国科学院文献情报中心得到科技部科技基础性工作专项资金重大项目资助的《我国数字图书馆标准规范建设》,其中的子课题之一为《中国数字图书馆标准规范总体框架与发展战略》④,这些研究都在不同程度上促进了我国数字信息资源战略规划的发展。

1.2.3 数字信息资源战略规划理论研究进展

数字信息资源战略规划的理论研究贯穿于数字信息资源建设与管理的研究中。此外,信息资源规划特别是信息系统战略规划也是数字信息资源战略规划的思想源泉。

1. 数字信息资源建设与管理

在研究数字信息资源建设方面,美国组织大规模的数字信息资源调查,发布包括 Louis Pitschmann《自由第三方网络信息资源可持续建设规划》(Building Sustainable Collections of Free Third-Party Web Resources)报告⑤、Timothy Jewell《商用数字信息资源选取与保存理论与实践》(Selection and Presentation of Commercially Available Electronic Resources:Issues and Practices)报告⑥以及 Abby Smith《建立数字化采集

---

① 中共中央办公厅. 2006—2020 年国家信息化发展战略. http://chinayn. gov. cn/info _ www/news/detailnewsbmore. asp? infoNo=8396. [2006 - 12 - 26]

② 中欧数字资源长期战略保存国际研讨会. http://159. 226. 100. 135/meeting/cedp/index. html. [2006 - 9 - 15]

③ 科学信息开放获取政策与战略国际研讨会. http://libraries. csdl. ac. cn/meeting/openaccess. asp. [2006 - 9 - 15]

④ 我国数字图书馆标准规范建设课题网站. http://cdls. nstl. gov. cn/. [2006 - 9 - 15]

⑤ Louis A. Pitschmann. Building Sustainable Collections of Free Third-Party Web Resources. http://www. clir. org/PUBS/reports/pub98/contents. html. [2006 - 9 - 15]

⑥ Timothy D. Jewell. Selection and Presentation of Commercially Available Electronic Resources:Issues and Practices. http://www. clir. org/pubs/reports/pub99/contents. html. [2006 - 9 - 15]

CHAPT. Ⅰ Introduction

项目战略规划》(Strategies for Building Digitized Collections,2001)①在内的有广泛影响的研究文献,系统提出了数字信息资源建设的理论框架。Abby Smith 认为,数字信息资源建设应该有机整合信息服务、广泛收录基本数据、开发兼容、协作共享,开展数字信息资源长期规划与可持续获取的建设理念,创建开放标准,开展战略规划与数字信息资源生命周期管理相结合②。Curtis,Scheschy 和 Tarango 通过考察美国近 10 年的数字信息资源开发理念和实践,将数字信息资源建设理论分解为数字信息资源获取、数字信息资源选择、数字信息资源保存、数字信息资源协作和数字信息资源评价 5 个主体部分,讨论了数字信息资源远程获取、自主开发、购买、授权和网络链接的信息获取机制,面向用户和需求的搜集原则,顺延替代(Surrogates)和转换替代(Replacements),物理流转以及安全保障的数字信息资源保存策略③。June M. Besek 对数字信息资源建设面临的版权问题和法律问题作了综述性描述④。DLF ERM(Digital Library Federation, Electronci Resource Management)与 NISO(National Information Standards Organization)共同开展数字信息资源的标准化体系研究,并在 2004 年 8 月完成数字资源数据标准的主体报告和 5 个附件,形成一套权威体系⑤。

2003 年 4 月,B. Mahon 编辑出版了由 11 篇论文和 2 个主体报告构成的《数字保存》论文集,探讨数字信息资源开放标记、数字信息资源元数据结构、数字信息资源检索策略、保存、协作方式以及下一代的数字资源保存问题⑥。Kelly Russell 和 Ellis Weinberger 则系统讨论了数字信息资源评价模型和数字信息资源成本控制策略⑦。

为了解我国数字信息资源研究现状,笔者于 2006 年 10 月检索了维普资讯——中文科技期刊数据库,选择"题名或关键词",输入检索词"数字信息资源",得到了 145 条记录。在研究主题方面,也涉及数字信息资源管理活动的各个方面:①数字信息资源的开发,如数字信息资源建设、分布、质量评价、产业发展;②数字信息资源的管理,如数字信息资源的存储、共享、配置、长期保存、组织;③数字信息资源的相关技术,如数字信息组织的本体论方法,数字信息资源的整合;④数字信息资源的利用,如数字信息资源的用户研究,数字信息服务;⑤数字信息资源的应用领域,如数字图书馆的建设;⑥数字信

① Abby Smith. Strategies for Building Digitized Collections. Washington:Digital Library Federation. 2001

② Abby Smith. Digital Preservation:An Individual Responsibility for Communal Scholarship. Educause Review,2003,(5~6):10~11

③ Curtis D. ,Scheschy V. M,Tarango A. R. Developing and Managing Electronic Journal Collections. Libraries and the Academy,2002,2(1):176~178

④ Besek,June M. Copyright issues relevant to the creation of a digital archive. Microform and Imaging Review, 2003,32(3):86~97

⑤ Timothy D. Jewell,Ivy Anderson,Adam Chandler,Sharon E. Farb,Kimberly Parker,Angela Riggio,Nathan D. M. Robertson. Electronic Resource Management Report of the DLF ERM Initiative. http://www. diglib. org/pubs/dlfermi0408/ [2006-9-15]

⑥ Mahon B. ,Siegel E. . Digital Preservation:Information Services and Use. NewYork:IOS Press. 2002

⑦ Stwarts Granger, Kelly Russell, Ellis Weinberger. Cost Elements of Digital Preservation. version 4. 0. October 2000. http://www. leeds. ac. uk/cedars/colman/costElementsOfDP. doc. [2006-9-15]

息资源标准建设,数字信息资源管理的配套设施,如网络版权。

可以看出,我国学者对数字信息资源的研究已具备一定基础,但是直接研究数字信息资源战略规划的论文几乎没有。为此,笔者进一步检索了 Google 搜索引擎,发现中科院霍国庆教授经过多方面分析,总结出了我国国家信息资源管理战略的分析框架,该框架主要由国家价值、国家信息资源管理体制、国家信息资源管理战略和国家信息资源管理产出等 4 个层面构成①。其中,国家信息资源管理战略是为了建设我国的国家核心竞争力而获取、开发、共享和应用国家信息资源的一系列目标和行动。国家信息资源管理战略的核心内容包括:信息资源的获取、开发、共享和应用。

2. 信息资源规划

信息资源规划是信息资源管理理论在企业实践活动中的发展。随着这项研究工作的展开,信息资源规划早已突破了企业生产经营的狭小范围,扩大到政治、教育、科技等各个领域,几乎覆盖了人类所有的信息活动范畴。从更广义的角度理解,信息资源规划是指对信息资源描述、采集、处理、存储、管理、定位、访问、重组与再加工等全过程的全面规划工作。信息资源规划理论的形成主要是 James Martin 的信息工程方法论(IEM)、F. W. Horton 的信息资源管理理论以及 William Durell 的数据管理。

20 世纪 80 年代初,以詹姆斯·马丁(James Martin)为代表的美国学者,在有关数据模型理论和数据实体分析方法的基础上,再加上他发现的企业数据处理中的一个基本原理——数据类和数据之间的内在联系是相对稳定的,而对数据的处理过程和步骤则是经常变化的,詹姆斯·马丁于 80 年代中期出版了《信息系统宣言》(An Information Systems Manifesto)一书,对信息系统建设的理论与方法加以研究②。随后经过几年的实践和深入研究,于 1981 年出版了《信息工程》(Information Engineering)一书,提出了信息工程的概念、原理和方法,勾画了一幅建造大型复杂信息系统所需要的一整套方法和工具的宏伟图景③。

在信息工程产生和发展的同一时期,信息资源管理(Information Resource Management,IRM)的概念、理论和方法也得到了发展。美国学者霍顿(F. W. Horton)和马钱德(D. A. Marchand)是信息资源理论的奠基人,最有权威的研究者和实践者。他们将信息资源管理划分为 4 个阶段,最后一个阶段即为信息战略规划阶段,可以说这是对信息资源战略规划认识的最初萌芽④。

1985 年,威廉·德雷尔(William Durell)出版了专著《数据管理》(Data Administration:A Practical Guide to Successful Data Management),总结了信息资源管理的基础——数据管理标准化方面的经验。威廉提出的"信息资源管理基础标准"是

---

① 霍国庆. 四层面构成的信息战略框架. http://cio. it168. com/t/2006 - 08 - 07/200608011723692. shtml. [2006 - 9 - 15]

② James Martin. An Information Systems Manifesto. New Jersey:Prentice Hall. 1984

③ James Martin. Information Engineering:Introduction. New Jersey:Prentice Hall. 1991

④ Marchand D. A. ,Horton F. W. Infotrends:Profiting from Your Information Resources. 1986. 20～25

指那些决定信息系统质量的、因而也是进行信息资源管理的最基本的标准。数据管理是信息资源管理的基础,威廉的工作为数字信息资源标准规范的研究打开了大门①。

我国学者高复先教授是我国信息资源规划工作的首创者、倡导者和实践者,他的研究是这一领域最有代表性的成果之一。在国外学者研究的基础上,他提出了信息资源规划的概念,即在进行总体数据规划的过程中同时进行数据管理标准化工作,通过数据标准化工作使总体数据规划更为扎实,总体数据规划成果更能在集成化的信息系统建设中发挥指导作用。从理论和技术方法创新的角度来看,我国对信息资源规划的研究主要集中在信息资源管理基础标准和系统建模方面②。

3. 信息系统战略规划理论与方法研究

当信息资源被认为是同人力、物力、财力一样重要的资源时,对企业信息资源的关注就成为现代企业管理的重要内容之一。无论是国外的信息工程方法论、数据管理还是国内学者提出的信息资源规划,归根结底,其要解决的中心任务是企业信息系统的建设。伴随着这项工作的开展,战略信息系统规划(Strategic Information Systems Planning,SISP)成为信息资源规划的重要研究方向之一。它指的是从帮助企业实施其经营战略或形成新的经营战略角度出发,寻找和确定各种信息技术在企业内的应用领域,借以创造出超越竞争对手的竞争优势,进而实现其经营战略目标的过程③。

美国学者查尔斯·惠兹曼于 1988 年出版了《战略信息系统》,首次系统地讨论了战略信息系统规划的概念,引起了世界的广泛关注与研究。麦肯锡公司将信息技术与企业的经营业绩、价值实现紧密地联系在一起,并将信息技术看做是企业业务的一部分。Brain C. Hanessian 与 Tan Hurst 在《探明信息技术渠道:集成抑或外购》一文中提到"信息技术逐步在新产品开发、获利程度和竞争中起到更加核心的作用。信息技术部门在塑造自己崭新形象时,将更加短小精干,同时却强大有力得多,在创造实际商业价值时更举足轻重"。文章认为,为了搞好企业现有的经营项目,更为开辟新项目的重大使命,要求新型的信息技术部门应运而生。这类信息技术部门必须掌握传统信息技术范畴以外的商业技巧,诸如供应商的管理以及合同谈判等等。企业必须从战略上来考虑外购或集成的利弊④。而 Yoefie 的《信息技术中的战略管理》(1994)与杰克·D·卡隆的《信息技术与竞争优势》(1998),则较为全面地体现了基于信息技术的战略管理思想⑤。

我国学者徐作宁等人检索了信息管理与信息系统领域的权威或核心期刊,如

---

① William Durell. Data Administration:A Practical Guide to Successful Data Management. New York:McGraw-Hill Companies,1985

② 高复先. 信息资源规划:信息化建设基础工程. 北京:清华大学出版社,2002. 78~79

③ 徐作宁,陈宁,武振业. 战略信息系统规划研究述评. 计算机应用研究,2006,(4):3~7

④ 张建生. 战略信息系统——从信息中获取优势. 天津:天津人民出版社,1996,(12):60~94

⑤ 杰克·D·卡隆. 信息技术与竞争优势. 北京:机械工业出版社,1998

MISQ,ISR,Journal of MIS 等杂志,得出当前国外对战略信息系统规划的研究大体上分为战略匹配研究、SISP 方法研究和 SISP 效益研究 3 个方面①。

战略信息系统规划是信息资源战略规划的具体应用。按照广义信息资源的概念,信息系统是信息资源的重要要素之一,虽然不能代表信息资源的全部,但是作为信息资源战略规划研究最活跃的领域,许多宝贵的研究成果都能为研究信息资源战略规划提供借鉴。

1.2.4 对国内外数字信息资源战略规划研究现状述评

纵观已有的研究成果我们可以看出,从宏观层次来探讨数字信息资源的战略规划在国内外都是具有广阔发展前景和应用价值的课题。国外数字信息资源战略规划工作已经走在前列,呈现出以下特点:一是政府逐渐重视国家数字信息资源规划工作。国外数字信息资源战略以国家规划为主,吸收私营企业参与。一些重要项目如 NDIIPP、PANDORA 都得到了国家的大力资助;二是图书情报界成为数字信息资源战略规划研究的主体,国外许多数字信息资源战略都是由图书馆发起的,这表明图书馆将是未来数字化社会的主要建设力量;三是涉及了数字信息资源管理的方方面面,如数字信息资源的采集、保存、存取、利用等等都可以作为战略规划的主要内容;四是数字信息资源战略规划流程越来越规范化,特别是从企业战略规划中汲取了许多科学的规划方法和分析模式。

再来看看我国的数字信息资源战略规划研究现状:完整、有效的国家数字信息资源战略仍未真正"浮现",只有《国家信息化发展战略(2006—2020 年)》、《"十一五"规划》等几个指导性文件提及了数字信息资源建设问题。而对数字信息资源的规划与布局以及用国家机器手段进行控制与引导,相应法规制定及国家宏观管理和调控的理论研究还很不充分。在实际中如果仅仅依赖这些纲领性文件远不能达到战略管理的目的,因此,我们需要更为详尽地研究我国数字信息资源在开发利用中面临的各种问题,制定出系统化的战略。

1.3 研究对象、思路及方法

1.3.1 研究对象

本书的研究对象是数字信息资源。

数字信息资源(Digital Information Resources)按照 DLF ERMI(Digital Library Federal Electronic Resource Management Ⅰ,数字图书馆联盟电子资源管理Ⅰ组)的界定,是指借助计算机编码而完成的可供直接获取和远端使用的多种形式的资源。数字

---

① 徐作宁,陈宁,武振业. 战略信息系统规划研究述评. 计算机应用研究,2006,(4):3~7

信息资源在某些特定情形下也被称作"电子资源"(Electronic Resources)、"网络信息资源"(Network Information Resources),这些同义词或近义词或者体现数字信息资源的特征,或者表征数字信息资源的主要类型,在实际中常常替代使用。结合其他定义,我们认为数字信息资源是指所有以数字形式储存在光、磁等非纸介质的载体中,通过网络通信、计算机或终端再现出来的资源,其可以有文字、图像、声音、动画等多种表现形式。

数字信息资源的类型有不同的划分标准,按照数字信息来源的途径可分为原生数字信息资源(Born Digital Information)和转换型资源(Digitaled Information);按照数字信息资源的性质和功能可划分为一次数字资源、二次数字资源、三次数字资源;按照数字信息资源的存储载体可分为光盘、磁盘、网络等类型;按照印刷型信息资源划分方法又可划分为电子期刊、电子图书、电子报纸、电子学位论文等。在本书的研究中主要根据信息资源的领域分为政务数字信息、学术数字信息、市场数字信息,并且重点研究其中的学术数字信息。

学术信息资源指各种学术、技术、行业指导、高等科普、教育等内容的信息资源,主要存在形式是期刊、图书、技术报告、会议论文等。随着信息技术的发展,出现了以数字媒体为载体的学术信息资源形式。其中,最常见的是电子期刊,以及收录电子期刊的大型数据库。例如,Association for Computing Machinery(ACM)是美国计算机学会出版物,Blackwell Synerrgy 是 Blackwell 出版社全文电子期刊,以及我国的 CNKI 中国期刊网都是存储学术数字信息资源的重要阵地。

1.3.2 研究思路

本书研究的主要特点是综合了情报学、图书馆学、出版学、管理科学以及系统科学的思想,研究国家层次的数字信息资源战略规划。主要研究思路是理论构建和实证分析相结合。

首先,研究数字信息资源战略规划理论,构建全书的理论基础。数字信息资源战略规划是信息资源管理与战略理论相融合的交叉领域,因此本书的直接理论来源是现代企业战略管理理论。通过汲取国外经典的企业战略思维与战略规划理论的优秀思想,获悉战略规划的基本模式与流程。这些理论研究为数字信息资源战略规划提供了方法论和技术指导。

其次,数字信息资源战略规划是一项在实践中不断探索的工作。许多国家都从国家战略管理的需要制定了本国的数字信息资源发展战略,本书通过系统深入地分析有代表性的数字信息资源战略实例,来归纳国外数字信息资源战略规划的特点和成功经验,从而为我国数字信息资源战略规划工作提供有益借鉴。

最后,在理论构建和实例分析的基础上,重点探讨我国学术数字信息资源的公共存取子战略。基于系统观的思想,本部分分析了全球学术数字信息资源的存取环境以及我国学术数字信息资源存取的内部条件,构建了 SWOT 分析模型,并最终形成我国的学术数字信息资源公共存取战略。这部分既是全书的实证部分,也是能体现本书研究社会价值的重点部分。

1.3.3 主要研究方法

本书综合运用了多种研究方法:

1. 文献分析 尽可能从国内外既有文献中,获得本书所需的资料,以取得必要的背景和事实依据。

2. 理论研究 在现有资料的基础上,系统研究企业战略规划理论的合理成分,探讨战略规划的基本模式和流程,总结主要的战略规划方法。

3. 比较分析 选取国外典型的数字信息资源战略规划实例,进行深入的剖析比较,总结国外数字信息资源战略规划的主要特点。

4. 模型建立 在理论研究和比较分析的基础上,提出一种基于系统观的数字信息资源战略规划模式,并详细研究具体的技术流程。

5. 问卷调查与统计分析 为了解开放存取在我国发展的社会环境,笔者设计了调查问卷,针对科研工作者进行了电子邮件问卷调查。对调查数据通过定量的方法分析,得出结论。

6. 实证分析 为验证本书提出的战略规划模式,同时也为了能促进我国学术信息的交流和共享,本书在实证部分重点探讨了我国学术数字信息的公共存取。通过对我国学术数字信息资源存取的外部环境和内部条件的分析,提出了基于"开放存取"理念的学术数字信息资源公共存取战略。

1.4 研究内容和主要创新点

1.4.1 研究内容

本书综合了信息科学、管理科学、系统科学等相关领域的理论与方法,在充分研究国内外数字信息资源战略规划实践的基础上,提出了我国国家数字信息资源战略体系以及基于系统观的数字信息资源战略规划分析模型,并以此为基础,继续探讨了我国学术数字信息资源公共存取战略规划的案例,分析了开放存取运动对我国学术数字信息资源存取带来的机遇与挑战,分析了我国实现学术数字信息资源公共存取面临的威胁和劣势以及自身的内部能力和条件,在系统分析基础上提出我国学术数字信息资源公共存取战略。实证分析的目的,一方面,对提出的基于系统观的数字信息资源战略规划模式和方法在解决实际问题能力方面进行验证,另一方面,针对我国学术数字信息资源获取存在的问题,提出我国数字信息资源的公共存取战略,以促进我国学术信息资源的共享和利用。

全书共分八章,从逻辑上可分为四部分。(全书的基本结构见图 1.1)

CHAPT. Ⅰ Introduction

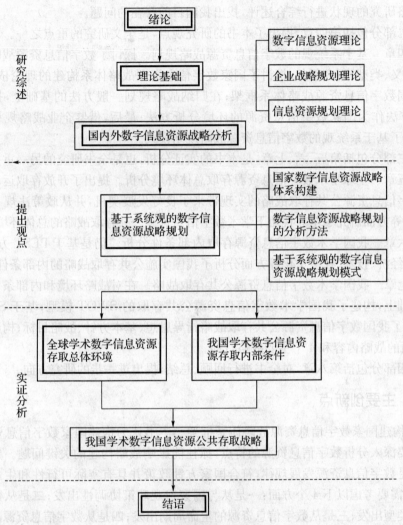

图 1.1 内容结构图

第一部分包括第一、二、三章,是全书的研究综述部分。

第一章 绪论。介绍了课题研究的主要背景,在评述国内外数字信息资源战略规划理论和实践研究的基础上,总结归纳了国外数字信息资源战略规划的主要规律,阐述数字信息资源战略规划的理论基础,从而形成本书的主要框架及研究重点。

第二章 理论基础。详细地研究了形成数字信息资源战略规划的三大理论来源:数字信息资源理论、现代企业战略规划理论以及信息资源规划理论。从中汲取了有益的成分,构建了数字信息资源战略规划的理论基础。

第三章 国内外数字信息资源战略分析。从实践出发,研究国内外已经形成的数字信息资源战略的主要内容。主要分析了美国、加拿大、新西兰等国家典型的数字信息资源战略报告,从中总结出国外数字信息资源战略的主要规律。并且对我国数字信息资源战略研究的现状进行综合述评,找出我国目前存在的问题。

第二部分包括第四章,提出了本书的研究观点,是全文研究的重点之一。

第四章 基于系统观的数字信息资源战略规划。探讨了数字信息资源战略规划的概念、意义、类型、研究任务;探讨了国家数字信息资源战略体系构建的理论依据,并提出了我国数字信息资源战略体系框架;在归纳战略规划一般方法的基础上,提出引入PEST方法作为国家数字信息资源的环境分析方法;最后,借鉴企业战略规划分析模型,提出了基于系统观的数字信息资源战略规划模式。

第三部分包括第五、六、七章,是本书的实证分析,也是全书研究的另一重点。

第五章 全球学术数字信息资源存取总体环境分析。提出了开放存取运动给我国学术数字信息资源公共存取战略的实现带来了良好发展契机,并从政策法规、经济、技术、社会等方面研究了全球视角下学术数字信息资源公共存取战略的总体环境。

第六章 我国学术数字信息资源存取内部条件分析。仍是基于PEST方法,从政策法规、经济、技术、社会文化等方面分析了我国实施公共存取战略的内部条件和能力。

第七章 我国学术数字信息资源公共存取战略。在对战略环境和内部条件系统分析的基础上,构建了我国学术数字信息资源公共存取的SWOT模型;基于SWOT模型,提出了我国数字信息资源公共存取战略指导思想、基本方针、战略目标;构建了包括8个方面的战略内容和4个主要战略行动。

第四部分包括第八章,对全书进行回顾、总结,提出进一步的研究方向。

1.4.2 主要创新点

1. 构建国家数字信息资源战略体系框架 本书认为构建国家数字信息资源战略体系需要深入分析数字信息资源的特点,抓住能影响战略构建的关键问题。要构建出一个立足数字信息资源发展规律,符合国家方针政策并具有实际可行性和生命力的战略体系,需要考虑以下4个方面:一是从与国家宏观政策协调性出发;二是从数字信息资源的类型出发;三是从数字信息资源的生命周期出发;四是从数字信息资源战略特点出发。在对上述四方面系统研究的基础上,沿着数字信息资源的生命周期和类型两条交叉主线来构建,形成一个三层次的体系结构。最外层按照数字信息资源类型划分为政务数字信息资源战略、公益数字信息资源战略和商业数字信息资源战略;中间层按照数字信息资源的生命周期分为数字信息资源生产、采集、配置、存取、归档、销毁/回收6个子战略;核心内容层包括数字信息资源的法律政策、标准规范、技术创新、商业模式、组织机制和最佳实践。

2. 提出了基于系统观的数字信息资源战略规划模式 本书借鉴企业战略规划模式,引入系统观思想,提出了一种基于系统观的数字信息资源战略规划模式,将数字信息资源战略规划过程分为3个阶段:战略总体环境和内部条件分析、战略功能定位、战略形成。该模式既考虑到影响数字信息资源的总体环境,又考虑到与数字信息资源相关的内部条件,采用系统综合的思想对数字信息资源的发展环境进行综合评价。在战略分析中引进 PEST 环境分析方法和 SWOT 分析模型。PEST 方法将总体环境用政治、经济、技术、文化 4 个维度来衡量,使得抽象的战略规划过程变为科学的、具体的、可行的分析过程。SWOT 方法则根据环境分析结果得出数字信息资源发展所面临的机会、威胁、优势、劣势,从而构造了清晰的数字信息资源战略分析框架。

3. 系统研究了我国学术数字信息资源公共存取战略 本书在实证分析部分系统研究了数字信息资源战略体系中的一个子战略:学术数字信息资源公共存取战略。抓住开放存取运动的兴起给我国学术信息交流带来的良好发展契机,采用 PEST 环境分析方法分析了我国在开放存取运动中的总体环境和内部条件,构建了我国学术数字信息资源公共存取战略的 SWOT 分析矩阵。基于 SWOT 模型,提出了我国数字信息资源公共存取的战略指导思想、基本方针、战略目标;构建了包括 8 个方面的战略内容和 4 个主要战略行动。

2 理论基础

2.1 数字信息资源相关知识

2.1.1 数字信息资源的特性

数字信息资源(Digital Information Resources)按照 DLF ERMI(Digital Library Federal Electronic Resource Management I,数字图书馆联盟电子资源管理 I 组)的界定,是指借助计算机编码完成的可供直接获取和远端使用的多种形式的资源。数字信息资源在某些特定情形下也被称作"电子资源"(Electronic Resources)、"网络信息资源"(Network Information Resources),这些同义词或近义词或者体现数字信息资源的特征,或者表征数字信息资源的主要类型,在实际中常常替代使用。澳大利亚国家图书馆认为数字信息资源包括以下 3 种:一是各种印刷型信息的数字存在形式;二是各种电子期刊或网站中的原生数字信息;三是描绘上述数字信息资源的元数据[①]。据此,我们认为数字信息资源是指所有以数字形式信息储存在光、磁等非纸介质的载体中,通过网络通信,计算机或终端再现出来的资源,其可以有文字、图像、声音、动画等多种表现形式。

数字信息资源是一个国家的数字资产,是学术研究信息的数字存档,经济发展的加速器,一个国家的科技创新能力以及与此相关的国际竞争力都依赖于其快速、有效地开发与利用数字信息资源的能力。我国学者吴基传认为,数字资源已成为信息社会的核心资源之一,是各国政治和经济发展的制高点。即便是互联网信息领域最发达的美国,也丝毫不敢放松数字资源的建设。吴基传列出了一连串数据:全球互联网业务有 90% 在美国发起、终接或通过;互联网上访问量最大的 100 个网络站点中,美国占了 94 个;负责全球域名管理的 13 个根服务器,有 10 个在美国;世界性的大型数据库在

[①] National Library of Australian. Electronic Information Resource Strategies and Action Plan 2002—2003. http://www.nla.gov.au/policy/electronic/eirsap/#acc. [2006-06-01]

全球有近 3 000 个,其中 70％设在美国;全球互联网管理中所有的重大决定都是由美国主导做出的①。

数字信息资源具备信息资源的一般特性:

一是,数字信息资源具备生产性。数字信息资源的各种载体(如磁盘、光盘、网络等)不仅本身就是一种重要的生产要素,可以通过生产使之增值,而且数字内容本身也是人类需求的生产要素之一。

二是,数字信息资源也具备相对稀缺性。数字信息资源在客观表象上是无限丰富的,随着技术的发展、社会分工的深化与人类知识的不断丰富,经过数字化的信息越来越多,新生成的数字信息资源也随着人类思想的延伸而不断丰富。但是,数字信息资源仍不可遏制住相对稀缺的问题,表现在:①数字信息资源的创作和开发需要相应的成本投入,特别是数字信息资源的管理需要相当的人力、财力、物力,因此,某一经济活动行为者所拥有的数字信息资源总是有限的;②数字信息资源的使用价值(即总效用)也会随时间和使用次数的增多逐渐衰减至零,因此,数字信息资源具有和物质资源在本质上类似的稀缺性;③数字信息资源的利用受各种条件的制约,例如,人们处理数字信息资源的有限能力、数字信息基础设施的缺乏等原因都导致人们的信息需求与数字信息资源供应之间的矛盾。

三是,数字信息资源在地域、时间、类型分布上存在着不均衡性。由于人们的认识能力、知识储备、信息环境约束、技术水平等方面条件不尽相同,拥有的数字信息资源也多寡不等;同时,由于经济发展程度不同,对数字信息资源的开发能力和水平也不同,导致国家之间、地区之间和组织之间数字信息资源配置的不均衡。数字信息资源的丰裕程度也极大地依赖技术条件的约束,一次技术上的创新可能带来数字信息资源生产和利用的重大变革,从而促使在某个时期数字信息资源的大量增加。例如,20 世纪 90 年代互联网技术的兴起使得数字信息的发布和传输更为便捷,网上信息资源的数量呈指数增加,这一时期的信息容量是过去人类几千年文化的总和。在类型方面,数字信息资源分布的不均衡性更为明显,统计表明,互联网上的全部网页中有 81％是英语,其他语种加起来还不到 20％②。

四是,数字信息资源在使用上的公共性③。信息产品在一定程度上具有公共产品的性质,非排他性与非竞争性是公共产品的两个基本特性。数字信息资源由于借助数字技术将信息内容储存在载体上,从而使得其具有高固定成本、低边际成本的特点。排斥他人使用数字资源是不现实的,因为尽管排他技术可以实现,但是排他成本却可能非常昂贵,盗版问题之所以无法彻底解决,是因为某些公司认为若采取措施会让公司得不偿失,所以仍然采取放任的态度给盗版分子生存的空间。当增加一个人消费数字信息

① 吴基传. 数字图书馆:文化的数字勘探. 光明日报,2006－7－17(3)
② 吴基传. 数字图书馆:文化的数字勘探. 光明日报,2006－7－17(3)
③ 马费成,靖继鹏. 信息经济分析. 北京:科学技术文献出版社,2005.180

资源时边际成本接近零,表明用户对数字资源的使用具有非竞争性。在网络环境下信息更具有这样的特点,在带宽允许的范围内,增加一个人的浏览不会影响他人的阅读。

五是,数字信息资源在使用方向上具备可选择性。数字信息资源作为国家数字资产,能与科技、经济、政治相结合,具有很强的渗透性,广泛地渗透到社会活动的方方面面。同一数字信息资源可以作用于不同的对象,并可以产生多种不同的作用效果。行为主体可以根据不同的目标对数字信息资源的使用方向作出选择。

数字信息资源具备的这些基本特性表明了其作为经济资源的重要地位。但是,数字信息资源毕竟是现代信息技术和传统信息资源相结合的产物,它必然表现出某些更为特殊的性质,和一般传统信息资源相比(如印刷型信息资源),数字信息资源在下述方面更应引起管理者的重视。

首先,基于数字技术是数字信息资源区别于传统信息资源的本质特点。数字技术给人们的生活带来了巨大影响,从根本上改变了信息的存储介质,改变了信息资源的管理与服务模式,对推动信息社会的到来起到了积极作用。它的核心就是原子与比特的转换,即物质与数字的转换。数字技术的真正价值和影响在于比特和原子的差异。比特与原子遵循着完全不同的法则,比特易于复制,能以极快的速度传播,在它传播时,时空障碍完全消失。可以由无限的人使用,且使用的人越多,其价值越高。

其次,信息资源数量巨大,存储格式多种多样。数字信息的爆炸性增长使得"今天一个现代人一天所吸收的信息,比莎士比亚一生所得的信息还要多"①的说法被越来越多的人所认同。PeterLyman 和 Hal R. Varian 估计当前 90%以上的信息是以数字化形式出现的,并且预计这个比例在将来还要增长②。数据的存储类型也多种多样,难以统一。电子邮件信息、Word 等文本类文档属于非结构化信息,数据库和业务交易等数据又属于结构化信息,即使是数据库的格式也有几十种,常见的就有 Oracle、Microsoft Access、DB2、SQL Server 等几种。

第三,突破了时空局限,更新快,时效性强。与印刷形式的传统信息资源相比,数字信息资源的半衰期要短得多。每分每秒都有成千上万的新的数字信息出现,但是各种介质的存储能力是有限的,再加上人类自身精力的限制,不可能吸收所有的数字信息资源,而只能有选择地摄取。经验告诉我们,人类一般都是选择最省力、最新的数字信息资源,这样导致一些年限较远的数字信息资源逐渐消失,其中不乏一些宝贵的人类科学文化遗产,因此,如何保存其中有价值的部分是数字信息资源管理者面临的挑战。

第四,数字信息资源的利用需要相应的配套设施。和传统的印刷型信息资源不同,数字信息资源的利用需要一定的硬件和软件支持。例如,读取视频文件时,.avi 格式的视频文件需要安装相应的视频播放软件如 MediaPlayer 来播放。这种特性给数字信息

---

① 谌力. EMC 跨出信息生命周期管理的一大步. http:// cnw2005. cnw. com. cn/store/detail/detail. asp? articleId=30361&ColumnId=4028&-pg=&view=. [2006-9-11]

② Hal R. Varian. Universal Access to Information. Communication of the ACM, 2005, 48(10):65~66

资源带来了不利影响,一方面,为数字信息资源的普遍服务提高了门槛,用户必须具有一定的数字信息技术能力(ICT)才能够获取更广泛的信息;另一方面,也给数字信息资源的长期保存提出挑战,许多信息处理软件不断进行升级换代,还会不断有新的处理软件诞生,在经过若干年后,特别是几万年后,许多现在大量使用的信息处理软件也许早就被淘汰、不存在了,而替代品是全然不同的,后人在再现我们现在保存的媒体(比如光盘、磁盘)中的数字信息时,能否顺利提取和识别存在极大的不确定性,这给人类文明成果的保存带来一定的风险。因此,解决数字信息资源的兼容性和继承性问题成了当务之急。

第五,数字信息资源的供应和需求呈现动态性规律。数字信息资源的开发利用受到多方面条件约束,例如可能由于资金能力的限制,机构不可能对所有的资源都进行数字化,而只能分阶段、有重点地选择某些重要的信息资源数字化;由于技术的时代性或局限性,某些现在尚在利用的数字信息在将来可能没有获得支撑的技术设施来利用;还有,人们的思想观念和文化因素都可能影响对数字信息资源的需求,这些经济、政治、技术、文化方面的原因都可能导致数字信息资源的供应和需求的动态变化。

第六,数字信息资源投资的高风险性。围绕着数字信息资源的生产、流通、消费环节形成一个产业链,投资于这个产业需要消耗大量人力、财力和物力,形成巨大的固定成本。并且这个投资是不可逆的,如果市场定位错误,生产出来的数字产品得不到消费者的认可接受,带来的是经济方面的巨大损失,因此,从这个角度来看,数字信息资源投资更需要科学的规划。

最后,数字信息资源的管理更需要知识产权的保护。数字技术是把双刃剑,一方面为信息资源的开发利用带来便利,另一方面,也是滋生侵犯数字产品知识产权行为的土壤。各种盗版、抄袭、篡改等行为在数字时代愈演愈烈,如何保护数字作品的知识产权是各国在制定数字信息资源发展政策时需要重视的问题。

2.1.2 数字信息资源的产生与发展

追溯数字信息资源的渊源,它是随着计算机技术和通信技术的发展而诞生的,最初使用磁带为载体,后来陆续使用软盘、光盘等为载体或通过计算机网络发行,数字信息资源的类型也从电子期刊、电子图书扩大到数据库等所有可以数字化的资源。在数字信息资源的发展历史上,出现了许多代表性的事件。

1. 电子期刊的发展历程

1961 年,CAS(Chemical Abstracts Society)《化学题录》电子版的诞生是世界上第一种用计算机编辑出版的电子期刊,既是世界最早的电子出版物,也是持续时间最长的电子出版物之一,被认为是电子出版史上的一个重大创举。芬兰联合版权组织(Kopiosto)网站 2002 年 8 月登载的《电子出版简史》(Brief History of Electronic Publishing)曾报道:"电子出版的发展,始于计算机开始用来生产出版物。起初是借助计算机生产科学出版物的摘要和索引。这些出版物印刷版和磁带版同时供应。第一种是 1961 年出版的《化学题录》。"①

1965 年,化学文摘社依照时任研究部主任的乔治·戴森的策划,在美国国立卫生研究院的资助下,同时发行《化学—生物学动态》(Chemical Biological Activities, CBAC)磁带版和小册子形式的印刷版。磁带版的显著特点是除提供文摘的全文外,还有大量可检索的信息,包括作者、题名、著作出处、期刊代码、分子式和化学文摘社化学物质登记号(化学物质包括元素、化合物、衍生物,一个登记号由 3 组数字组成,作为统一的永久的识别标志,目前已登记的化学物质超过 600 万种)。这是世界上第一种用计算机编制、提供文摘全文的快报型电子期刊。几年后印刷版停止出版,磁带版则继续发行。

到了 20 世纪 60 年代下半期,第三代(集成电路)计算机的问世、海量存储器硬磁盘研制成功和分组交换公共数据网的普及,使计算机信息存取由离线批处理进入联机检索阶段。用户通过终端设备(包括微机、调制解调器和打印机)、通信线路直接与远程中央计算机连接,实现"人机对话",直接检索和浏览远程系统数据库的文献资料,随时修改检索策略,及时取得检索结果。化学文摘社在 1967 年为自己的数据库建立了联机检索系统和人机界面,称为"STN"(科技信息网)。1907—1966 年,印刷版的全部文摘、作者和专利文献索引也已数字化,可供检索。印第安纳大学布鲁明顿图书馆在 1967 年最先提供全校园联机检索《化学文摘》电子版服务。

继化学文摘社之后,实现编辑出版电子化的单位越来越多。产业信息公司(Information for Industry,IFI)从 1962 年开始定期发行《美国化学专利文献单元词索引》(Uniterm Index to U. S. Chemical Patents)及其他文献著录数据磁带版。美国国家医学图书馆(NLM)在 1960 年以计算机编辑出版《医学索引》(Index Medicus)月刊印刷版,1961 年 8 月至 1963 年 12 月与通用电气公司合作开发的"医学文献分析与检索系统"(MEDLARS),是世界上最早的计算机化信息服务系统之一,1964 年 1 月正式投入运营。

互联网早期的电子期刊大都是以电子邮件发送的,以各种机构和单位的业务通讯、工作简报为主;也有一些实行同行专家审稿制的正规学术刊物,有的被分配了国际标准刊号。1987 年秋季创刊的《成人教育新天地》(New Horizons in Adult Education),是互联网最早持续出版至今的原生数字化正规学术期刊(申请了国际标准刊号(ISSN1062—3813)),由接入互联网的"成人教育网"(AEDNET)通过比特网(Bitnet)邮件列表服务器向全球免费发行②。

2. 电子图书的发展历程

20 世纪 60 年代初在第一批电子期刊出版后,电子图书也初现端倪。英语

---

① 林穗芳. 电子编辑和电子出版物:概念、起源和早期发展(上). http://www. cbkx. com/2005 - 3/index. shtml. [2006 - 7 - 4]

② 林穗芳. 电子编辑和电子出版物:概念、起源和早期发展(中). http://www. cbkx. com/2005 - 4/770_6. shtml. [2006 - 7 - 4] "electronic book"(电子书籍)这个术语是美国布朗大学计算机学教授、软件工程师安德里斯·范·达姆(Andries van Dam)在 20 世纪 70 年代晚期创造的。美国科学研究与发展局局长、罗斯福总统科学顾问万尼瓦尔·布什(Vannevar Bush)被称为"电子书之父",他在《大西洋月刊》1945 年 7 月号发表信息时代经典之作《我们所想像的会如愿以偿》①提出一种台式信息存取系统的设想,其中包含对电子书、数字图书馆、个人计算机和超文本链接的预见。

据南卡罗来纳州大学图书馆与信息科学学院罗伯特·威廉斯教授等编《化学信息科学大事年表》,美国国家医学图书馆 1965 年利用化学文摘社的化学物质登记技术在自己的数据库中开发了一部在线化学词典(Chemical Dictionary Online,CHEMLINE)②,是最早出现的电子图书,其附属于数据库中,并不单独发行。1971 年美国伊利诺伊大学迈克尔·哈特首次在网络上发行了单独版的图书,被认为是电子图书的真正开端。

和电子期刊一样,电子图书先是多为录音带、录像带等音像制品,后来才使用软盘和光盘作为介质。

世界第一种以 CD 光盘为载体的电子书是 1981 年出版发行的《兰登书屋电子分类词典》(The Random House Electronic Thesaurus)。密苏里教育网 2004 年秋季课程《信息技术概论》在《电子书简史》一节中说:"在 1981 年,《兰登书屋电子分类词典》成为世界第一种可通过商业渠道供应的电子书。"③1982 年,美国国会图书馆开始启动"光盘试验计划"(Optical Disk Pilot Project),把大批藏书的文本和图像存储于光盘中。

软磁盘书籍在 20 世纪 80 年代初期开始出版,其中有《圣经》等。80 年代下半期兴起了超文本作品出版热。第一本超文本小说《下午的故事》是纽约市瓦萨学院电子教学中心主任迈克尔·乔伊斯(Michael Joyce)撰写的,1987 年由制作电子游戏的东门系统公司以软盘出版④。

电子图书诞生后,随着计算机技术和通信技术的发展,各种类型的电子图书随即涌现。如网络图书随着互联网的兴起和发展而基于超文本技术开发,便携式电子书的产生是随着 PDA(个人数字助理)和笔记本计算机的出现在 20 世纪 90 年代开发出来的。

总体来看,电子期刊和电子图书都经历了相似的发展历程,即沿着印刷版→在线版→纯文本光盘版→多媒体光盘版→万维网版发展。

3. 数据库的发展历程

最早的数据库可追溯到 20 世纪 50 年代初,1951 年美国调查局建立了数值数据库,采用的是计算机使用的成套穿孔卡片。然而,推动数字信息资源发展的数据库是按

---

① Bush V. As We May Think. The Atlantic Monthly,1945,(7):101－108

② Williams R V, Bowden M E. Chronology of Chemical Information Science. http://www. libsci. sc. edu/b ob/chemnet/DATE. hmtl,[2006－09－12]

③ Hein K K. Introduction to Information Technology. http://www. missouri. edu/～heink/7301-fs2004/ebooks/ebkhistory. html. accessed 2006－09－12

④ Joyce M. Afternoon,a Story. Hypertext edition ed. Cambridg e(MA):Eastgate Systems Inc. ,1987

字母顺序排列的、以磁存储器为载体的书目数据库。20世纪60年代初,用于文摘和索引服务的数据库开始被改造为计算机控制的照相排字系统。1960年,美国国家医学图书馆(NLM)着手设计其MEDLARS系统,1964年使用该系统进行医学文献的批式检索。1965年,美国国家科学基金会、国家卫生协会和国防部联合建立了CAS化学注册系统数据库。这些数据库的特点是多为面向学科和面向社会公众的数据库,数据库的查找是以批量方式进行的,即将多个检索策略在某一数据库上同时运行,适合于定题服务。到了1970年,这种数据库达到50～100个。

20世纪七八十年代,随着计算机技术和大容量存储技术的发展,更多的机构开始生产数据库,数据库的数量迅速增加。这一时期数据库发展的特点是:一是出现商业数据库,数据库内容的多样化。更多的营利机构加入数据库的生产,数据库收录的内容除了社会科学、人类学以及人们普遍关心的事项或大众化的课题外,还包括销售、金融、经济、企业名录等等信息。二是非书目数据库日益受到关注,各种指南和参考型数值数据库问世,全文数据库日渐增多。三是实现了数据库的联机检索功能。1971年,美国空军的NASA实验室在纽约州的医学图书馆,对MEDLARS数据库最早实现联机检索。著名的联机检索数据库DIALOG系统也是同时期产生的。到了20世纪80年代,DIALOG和BRS建立了供卫星通讯网络终端用户使用个人计算机和采用简单提问语言查找大众化数据库的服务机构①。

1990年以来,互联网的发展使数据库成为网络上的重要资源,商业数据库领域的竞争愈演愈烈,数据库的性能越来越优,容量越来越大,内容越来越丰富,各种全文数据库、数值数据库、参考数据库产品层出不穷,满足了人们数据查询的需求。这一时期数据库的发展呈现出以下趋势:一是数据库市场逐渐集中到少数大型数据库公司手中。上世纪90年代末到21世纪初,数据库的生产商不断合并,例如Thomson公司收购了Findlew、Dialog和Information Access等多家数据库企业,而Elsevier公司则拥有由Lexis-Nexis,Elsevier Science,Bowker和Cahners Business Information等数家知名数据库构成的信息服务体系。二是数据库服务越来越专门化。许多数据库商开始形成自己的核心产品。2001年,Elsevier公司出售Bowker,Marquis Who's Who和National Register Publishing等子公司,以全力投入对于自然科学、技术和电子版信息的开发和市场中。三是数据库的功能和内容越来越丰富。过去数据库几乎只能提供英语操作界面,随着全球市场的发展,多语种数据库逐渐增多。例如,以银盘公司为代表的商业数据库公司,为其webspirs软件包提供了包括英语、法语、德语等多种语言交互式的平台。四是改进了数据库服务方式。互联网技术为数据库信息的传播提供了一个很好的平台,许多数据库开始提供基于万维网的服务方式。例如,Lexis-Nexis推出了它的网络检索系统nexis.com,以取代以往的Lexis-Nexis Universe数据库②。

① 羿文.数据库发展史的回顾与思考.情报学刊,1989,(6):52～56
② 郑睿.美国数据库公司一瞥.图书馆杂志,2003,(1):65～67

总之,互联网技术的发展促使网络信息资源的产生和丰富。各种围绕网络的数据应用,从书目数据库到各种电子报刊,从各种网页到多媒体网站,数字技术在教育、科研、商业、生产的各个领域中得到广泛应用。

2.1.3 数字信息资源的分类

数字信息资源按照不同的标准可以划分为不同的类型。

按照数字信息资源来源的途径可分为原生数字信息资源(born digital information)和转化型资源(digitaled information)。前者指各种建立的电子化、网络化的数据库系统,电子出版物、网上电子图书、电子期刊、电子报纸、网站等,自诞生起就以数字形式存在。后者指借助专用设备(扫描仪、数字相机等)与软件将非数字化信息转换成数字化信息,用标记语言编辑上网。如上海图书馆将大量古籍文献转换为数字化信息。数字化过程需要投入巨大的人力物力,但对于"激活"馆藏珍贵文献的保存与开发利用是功德无量的工作。[1]

按照数字信息资源的性质和功能可划分为一次数字资源、二次数字资源、三次数字资源等,这种划分方式和印刷文献的划分方式类似。一次数字资源即原始数字信息,指反映最原始思想、成果、过程以及对其进行分析、综合、总结的数字资源,如事实数据库、电子期刊、电子图书、发布一次文献的学术网站等。用户可以从一次数字资源中直接获取自己所需的原始信息。二次数字资源指对一次数字资源进行加工、整理,便于利用一次文献的信息资源,如参考数据库、网络资源学科导航、搜索引擎/分类指南等。二次数字资源将大量的原始数字信息按学科或主题集中起来,组织成无数相关信息的集合,向公众报道有关原始信息产生和存在的信息;同时也是一种有效的检索工具,供用户查找信息线索之用。三次数字资源指对二次数字资源进行综合分析、加工、整理的数字信息资源,如专门用于检索搜索引擎的搜索工具,比较典型的是 WebCrawler,被称为"搜索引擎之搜索引擎"(Search Engine of Search Engine),即"元搜索引擎",当用户进行检索时,反映出来的结果是各搜索引擎的检索结果。

按照数字信息资源的存储载体,可将数字信息资源分为光盘、磁盘、网络等类型。其中网络信息资源是在网路上存在的数字信息,是数字信息资源中最大的主体。

按照数字信息资源表达的方式可以分为文字、图像、声音、视频、动画等类型。

按照数字信息资源的出版形式可分为电子期刊、电子图书、电子报纸、电子学位论文等类型。

不同类型的数字信息资源为我们管理和利用带来了挑战,有必要认识其中最主要的几种数字信息资源。

1. 电子书刊

电子书刊指完全在网络环境下编辑、出版、传播的图书或期刊。广义的电子书刊也

---

① 黄如花. 数字图书馆信息组织的优化. 情报科学,2004,(12):1435~1439

包括印刷式书刊的电子版。由于现有信息技术为电子书刊出版发行创造了良好条件，网络上电子书刊的数量正急剧增加，从而形成一种新型的科学出版和学术研究环境。

电子书刊的优点是出版成本低、出版周期短、便于作者与读者之间相互交流等。主要存在问题是缺少一套质量控制机制。

2. 电子数据库

电子数据库作为高质量的学术、商业、政府和新闻信息的重要来源，以其信息质量可靠、组织规范、使用简单而成为数字信息资源重要和不可替代的组成部分。电子数据库按照收录数据内容可分为全文数据库、参考数据库和事实数据库。

全文数据库即收录有原始文献全文的数据库，以期刊论文、会议论文、政府出版物、研究报告、法律条文和案例、商业信息等为主。如美国的 ACM 数据库、"学术期刊图书馆"（ProQuest Academic Research Library）及"中国人民大学书报资料中心复印报刊资料全文数据库"、"中国期刊全文数据库"等。

参考数据库指包含各种数据、信息或知识的原始来源和属性的数据库。数据库中的记录是通过对数据、信息或知识的再加工和过滤，如编目、索引、摘要、分类等，然后形成的。参考数据库主要包括书目数据库、文摘数据库、索引数据库。书目数据库主要是针对图书进行内容的报道与揭示的，如各图书馆的馆藏机读目录数据库；文摘和索引数据库则对期刊论文、会议论文、专利文献、学位论文等进行内容和属性的认识与加工，如"科学引文索引"（Science Citation Index）、"化学文摘"（Chemical Abstracts）、"工程索引"（Engineering Index）、"生物学文摘"（Biological Abstracts）、"中国人民大学书报资料中心复印报刊资料索引总汇"等数据库。

事实数据库指包含大量数据、事实，直接提供原始资料的数据库，又分为数值数据库（Numeric Database）和目录数据库（Directory Database）。前者专门提供各种科学研究中试验、测量、计算、工程设计、经济分析和工业规划等方面数据的源数据库，如中国统计年鉴。后者主要是记录一些机构、人物、产品、项目简述等事实数据的数据库，可以提供公司、机构的地址、电话、产品目录、研究项目或名人简历等信息，如中国企业名录数据库。

3. 非正式或半正式数字出版物

除了上面两种正式出版的数字信息资源外，互联网上还存在大量的自由发布的数字信息，例如电子邮件、BBS 论坛、新闻网页等。还有各种学术团体和教育机构、企业和商业部门、国际组织和政府机构、行业协会等单位的网址或主页上发布的各种各样的信息。虽然没有像电子书刊或数据库那样有结构化的组织形式，但是这部分信息资源的数量累计起来却占互联网上信息量最大的比重。

2.1.4 数字信息资源的生命周期管理

信息生命周期管理（Information Lifecycle Management，ILM）是 20 世纪六七十年代诞生的概念。1986 年，美国南卡罗莱纳大学教授马钱德（D. A. Marchand）与美国著名的信息资源管理专家霍顿合作出版的《信息趋势：从信息资源中获利》一书中将信息管理比作产品管理，提出了信息生命周期的理论，强调了信息生命周期的每个阶段及其进行相应的管理的必要性。近年来，有关信息生命周期管理的研究逐渐受到重视，这是与企业的信息化应用和互联网的高速发展分不开的。根据 META 集团的定义，信息（或数据）生命周期管理是信息在储存媒介网络之内流动的过程，而这个过程需要确保企业获取需要的商业信息，并向客户提供良好的服务，同时把单位成本降到最低。ILM还要满足日益增长的对于成熟和自动化存储管理的需求，这可以在保持企业对于商业环境变化作出快速反应能力的同时，提高个人的工作效率。这种定义强调的是过程的概念。EMC 公司大中华技术解决方案部总经理任志辉认为，信息生命周期管理可以简单理解为：帮助企业用户用最低的成本使信息产生最大的效益，让信息在恰当的时间产生正确的价值。IBM 对于这一概念的理解也始于很早以前，并随之推出了各种集成式信息管理与存储解决方案，从数据创建到最终归档的生命周期进行管理。

从这些观点可以看出，不同企业对信息生命周期管理有不同的理解，我们无法给其下一个确切的定义，但是有一个共同认识即信息具有生命的特征，那么据此认为信息生命周期管理作为一种信息管理模型，设想信息有一个从产生、保护、读取、更改、迁移、存档、回收到再次激活以及退出的生命周期。信息生命周期管理把信息当成一个有生命的东西，在每个阶段，不可能对所有信息都采用同样的管理策略，只有遵循信息的生命特征，对信息每个阶段采取相应的策略和技术实现手段①，才能发挥信息的最大价值。

相应的，数字信息资源的生命周期即指数字信息的创作、编辑、描述与索引、传播、收集、使用、注释、修订、再创造、修改、一直到永久保存或遭损坏等一系列阶段。根据数字信息资源具有生命周期的这个特性对数字信息进行管理的过程称为数字信息资源的生命周期管理（Digital Information Lifecycle Management，DILM）。这种管理模式能够帮助组织将数字信息资源管理与组织目标对应起来，把握数字信息资源的价值，抓住组织的关键活动，从而以更低的成本取得更有效的结果。

数字信息资源的生命周期管理需要把握住 6 个重要方面②。①整合（Consolidation）：即对数字信息资源实现最大的整合，将各种分散的信息孤岛关联起来。②分类（Classification）：对数字信息资源科学分类，这是对数字信息资源管理的概念。③保持连续性（Continuity）：对数字信息资源管理系统进行保护，保持其连续性。④全面的备份、恢复和存档（Comprehensive BURA）：即具备快速的存取数字信息资源的能力，能够自我管理，全面保护存档的信息存储方案。⑤内容的管理（Content）：将非结构化的数字信息应用系统整合起来，组成一个应用流程。⑥遵守法规（Compliance）：遵从政府相关部门对数字信息保存等活动的强制性规定，如存放时间等。

---

① 徐嵩泉.信息生命周期管理（ILM）-企业提升信息管理水平的利器. http://www. amteam. org/static/. ［2004－06－22］

② 魏桂英.信息生命周期管理：呵护信息的生命.信息系统工程,2005,(9):71～72

国外已有许多应用数字信息生命周期特征管理数字信息资源的案例。NDCC（National Digital Curation Centre，英国数字医疗中心）是由英国的 JISC（Joint Information Systems Committee，联合信息系统委员会）和电子科学核心项目联合组建，于 2004 年 3 月启动的一个项目。NDCC 主要支持英国相关研究机构存储、管理和保存数字科学数据，除了数据存档（Digital Archiving）和数字医疗（Digital Curation）的含义外，还有在整个学术生命循环中对数据进行主动管理和评价鉴定的含义，这是保证数据重现和再利用的关键所在。数字信息资源的生命周期管理在保证项目目标实现上发挥了巨大作用。

2.2 战略规划理论

2.2.1 战略的概念演变

战略的概念产生于军事领域，古代的战略活动最初应用于战争中的斗智。随着战争的发展和长期实战的积累，人们逐渐懂得在战争中使用谋略，并总结出指导战争的方法，于是便产生了战略。战略概念的发展一直沿着军事的轨道和国家的层次进行，其目标是在对抗中获得优势。但是在二战后，世界进入了长期的和平发展时期，尤其是冷战结束后，世界局势更加稳定，和平和发展成为当今世界的两大主题。于是，战略的概念迅速推广到经济、社会领域。

1980 年，美国耶鲁大学经济学家艾伯特·赫希曼（Hirschman，Albert O.）所著的《经济发展战略》[1]一书最早将军事学上的战略概念移植到发展经济学中，提出了经济发展战略的概念，并分析了经济发展中关系全局和长远利益的一系列具有创新意义的战略问题。当时，发展战略主要是研究发展中国家如何利用自己的潜力、自然资源和其他客观环境，以谋求社会经济发展的宏观策略。1981 年，我国经济学家于光远首先提出了经济社会发展战略的概念[2]，1998 年诺贝尔经济学奖得主阿玛迪亚·森（A. Sen）将经济发展战略进一步演化为社会经济发展战略，突出了经济发展在社会整体发展中的地位，同时也不能忽视经济以外的其他社会事业的发展。

随着全球社会经济的发展，人口爆炸、资源枯竭、环境恶化成为人类发展中面临的共同挑战。如果继续这种大量耗费资源型的生产生活方式，世界的不可再生资源只能维持 500 年。曾经有学者估算，如果全世界所有的人都要过所谓"美国人的生活方式"，那么还需要 40 个地球才能勉强满足这种奢华的需求。为应对这些挑战，局部的、单一的解决方案都显得软弱乏力，而必须采用全局的眼光来审视这些问题，采取长期的共同行动来解决这些问题。1987 年，联合国世界环境与发展委员会发表了《我们共同的未

---

[1] Albert O. Hirschman. Strategy of Economic Development. New York：WW Norton&Co Ltd，1980

[2] 于光远. 经济社会发展战略. 北京：中国社会科学出版社，1982.1

来》,提出了可持续发展的理念,引起了世界各国政府和组织的共同关注。1992 年,联合国"环境与发展大会"(UN Conference on Environment and Development),又称地球高峰会(Earth Summit),在巴西里约热内卢(Riode Janeiro)召开,通过了《21 世纪议程》(Agenda 21)之全部内容,而该《21 世纪议程》更将可持续发展的理念规划成为具体的行动方案(Action Plan),迄今已有 130 多个国家成立了国家级的可持续发展委员会,可持续发展从概念转化成为各国共同的战略。这使战略摆脱了单纯的军事概念之后,又摆脱了国家的界限和争斗竞争的狭窄含义而走向合作。

　　战略概念的演变和呈现的共同特点促使不同领域的学者给战略下了不同的定义,这里将战略的一些常见定义列举如下:

　　现代汉语词典中对战略一词的释义为:①指导战争全局的计划与策略;②有关战争全局的行动,如战略防御、战略反攻等;③比喻决定全局的策略。现代高级英汉双解词典中对战略(Strategy)的解释是:the art of planning operations in war(战争中计划战斗的艺术)。

　　钮先钟在其《战略研究》①一书中把战略分成传统的纯战略(Pure Strategy)、大战略、国家战略和总体战略等四类进行说明。其中,纯战略即为军事战略,定义为:战略为分配和使用军事工具以达到政策目标的艺术;大战略的出现改变了传统纯战略中只使用军事手段的局限,而强调可以使用非军事手段;目标由战争的胜利转变为战争以后的和平。大战略的定义为:使用一切国家资源,以达到国家政策所界定目标的艺术和科学;国家战略是美国官方所创造的名词,与大战略大同小异,指在一切环境下使用国家权利以达到国家目标的艺术和科学;总体战略(Total Strategy)是法国战略家博费尔(Andrè Beaufre)将军首创的名词,他认为战略是分层次的金字塔形结构,处于塔顶的是总体战略,第二层是各个领域的全面战略(Overall Strategy),如军事、政治、经济、外交等都有其各自的战略,位于底层的是有关行动的战略,在军事领域即指作战(Operation),在其他非军事领域指的是运作战略(Operational Strategy),这个金字塔形的结构构成一个完整的战略体(Strategy Body)。总体战略可以抽象地定义为:使用力量以求对政策所指定目标达到能做出最有效贡献的艺术。钮先钟认为,4 种战略虽各有差异,但总括说来,战略可分为狭义和广义的解释,狭义的指关于战争艺术的传统战略,广义的解释则是使用国家权力以达到与国家安全目标相关的,应用于平时和战时的艺术和科学。大战略、国家战略和总体战略都属于广义的战略。

　　从 1950 年代开始,战略研究开始在企业管理中活跃起来,并在 1960 年代中期至1970 年代中期得以广泛开展,欧美学者从企业管理的实践出发,分别提出了关于战略的概念。德鲁克早在 1954 年 9 月就提出了战略的问题。他认为一个企业应该回答以下两个问题:①我们的企业是什么? ②它应该是什么? 从而为战略下了一个比较含蓄、范围较小的定义。在这个定义中,战略的核心是明确企业远期目标和近中期目标。钱德勒给战略的定义是:"决定企业长期的目的和目标,并通过经营活动和分配资源来实

---

① 钮先钟. 战略研究. 南宁:广西师范大学出版社,2003.15～98

现战略目标。"①安德鲁斯认为："战略是由目标、意志和目的，以及为达到这些目的而制定的主要方针和计划所构成的一种模式。"即战略＝目的＋实现手段②。1984 年，安索夫提出："战略基本上是一整套用来指导企业组织行为的决策准则。"他认为，战略应由4 个基本要素组成：①产品与市场范围——明确企业现在的及以后有可能发展的产品和市场范围；②竞争优势——要选择具有竞争优势的产品与市场；③协同作用——指产品具有某种类似性，因此可以通过共同使用生产设备与销售途径而取得更大效果；④增长向量——企业应选择发展与成长的方向。1965 年，安索夫把公司战略描述为：将企业资源配置到具有最大潜在投资回报的产品市场中去，即"环境—战略—组织"三支柱理论③。加拿大的明茨博格教授认为战略是一种"决策流"，它是在管理、组织和环境的相互作用中产生的，并贯穿于整个时间过程中。明茨博格认为在企业经营活动中经营者可以在不同的场合以不同的方式赋予战略不同的定义，提出了战略是由 5 种规范的定义阐明的，即计划（Plan）、计策（Policy）、模式（Pattern）、定位（Position）和观念（Perspective），即 5P's 模型④。弗朗西斯认为战略是为创造未来进行连续决策所依据的基本逻辑。战略是组织面对激烈变化、严峻挑战的环境，为求得长期生存和不断发展而进行的总体性谋划，对实现组织使命和目标的各种方案的拟定和评价⑤。

综上所述，战略概念没有普遍而一致认可的准确叙述，为能适用于广义的战略概念的定义，应能反映出战略的涵义和基本特征。因此，我们认为战略是针对人类各类活动，为达到一定目标的全局性、长远性、根本性的重大谋划。它是一种着眼于长远未来的高层次的综合研究。是在全面研究经济和社会发展的基本方向、基本问题的基础上，对某一国家或地区的经济和社会发展全局做出不同层次、不同侧面的决策。理解战略概念应把握 5 个要点：目的性、全局性、长期性、关键性和针对性。

2.2.2　战略规划——战略的形成过程

20 世纪 60 年代前，人们用长期规划来描述今天的战略规划概念。后来，相继造出了其他的名词作为同义词使用，如"全面团体计划"、"综合管理计划"、"整体综合规划"、"正式规划"等词，而战略规划被越来越多的人作为正式词汇使用。

战略的特点和复杂性决定了战略管理是一系列的管理活动，按照周三多《现代企业战略管理》一书的理解它包括战略环境的研究、战略方案的选择、组织结构的调整以及战略活动的控制等内容⑥，其中战略规划和战略实施是战略管理的两大部分。因此，战略规划被定位为战略管理的一个重要阶段，这个阶段主要是明确企业经营哲学和确定

① 艾尔弗雷德. D. 钱德勒. 战略与结构：美国工商企业成长的若干篇章. 昆明：云南人民出版社，2002.7~8
② 安德鲁斯. 企业战略概念. 北京：经济科学出版社，1998
③ 陈荣平. 战略管理的鼻祖：伊尔·安索夫. 保定：河北大学出版社，2005
④ 亨利·明茨博格等. 战略历程：纵览战略管理学派. 北京：机械工业出版社，2002
⑤ 戴夫·弗朗西斯. 竞争战略进阶. 大连：东北财经大学出版社，2003
⑥ 周三多. 现代企业战略管理. 南京：江苏人民出版社，1993.12

企业任务;分析战略形势,建立企业战略目标和分阶段目标,包括总体环境分析、竞争环境分析、企业内部环境分析等;制定总体战略和战略政策3个重要任务。其中,企业总体战略的形成是战略规划过程的核心,由3个相互联系的部分组成:战略的提出、推敲和评价。战略的提出涉及与实现企业战略目标相适应的各种战略构思;战略的推敲则对各种基本战略进行精心斟酌,使它们充分反映一个企业战略目标的多样性和综合性;战略的评价可以看做是战略筛选过程的顶点,提出的各项战略都要受到严格的审查,并按照企业战略目标的轻重缓急和实现可能性的大小加以比较。战略政策是通过一系列职能战略体现的,实施任何一个总体战略,都需要制定一系列相互联系的战略政策,以指导和协调各方面的活动。职能战略是实施总体战略的手段,它指出了实现总体战略的特定方向、规定其具体行动。

由此可知,战略与战略规划是两个既有联系又有细微差别的概念。从词性角度来讲,战略是一个名词(Strategic Plan),战略规划是一个动名词(Strategic Planing);从顺序来看,战略规划是战略形成的基础。对此,本书理解战略规划是组织为实现战略目标而根据内外环境变化来进行组织资源的优化配置的过程,包含确定长远目标以及选择实现该目标的方法和程序等,战略规划的最终目的是形成科学的发展战略。在后文中,我们将重点探讨战略规划过程。

2.2.3　国外战略规划的理论研究述评

20世纪60年代前后,以美国哈佛大学商学院教授为主体的一批学者如安德鲁斯、钱德勒、波特等以及学者安索夫、明茨伯格、奎因等创建并发展了战略规划和战略管理理论。

表2.1是根据刘夏清编著的战略管理技术与方法一书中的观点整理的国外主要战略理论[①]。

表 2.1　国外主要战略理论

战略理论形成历程	代表人物	关于战略规划的主要观点
早期战略研究 (20世纪初—60年代初)	法约尔、巴纳德	提出组织与环境相"匹配"的主张,成为现代战略分析方法的基础
古典战略研究 (20世纪60年代中期—70年代末期)	设计学派:钱德勒、安德鲁斯	战略形成过程实际上是把企业内部条件与外部环境进行匹配的过程,建立了著名的SWOT战略形成模型
	计划学派:安索夫	制定战略的主要责任在于设计人员,战略应当详细、具体,包括企业目标、资金预算、执行步骤等实施计划
	定位学派:波特	企业在制定战略时必须做好两方面工作:一是企业所处行业的结构分析;二是企业在行业内的相对竞争地位分析
	企业家学派:熊彼特	战略形成过程是一个直觉思维、寻找灵感的过程;战略是隐约可见的"愿景"

---

① 刘夏清编著. 战略管理技术与方法. 长沙:湖南人民出版社,2003. 15~28

续表 2.1

战略理论形成历程	代表人物	关于战略规划的主要观点
古典战略研究 (20世纪60年代中期— 70年代末期)	认知学派:西蒙、March	战略的形成是基于精神上的、自发产生的认知过程。强调心理认知
	学习学派:明茨伯格	战略制定和实施是一个动态的学习过程,即通过不断实践,逐渐形成战略
	权力学派:普法弗	战略的形成是一个组织内部权力与权力之间政治斗争的结果。战略制定不仅要注意行业环境、竞争力量等经济因素,而且要注意利益团体、权力等政治因素
	文化学派:莱恩曼、诺曼	战略根植于企业文化及其背后的社会价值观念,其形成过程是一个将企业组织中各种有益因素进行整合发挥作用的过程
	环境学派:Pugh、汉能	战略形成是组织在其所处环境里如何获得生存和发展,适应环境的自发过程
	结构学派:钱德勒、明茨伯格	在不同情势下,企业可以采用不同的方式来制定其战略。战略形成是一个综合、插曲、排序、再综合的过程
竞争战略研究阶段 (20世纪80年代初—90 年代初)	行业结构学派:波特	行业结构决定了企业的战略,竞争战略的本质在于选择正确的产业和比竞争对手更深刻的5种竞争力的作用
	核心能力学派:汉默尔、普拉哈拉德	强调以企业生产经营、经营能力和过程中的特有能力出发来制定和实施企业竞争战略的思想。注重对内部环境的分析来制订战略
	战略资源学派:柯林斯、蒙哥马利、福克纳、鲍曼	分析产业环境、内部环境,比较与竞争对手的资源优势,并通过不断学习、不断创新才能形成战略
各流派融合期的战略思想(20世纪90年代以来)	战略联盟观:简·霍普兰德、罗杰·奈格尔	战略是一种竞争合作关系,通过竞争合作,赢得竞争优势
	基于信息的战略思想:查尔斯·惠兹曼、麦肯锡公司	信息技术贯穿于战略管理全过程,战略的制订与实施需要与信息技术战略紧密结合才能获得竞争优势

1. 早期战略规划理论的形成(20世纪初期—60年代初期)

20世纪60年代之前,财务预算是企业未来业务收支活动的控制方法。后来一些项目从投资到回收效益超过一年至多年,这样又出现了长期计划等控制方法。但是长期计划是基于人们过去对市场和外部环境的认识,它过于强调完成旧的业务目标,不能适应不断变化的外部环境。

从 20 世纪 60 年代起,美国哈佛大学商学院的学者们创立了现代战略规划理论。他们注重研究在组织的外部环境变化后,应密切捕捉新信息,把握新商机,将其与组织内部资源重新匹配,以求得组织的长期生存与发展。1962 年,哈佛大学商学院教授钱德勒在《战略与结构》中分析了美国大企业的管理结构是如何随企业成长方向的改变而变化的①。1965 年,美国国际大学教授安索夫出版了名为《公司战略》一书,他在该书中用寻找使奶牛多产奶的最佳方法为例,说明其战略主张:"我们必须能够买到最好的牛。……将企业的资源配置到具有最大潜在投资回报的产品市场中去。这就是企业的战略问题。"②

同年,美国哈佛大学商学院教授安德鲁斯也出版了著作《商业政策:原理与案例》。安德鲁斯被称为战略管理的极富创造力的一位学者,他吸收了钱德勒的战略思想,也发扬了塞尔兹尼克的独特竞争力概念。他认为,环境不断变化给组织既带来了挑战,也带来了发展机遇,组织应不断调整其优劣势,应确定其独特竞争力,这样才能利用环境机会,赢得市场竞争优势。这时,学者伦德(Learned)总结提出了战略规划的经典分析工具:SWOT 分析矩阵。这样,早期的战略规划理论就已形成,它主要包括如下四步:①研究组织外部环境的变化趋势;②将组织的外部环境变化机会与威胁、组织内部资源的优势与劣势进行综合分析,确定其独特能力;③分析、寻找组织内部资源与外部环境的最佳匹配;④进行战略选择。

早期战略规划理论的动态调整,随外部环境不断变化而相应修改,就产生了成熟的战略规划理论,即战略管理理论。

2. 成熟的战略规划理论的出现(20 世纪 70 年代)

1971 年,美国通用电气公司(GE)根据战略规划理论,结合实际,首创性地编出该公司的战略规划,他们下决心停产了无前途的部分产品与业务,重点支持有发展前途的业务,使公司有限资源集中到最能获利的产品业务上,取得了良好效果。此后,其他公司就仿效美国通用电器公司,开始注重战略规划。但是,20 世纪 70 年代中期的石油危机导致美欧等国经济危机发生,加之日本丰田等公司进入美国市场,美国公司感到外部环境变化太大。如何在外部环境剧变情况下求得公司的生存与发展呢? 战略学者们提出了自己的对策,他们认为早期的战略规划过于重视规划制定,而成熟的战略规划应重视规划的实施,以及根据外部环境变化,对战略规划实施动态调整。这种成熟的战略规划理论一般称为战略管理理论,它包括战略规划制定、实施与控制、评价等 3 个阶段。

3. 竞争战略管理理论阶段(20 世纪 80 年代初期—90 年代初期)

20 世纪 80 年代到 90 年代,西方经济学界和管理学界一直将企业竞争战略理论置于学术研究的前沿地位,从而有力地推动了企业竞争战略理论的发展。这一时期出现

---

① 艾尔弗雷德. D. 钱德勒. 战略与结构:美国工商企业成长的若干篇章. 昆明:云南人民出版社,2002.156~172

② 陈荣平. 战略管理的鼻祖:伊戈尔·安索夫. 保定:河北大学出版社,2005

了三大主要战略学派：行为结构学派、核心能力学派和战略资源学派。

20世纪80年代初期，波特开始对比研究了美国、日本与欧洲的企业竞争问题，他先后写下了《竞争战略：分析产业和竞争对手的技巧》(1980)、《竞争优势》(1985)、《国家竞争优势》(1990)等论著，奠定了竞争战略理论的基础，也使他成为享誉全球的战略管理理论大师。波特的研究重在对企业行为的分析，所以称为行为结构学派。

波特的战略管理理论首次明确地提出了如何制定竞争战略和取得竞争优势，但由于他着眼于从企业外部环境出发，对企业的内在因素未做深入研究，给人以存在不少欠缺之感。到了80年代中后期，以汉默尔、普拉哈拉德、斯多克等人为代表的核心竞争力与核心能力观受到理论界的青睐。其思想为通过内部环境分析，了解企业自身的能力结构，制定竞争战略，通过实施战略建立并保持企业的核心能力，藉此赢得竞争优势。

战略资源学派产生于20世纪80年代中期，综合了上面两种学派的观点，认为战略管理的思想是分析产业环境，内部环境，比较与竞争对手的资源优势，通过竞争战略的制定和实施来建立与产业环境相匹配的核心能力。而核心能力的形成需要企业不断的积累，只有核心能力达到一定水平后，企业才能通过一系列组合和整合形成自己独特的，不易被人模仿、替代和占有的战略资源，才能获得和保持持续的竞争优势。

4. 各流派融合期的战略管理思想(20世纪90年代以来)

到了20世纪90年代，信息技术、信息网络等的发展，改变了企业的竞争环境与组织结构，战略管理思想流派趋向融合，主要产生了战略联盟观与基于信息技术的战略管理思想两大流派。

战略联盟是由美国DEC公司总裁霍普兰德和管理学家奈格尔提出的，是指由两个或两个以上对等经营实力的企业(或特定事业和职能部门)，为达到共同拥有市场、共同使用资源等战略目标，通过各种协议、契约而结成的优势互补、风险共担、要素水平式双向或多向流动的松散型网络组织。战略联盟观的思想可归结为：企业通过制定和实施战略，实现竞争合作，赢得竞争优势，取得经营业绩。

基于信息技术的战略管理思想，主张通过利用信息技术或建立战略信息系统来实现企业竞争战略，获得竞争优势，以实现企业的使命或目标。信息技术贯穿于战略管理全过程，企业战略的制定与实施需要与信息技术战略紧密结合才能获得竞争优势，取得业绩。

2.2.4　战略规划一般特征

战略规划理论经历了半个多世纪的发展，已日趋完善和丰富。从上述对国外企业战略规划理论的主要流派和观点的回顾，我们可以发现有关战略规划的一些特征。

1. 战略规划是一个系统分析过程　这个过程始于确立的目标，阐释实现该目标的战略和政策，构思详细的计划以保证战略的实施，并最终实现终极目标。这个过程还要求预先决定致力于何种规划、何时进行、如何处理、由谁负责，一切就绪后如何开始下一步。战略规划的系统性就在于它是在一定时期内众人认可的前提下组织和实施的。对大多数组织来说,战略规划都是经过一段特定的时间进行构思之后形成的一整套计划,然而它还应当被看做是一个发展的过程。对战略的制定尤其如此,因为环境是不断发展变化的,并不要求每天都要修正计划,而是关于规划的思考要持续进行,在必要时要辅之以适当的行动。

2. 战略规划要有明确而长远的战略目标 早期军事战略的目标是为了国家安全,经济发展战略是为了经济发展,企业战略是为了获得竞争优势,实现利润,可持续发展战略是为了实现环境、资源和社会经济的协调稳定发展。所有战略都明确地定义了目标,因此,目标性是战略规划的鲜明特点。

3. 战略规划需要对影响战略的因素全面分析 当今社会经济环境的复杂性增强,技术变化日新月异,片面强调某一方面因素对战略的影响易使战略组织顾此失彼,难以达到战略目标。因此,理论界与实业界都倾向于全面地考虑战略规划以及组织的外部环境和内部条件的各个方面,对不同的战略目标要实施不同的战略规划方法。战略思维要从线性变为非线性,战略理论与经济理论、心理学、组织理论、复杂性学科等渗透与交融,战略规划方法适应环境变化的不可预测性。

4. 战略规划不同于着眼于局部问题解决的战术研究,而是着眼于全局的整体思维 在军事领域,战术是作战(Operation)的计划与技术,研究的范围是军事力量的应用;而战略规划是研究整个战争的胜败,它不但研究作战的问题,还要综合考虑政治、经济、心理等要素的应用。经济发展战略规划也不是关于一个企业或一种产业的发展规划,而是某区域经济社会系统的发展规划。前文提到的《21世纪议程》中可持续发展战略更是以全人类的眼光,全球的视野,世界各国的行动,以经济、社会、资源、环境等综合的观点来探寻可持续发展之路。

5. 战略规划是人类有意识的管理活动 所谓智谋、谋略及战略都是人类为了实现一定的目标而采取的以计划、决策为主的管理活动。首先,战略规划是人的一项活动,其次,这种活动是为了实现一定的目的服务的,因此可以看出战略规划是人主动实施的行为,具有主动性的特点。

2.2.5 战略规划过程

现代企业战略管理过程包括制定并实施有关企业未来发展方向决策的一系列活动,主要由战略规划和战略实施两大部分组成。战略规划是其中的一个重要内容,目前尚没有统一认可的过程。根据国内外战略管理专家和学者的观点,一般的战略规划过程主要包括以下4个阶段。

1. 明确企业经营哲学和确定企业任务

经营哲学是企业开展经营活动的行动准则,贯穿于经营管理的全过程,它确立了企业在经营过程中的价值观、信仰等。企业的经营哲学通常是相当持久的(除非经营环境发生巨大的变化),一般用明确的语句陈述。

企业的任务规定了企业目前以及未来所从事的业务活动。它一般包括企业现在及今后3~5年内产品、市场、业务地区及范围的概括性描述。影响企业任务的因素有很多,如盈利能力,竞争地位的变化或最高管理层的变动,新技术的发现,资源可获取性降低或费用的增加,市场构成的变化,政策以及消费者需求的变化。

2. 战略环境分析

战略环境分析有的也称为战略形势分析,为了能使战略规划主体在错综复杂的关系中拨开迷雾,不被假象所迷惑,抓住问题的本质,战略环境分析是必不可少的阶段。这一阶段在战略规划过程中的地位是不容置疑的,可以说战略环境分析的好坏直接关系着战略规划的成功与否。

一般来讲,企业战略环境包括总体环境分析和内部环境。总体环境可分为经济、技术、政策及法规、社会这四大方面。这四大方面各自的内容不同,对企业的影响侧面也不同,它们互相交织,构成了企业外部总的环境背景,从而形成对企业经营的约束及推动力量。分析内部环境,是为了发现企业的实力与弱点,了解企业的长处与短处,从而能利用环境变化给企业带来的机会,或避开不利的威胁以形成自己的优势,还可以使企业在了解了自己的不足后,研究如何提高自己的经济素质,以增强竞争能力。内部环境一般包括企业文化、企业的生产资源、企业的经营管理、企业的公共关系、企业产品的市场性质及市场情况等。

随着企业之间竞争的加剧,竞争环境的分析也引起了战略管理者的注意。美国学者波特提出了"五力竞争模型",概括了竞争环境分析的主要内容:本行业中各竞争者之间的竞争情况、消费者的情况、要素供给者的情况、潜在进入者的威胁、本行业产品或服务的替代品情况[①]。

3. 战略目标确立

战略目标是对实现企业任务过程中某一特定时限内所应完成程度的标志。企业往往有总目标和分阶段目标。总目标概括性比较强,时限性比较长。分阶段目标的重点在于规定实现企业战略目标的步骤,一般时限性较短。

战略目标的形成建立在对企业战略环境的分析基础之上,不同企业的战略目标可能相差甚大,但是通常都包括以下内容:①盈利能力;②为顾客服务的能力;③职工需要和福利;④社会责任。

4. 战略形成(Strategy Formulation)

前面3个阶段都是形成战略的基础工作,第四阶段则是战略规划的最终目的。战略形成阶段包括制定总体战略和战略政策两部分内容。总体战略是指企业为了实现其战略目标和任务所选取的总方向,它是战略规划过程的核心。因为,尽管企业任务和战略目标的确很重要,但是通常它们都比战略更为持久,各种企业会对它们的任务不断加以回顾和讨论,可是在内外部环境无巨大变化的情况下,不会对企业的任务和战略目标作频繁的、根本性的改变。所以,与企业任务和战略目标相比,总体战略是战略规划工

---

① 迈克尔·波特著;陈小悦译. 竞争战略. 北京:华夏出版社,1997.50~68

作中可能带来重大和持续变革的重要工作之一。

企业在确定总体战略后,还需通过制定战略政策,采用一系列的职能战略,将总体战略具体化、专门化。战略政策是通过一系列职能战略体现的,实施任何一个总体战略都需要制定一系列相互联系的战略政策,以指导和协调各方面的活动。职能战略实施是总体战略的手段,它指出了实现总体战略的特定方向、规定其具体行动。另外,职能战略的时间跨度较总体战略为短,在整个战略实施中起着联结总体战略与企业生产经营活动桥梁的作用。

战略规划一般要包括上述 4 个阶段,我们用图 2.1 来表示各个阶段之间的承接关系。

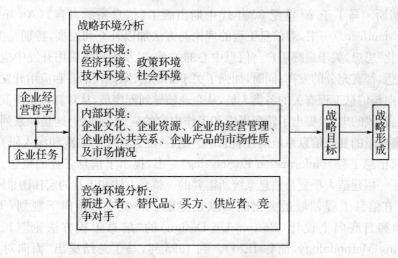

图 2.1   一般企业战略规划阶段

2.3   信息资源规划理论

信息资源规划理论是信息资源管理理论在企业实践活动中的发展。随着这项研究工作的展开,信息资源规划的理念早已突破了企业生产经营的狭小范围,扩大到政治、教育、科技等各个领域,几乎覆盖了人类所有的信息活动范畴。从更广义的角度理解信息资源规划是指对信息资源描述、采集、处理、存储、管理、定位、访问、重组与再加工等全过程的全面规划工作。其理论和实践的发展对推动信息资源战略规划的研究具有重要意义。我国学者高复先教授是我国信息资源规划工作的首创者、倡导者和实践者,其研究是这一领域最有代表性的成果之一。

2.3.1   信息资源规划理论基础

信息资源规划理论的形成主要是 James Martin 的信息工程方法论(IEM)、F. W. Horton 的信息资源管理理论以及 William Durell 的数据管理。

1. 信息工程方法论

20 世纪 80 年代初，发达国家的信息系统建设经历了初级阶段的失败和困难，出现了人们所说的"数据处理危机问题"。例如，IBM 公司为日本的两家报社开发自动化系统，由于对总编辑在终端上如何工作的问题一直搞不清楚，使 IBM 公司损失 200 万美元。这使人们开始怀疑，从需求分析开始的传统的生命周期开发方法论，是否符合大型复杂信息系统的开发[①]。

这时候，以詹姆斯·马丁（James Martin）为代表的美国学者，在有关数据模型理论和数据实体分析方法的基础上，再加上他发现的企业数据处理中的一个基本原理——数据类和数据之间的内在联系是相对稳定的，而对数据的处理过程和步骤则是经常变化的，詹姆斯·马丁于 20 世纪 80 年代中期出版了《信息系统宣言》（An Information Systems Manifesto）一书，对信息工程的理论与方法加以补充和发展，特别是关于"自动化的自动化"思想，关于最终用户与信息中心的关系，以及用户在应用开发中应处于恰当位置的思想，都有充分的发挥；同时，加强了关于原型法、第四代语言和应用开发工具的论述；最后，向与信息工程有关的各类人员，从企业领导到程序员，从计算机制造商到软件公司，以"宣言"式的忠告，提出了转变思维和工作内容的建议，实际上这是一系列关于建设高效率、高质量的复杂信息系统的经验总结。随后，经过几年的实践和深入研究，于 1991 年出版了《信息工程》（Information Engineering）一书，提出了信息工程的概念、原理和方法，勾画了一幅建造大型复杂信息系统所需要的一整套方法和工具的宏伟图景[②]。

马丁在信息工程领域最突出的贡献是提出了一整套自顶向下规划（Top-Down Planning）和自底向上设计（Bottom-Up Design）的"信息工程方法论"（Information Engineering Methodology，简称 IEM）。到 1993 年，马丁总结提出"面向对象信息工程"（OOIE）的理论与方法，IEM 已经成为国际上信息系统建设的主流方法论之一。该方法将大型信息系统的开发建设分为 4 个阶段，形成一个"OOIE 金字塔模型"。如图 2.2 所示[③]。

OOIE 金字塔模型是一种从全组织范围的规划到业务域分析、系统设计，然后再进行建造的较严谨的开发方法论，其技术关键是集成化的元库（Repository）和基于它的 I-CASE 工具组。正是这套工具支持了面向对象分析、设计与实现，建立可重用类库并进行开发人员的工作协调。其思想的核心是强调系统工程的总体设计和规划，只有这项工作搞好了，才能从根本上保证大型信息系统开发的成功。

2. 信息资源管理理论

在信息工程产生和发展的同一时期，信息资源管理（Information Resource Management，IRM）的概念、理论和方法也得到了发展。信息资源管理的有关理论和方

---

① 高复先. 信息资源规划：信息化建设基础工程. 北京：清华大学出版社，2002.4

② James Martin. Information Engineering：Introduction. New Jersey：Prentice Hall，1991

③ 高复先. 信息资源规划的理论指导. 中国教育网络，2006，(9)：62～64

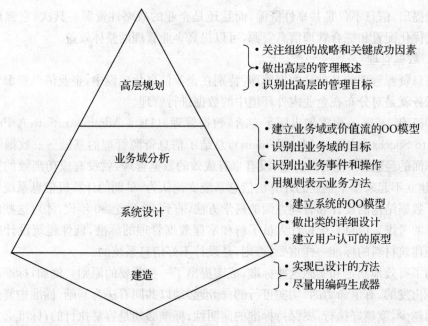

图 2.2 OOIE 金字塔模型

法不仅补充、丰富了信息工程中总体数据规划的理论和方法,而且推动了企业信息资源的开发利用实践[1]。

美国学者霍顿(F. W. Horton)和马钱德(D. A. Marchand)是信息资源理论的奠基人,最有权威的研究者和实践者。他们提出了如下许多重要观点[2]:

(1) 信息资源与人力、物力、财力和自然资源一样,都是企业的重要资源,应该像管理其他资源那样管理信息资源。IRM 是管理的必要环节,应纳入管理预算。

(2) IRM 包括数据资源管理和信息处理管理。前者强调数据控制,后者关心企业管理人员在一定条件下如何获取和处理信息,强调企业中信息资源的重要性。

(3) IRM 是企业管理的新职能,产生这种新职能的动因是信息与文件资料的急增、各级管理人员获取有序的信息和快速简便处理信息的迫切需要。

(4) IRM 的目标是通过增强企业处理动态和静态条件下内外信息需求的能力,来提高管理的效益。IRM 追求"3E"(Efficient,Effective,Economical),即高效、实效、经济,"3E"之间关系密切,相互制约。

(5) IRM 的发展具有阶段性。20 世纪 90 年代,IRM 的发展大约可分为物理控制、自动化技术管理、信息资源管理和知识管理 4 个阶段。其中知识管理又称为信息战略规划阶段。

信息资源管理的思想、方法和实践对于信息资源的战略规划具有重要意义。首先,

---

① 高复先. 信息资源规划:信息化建设基础工程. 北京:清华大学出版社,2002. 22～26

② Marchand D. A, Horton F. W. Infotrends:Profiting from Your Information Resources,1986. 20～25

它明确提出,信息不仅是共享性资源,而且还是企业的战略性资源。其次,它强调从战略高度优化配置和综合管理信息资源,可以提高企业管理的整体效益。

3. 数据管理

信息资源管理的基础是数据管理,特别在企业信息化建设中,企业信息资源管理的核心任务就是对分布在企业内外环境中的数据进行管理。

1985 年,威廉·德雷尔出版了专著《数据管理》(Data Administration:A Practical Guide to Successful Data Management),总结了信息资源管理的基础——数据管理标准化方面的经验。[①] 他的名言是:没有卓有成效的数据管理,就没有成功高效的数据处理,更建立不起来整个企业的计算机信息系统。他认为,早期的计算机信息系统开发缺乏关于数据结构的设计和管理方面的科学方法,直到 20 世纪 80 年代,才对这些问题加以认真的考虑。信息系统设计人员了解和掌握数据管理的标准,就像建筑设计师了解和掌握建筑材料的标准一样重要,否则,是设计不好信息系统的。

为了有效地制定和实施这些标准,威廉提出了一些重要的原则。例如,标准必须是从实际出发的、有生命力的、切实可行的;标准必须以共同看法为基础,标准中复杂难懂的东西越少,就越好执行,要保持标准的简明性;标准必须是容易执行的;标准必须加以宣传推广,而不是靠强迫命令;数据管理的最重要的标准是一致性标准——数据命名、数据属性、数据设计和数据使用的一致性等等原则。

威廉提出的"信息资源管理基础标准"是指那些决定信息系统质量的、因而也是进行信息资源管理的最基本的标准。根据威廉的专著和有关文献的研究,以及实践的探索,我国学者总结了信息资源管理基础标准,也就是数据管理标准有:数据元素标准、信息分类编码标准、用户视图标准、概念数据库标准和逻辑数据库标准[②]。

2.3.2 从数据规划到信息资源规划

20 世纪 80 年代初,许多企业信息系统的信息资源管理活动集中在"数据管理"层次,提出了"总体数据规划"的概念。马丁的信息工程方法论提出的实体分析和主题数据库都是总体数据规划的内容。威廉则详细探讨了数据管理标准。这两方面的工作对于企业信息系统建设都是必不可少的。我国学者结合这两方面的研究成果,并借鉴霍顿的信息资源管理思想,提出了信息资源规划的概念。即在进行总体数据规划的过程中同时进行数据管理标准化工作,通过数据标准化工作使总体数据规划更为扎实,使总体数据规划成果更能在集成化的信息系统建设中发挥指导作用。

从理论和技术方法创新的角度来看,信息资源规划的要点有[③]:

---

① William Durell. Data Administration:A Practical Guide to Successful Data Management. NewYork:McGraw-Hill Companies. 1985

② 高复先. 建立信息资源管理基础标准. 中国信息界,2005,(11):24～26

③ 高复先. 信息资源规划:信息化建设基础工程. 北京:清华大学出版社,2002.78～79

(1) 在总体数据规划过程中建立信息资源管理基础标准,从而落实企业数据环境的改造或重建工作。

(2) 工程化的信息资源规划实施方案,即在需求分析和系统建模两个阶段的规划过程中执行有关标准规范。

(3) 简化需求分析和系统建模方法,确保其科学性和成果的适用性。

(4) 组织业务骨干和系统分析员紧密合作,按周制定规划工作进度计划,确保按期完成规划任务。

(5) 全面利用软件工具支持信息资源规划工作,将标准规范编写到软件工具之中,软件工具就会引导规划人员执行标准规范,形成以规划元库(Planning Repository)为核心的计算机化文档,确保与后续开发工作的无逢衔接。

2.3.3 信息资源规划核心——战略信息系统规划

无论是国外的信息工程方法论、数据管理还是国内学者提出的信息资源规划,归根结底,我们可以发现,其要解决的中心任务是企业信息系统的建设。伴随着这项工作的开展,战略信息系统规划(Strategic Information Systems Planning, SISP)成为信息资源规划的重要研究方向之一。它指的是从帮助企业实施其经营战略或形成新的经营战略角度出发,寻找和确定各种信息技术在企业内的应用领域,借以创造出超越竞争对手的竞争优势,进而实现其经营战略目标的过程[①]。

战略信息系统的概念最初是在 20 世纪 80 年代提出的,早期 SISP 研究主要关注规划方法,帮助规划者利用信息系统支持、实现组织目标。80 年代中期,大量研究专注于如何识别信息系统获取竞争优势的机会;80 年代晚期,开始研究、分析企业内部流程和整个组织内数据分布类型问题,企业经营战略与 SISP 关系逐渐受到关注。同时,在规划过程中发现运用现代方法、技术的 SISP 并没有解决长期以来系统规划方面的问题,或规划的范围特征过于狭窄。在 90 年代以后的战略信息系统时期,IT 已经成为企业竞争获胜的武器,SISP 决定着 IT 战略投资的有效性并影响着企业规划目标的实现,是企业战略能力形成的关键。大量研究认为该时期 SISP 与企业大规模的战略规划密切相关,SISP 的主要任务就是与企业战略相连。

我国学者徐作宁等人检索了信息管理与信息系统领域的权威或核心期刊,如MISQ,ISR,Journal of MIS 等杂志,得出当前对 SISP 的研究大体上分为战略匹配研究、SISP 方法研究和 SISP 效益研究 3 个方面。

1. 战略匹配研究 即指企业经营战略规划(BSP)与 SISP 的关系问题。这一主题又集中在战略匹配的"内容"、"过程"以及相关"评价"3 个主流研究方向。

"内容"是指 BSP 与 SISP 在哪些方面进行匹配和继承,运用哪些方法与技术。代表性成果是战略匹配模型(SAM)首次提出了建立 BSP-SISP 全方位战略匹配的观点

---

① 徐作宁,陈宁,武振业. 战略信息系统规划研究述评. 计算机应用研究,2006,(4):3~7

和模型①。该模型认为内部领域如组织基础构成和流程、IT 基础构成和流程,外部领域如企业战略、IT 战略等四大领域之间存在互动关系。BSP-SISP 战略匹配不仅要考虑外部环境领域的影响,还应考虑组织内部领域和业务、管理流程之间资源整合情况。

"过程"指的是战略匹配的执行途径,即 BSP 应如何与 SISP 进行集成。具体而言就是考虑支持匹配内容所涉及领域,应当采取哪些管理措施,实施哪些经营过程使两者实现有机继承。如 Henderson 的过程模型②、Das③ 等人对 SISP 的内容和过程特性的影响因子分析,都是为了实现战略匹配过程。Earl④ 提出的 TOP-DOWN,BOTTOM-UP 和 INNOVATION 3 种途径来集成 SISP 与企业目标战略的一致性。在如何建立"战略匹配"的管理机制问题上,Hirschheim⑤ 等人认为企业的错误决策、过分注意细节、变革的不确定性是产生战略匹配失误的重要原因。

"评价"是指对 BSP-SISP 战略匹配度、管理实践活动中影响"内容"和"过程"的相关因素,以及对企业业绩贡献程度进行考核评定。在前一问题,Teo、King 等人对战略匹配发展阶段中各个变量影响度进行了实证分析⑥。后一问题,Reich,Keams,King,Pollalis 等人研究了企业战略和 IT 目标的关系,战略匹配对企业业绩的贡献程度的影响⑦⑧。Burm⑨ 等人对战略匹配模型中 CEO 和 CIO 的不同影响进行了对比研究。Raghunathan⑩ 等人对规划的战略地位与 SISP 成功性的衡量指标以及相互关系进行了研究。

　　2. SISP 方法研究　　指的是有效开展 SISP 活动的结构化的手段,它确定了规划的流程以及各阶段的主要工作内容。

---

① Reich Blaize Homer, Benbasat Izak. Measuring the Linkage between Business and Information Technology Objects. MIS Quarterly,1996(1):55～81

② Henderson JC,Venkertraman N. Strategic Alignment:A Model for Organizational Transformation Through Information Technology Management. NewYork:Oxford University Press,1992. 117

③ Das S. , Zahra S. , Warkentin M. Integration the Content and Process of Strategic MIS Planning with Competitive Strategy. Decision Science,1991,22:953～983

④ Earl,M. J. Experiences in Strategic Information Systems Planning. MIS Quarterly,1993,(1):12～23

⑤ Hirschheim R. , Sabherwal R. Detours in the Path Toward Strategic Information Systems Alignment. California Managemen Review,Fall2001,44(1):87～108

⑥ King W R. ,Teo TSH. Integration between Business Planning and Information Systems Planning:Validation a Stage Hypothesis. DecisionScience,1997;28(2):279～308

⑦ Kearns G. S. , Leaderer A. L. The Effect of Strategic Alignment on the Use of IS based Resources for Competitive Advantage. Journal of Strategic Information Systems,2000,(12):265～293

⑧ King W R, Pollalis. R, Yannis S. IT based Coordination and Organizational Performance:A Gestalt Approach. Journal of Computer Information Systems,2001,41(2):156～172

⑨ Burn J. M, Szeto C. A Comparison of the View of Business and IT Management on Success Factors for Strategic Alignment. Information&Management,2000,37:197～216

⑩ Raghunathan B. , Raghunathan T. S. , Tu Q. . Dimensionatlity of the Strategic Grid Framework:The Construct and Its Measurement. Information Systems Research,1999,10(4):343～355

20 世纪七八十年代,提出了许多传统的 SISP 方法,如业务系统规划法(BSP)、关键成功因素法(CSF)、战略目标集转化法(SST)等等。这些规划方法以传统的信息技术为基础和研究对象,主要从支持企业的业务过程、提高企业的工作效率和经济效益角度出发,来规划企业信息系统的应用。远没有充分地反映出信息系统对企业产生的影响和发挥的作用,并且,这些方法过于注重细节,难以适应动态变化的企业环境。

到了 80 年代末期,激烈的竞争使人们开始考虑从增强企业竞争力的角度来研究企业信息系统的战略规划方法。其中,Lederer① 等人提出了一个七步骤的包含输入—处理—输出的 SISP 方法框架。Min 等人②分析了 SISP 方法存在的问题并提出了一种集成的 SISP 方法。为了吸取各种方法的优点,不同战略规划方法的组合也成为研究的热点之一。我国学者薛华成提出将关键成功因素法、战略集转化法和业务系统规划法3 种方法结合起来使用,称为 CSB 方法(即 CSF,SST,BSP 相结合)③。

总体来看,关于战略信息系统规划方法的研究还在不断的探索中,提出了不少新的方法。存在的主要问题是许多方法没有经过实践的检验,还停留在理论层次。能够产生重大影响并具有代表性的战略信息系统规划方法仍是早期提出的那些典型方法。

3. SISP 效益研究

效益是战略信息系统规划的中心问题。最近 10 年来,不少学者逐渐关注起 SISP 的效益问题。

针对 SISP 在实施中存在的问题,如何提出解决办法或今后的研究方向。Gottschalk④ 认为缺乏对规划的实施的研究是导致 SISP 失败的原因之一,并提出了实施矩阵和影响实施的关键因素。Teo 等人⑤认为难以获得高层的承诺和规划制定后被忽略是 SISP 面临的最严重的问题。我国学者针对我国企业现状,有人提出由于企业面临的战略环境的复杂性、IT 环境的复杂性、组织环境的复杂性、SISP 的认知复杂性,导致传统的 SISP 方法难以保证 SISP 的成功。

针对度量 SISP 成功的方法,Segars 等人建立并实证了一个两阶段模型,从匹配、分析、合作以及能力的提高 4 个方面来度量 SISP 的成功程度,并认为具有较高合理性和适应性的规划方法更容易导致 SISP 的成功⑥。Fitzgerald 则认为应从内部基准(组

① Lederer F. Toward a Theory of strategic Information Systems Planning. Journal of Strategic Information Systems,1996,(5):237~253

② Min S. K,Suh E. H. ,Kim S. Y. An Integrated Approach toward Strategic Information Systems Planning. Journal of Strategic Information Systems,1999,(8):373~394

③ 薛华成. 管理信息系统. 第 2 版. 北京:清华大学出版社,1993. 121~128

④ Gottschalk P. Key Issues in IS Management inNorway:An Empirical Study Based on methodology. Information Resources Management Journal,2001,(2):37~45

⑤ Teo T. S,Ang J. S. An Examination of Major IS Problems. International Journal of Information Management,2001,21:457~470

⑥ Segars A. H. ,Grover V. Profiles of Strategic Information Systems Planning. Information Systems Research,1999,(3):199~232

织明确的目标、流程收益、成熟度、规划流程的质量)、外部基准(一般的规划目标,避免了 SISP 通常的问题,其他组织 SISP 目标)、不同参与人的观点等方面来度量 SISP 的成功,并提出了一个度量框架①。

针对影响 SISP 成功的关键社会因素这个问题,Marshall 等人认为在虚拟组织盛行的今天,SISP 应更多考虑柔性、临时结构、对外包的依赖性以及组织间的业务流程等虚拟组织的性质,而不是仅仅从一个组织内考虑如何进行 SISP②。King 等人认为成功实施 IS 战略、互相交流战略趋势、成功的外包、规划范围小、具有柔性、职能间相互协同的企业更能发挥 IS 作用③。在实证分析方面,Lee 和 Pai 等人验证了组织环境和团队间行为对 SISP 成功的影响④。Kearns 等人则证明了环境的不确定性和信息的密集度等行业特征与 SISP 成功以及竞争优势的形成之间存在着明显的正相关关系⑤。许多学者的理论分析和实证分析都说明了组织内外环境以及企业文化等社会因素对 SISP 的成功有很大影响。

2.4 小结

战略的概念产生于军事领域,随后迅速推广到经济、社会领域,相关理论在实践中不断发展,将其引入到信息资源管理领域是一个新的突破。数字信息资源战略规划是信息资源管理与战略规划理论交融的结果,需要从多个学科领域汲取有益的成分,图书情报、企业管理以及信息科学等学科都为数字信息资源战略规划提供了理论依据。

图书情报学科在信息技术的推动下,由传统的文献研究拓展到以数字信息资源为主体的信息资源管理,为数字信息资源战略规划提供了许多有关数字信息资源特性的知识。而企业管理中战略管理一直是管理学中的一个核心研究领域,其有关战略规划的方法、流程、思想等为我们探讨数字信息资源战略规划模式提供了借鉴。信息资源规划主要集中在计算机科学、系统科学等学科领域的专家研究,其研究成果丰富了我们探讨数字信息资源战略内容体系。因此,本书研究的理论基础可用图2.3 来表示。

---

① Min S. K,Suh E. H. ,Kim S. Y. An Integrated Approach toward Strategic Information Systems Planning. Journal of Strategic Information Systems,1999,(8):373~394

② Hevner A. R. ,Berndt D. J. ,Studnicki J. Strategic Information Systems Planning with Box Structures. Proceedings of the 33rd Hawaii International Conference on System Sciences,2000

③ King W. R. ,Pollalis A. P. IT based Coordination and Organizational Performance:A Gestalt Approach. Journal of Computer Information Systems,2001,41(2):156~172

④ Lee G. G,Pai J. C. Effects of Organizational Context and Intergroup Behaviour on the Success of Strategic Information Systems Planning:An Empirical Study. Behaviour and Information Technology,2003,22(4):263~280

⑤ Kearns G. S,Leaderer A. . The Impact of Industry Contextual Factorson IT Focus and the Use of IT for Competitive Advantage. Information and Management,2004,41:899~919

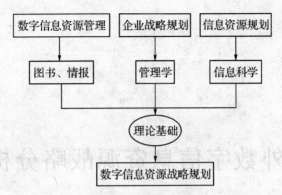

图 2.3 研究理论基础

3 国内外数字信息资源战略分析

3.1 国外数字信息资源战略概况

世界上许多国家都将数字信息资源的建设列入了最高层领导人的决策议程中,纷纷制定政策,进行了许多有益的探索,开发利用本国的数字信息资源。从总体情况来看,研究集中在企业或组织范围内的数字信息资源战略规划,探讨的重点放在数字信息技术及系统方面,从国家宏观层次上对数字信息资源进行整体综合规划的成熟案例较为少见。但是仍有一些国家主管部门委托全国性的学术团体、协会等组织开展了卓有成效的工作,形成了一系列数字信息资源战略。表3.1列举了国外主要的数字信息资源战略研究情况。

表 3.1　国外主要的数字信息资源战略

国别	数字信息资源战略实例	相关政府部门或主管机构	战略的主要目标
美国	《数字资源保存国家战略》(Building a National Strategy for Digital Preservation, 2002)	美国国会图书馆	数字资源的保存
	《电子资源管理报告》(Electronic Resource Management: Report of the DLF ERM Initiative, 2004)	美国国会图书馆—美国数字图书馆联盟	有助于图书馆管理电子资源,满足用户需求
	《建立数字化采集项目战略规划》(Strategies for Building Digitized Collections, 2001)	美国国会图书馆—美国数字图书馆联盟	实现数字资源的可持续发展
	《数字存档战略》(Digital Archiving Strategy, 2002)	美国英语文化遗产中心	美国文化遗产的长期保存和访问
	《商用数字信息资源选取与保存理论与实践报告》(Selection and Presentation of Commercially Available Electronic Resources, 2001)	美国国会图书馆—美国数字图书馆联盟	商业数字信息的保存

续表3.1

国别	数字信息资源战略实例	相关政府部门或主管机构	战略的主要目标
英国	JISC 三年发展策略（JISC Strategy，2004—2007）	英国联合信息系统委员会（JISC）	通过提供世界级的创新通信技术来实现 JISC 的目标
	保存数字时代（Archives in the Digital Age，2001—2006）	英格兰博物馆、图书馆及档案馆委员会（MLA）	原生数字资源与转化型数字资源的规划
	人文科学数据服务战略规划（2002—2005）	英国人文科学数据服务中心（AHDS）	保存、提供和生产高等教育数据资源
加拿大	国家数字信息战略（National Digital Information Strategy，2005）	加拿大图书档案协会（LAC）	保证国家的数字资产随着时间的推移能被创造、保护和保存
澳大利亚	国家图书馆电子信息资源发展战略（National Library of Australia Electronic Information Resources Strategies and Action Plan，2002—2003）	澳大利亚国家图书馆	便捷地访问图书馆和其他文化机构中的信息资源资产，克服一切阻碍

　　除了表3.1中所列出的欧美等国的数字信息资源战略外，全球其他国家也开始了与数字信息资源战略相关的一系列工作。信息社会世界峰会（WSIS）2005年10月19日公布了《关于信息社会世界峰会清点工作的报告》，列出了许多国家战略的实例：

　　奥地利的数字战略①将重点放在接入性、互操作性、开放接口、国际认可标准的采用、技术中立、安全、透明度和可扩展性等原则方面。

　　在日本，总务省（MIC）正在起草一系列实现无所不在的网络社会所需的政策②，以便人们可以轻而易举地"在任何时间、任何地点、利用任何工具、向任何人提供"网络接入，而且使通信方便、自由。2005年5月16～17日在东京举办的"朝着实现无所不在的网络社会前进"的WSIS主题会议上讨论了该政策提案（u-Japan）③。

　　新西兰的数字战略④旨在为所有新西兰人创建一个未来的数字社会，将信息通信技术充分地应用于人们的生活之中，并用以实现经济、环境、社会和文化目标。数字战略的几项关键内容为：内容（可以获取的、有利于提高人们生活质量的信息）；信心（使用信息通信技术的技能及其周围的安全环境）和连接（获取和使用信息通信技术）以及各

① http://www.cio.gv.at/

② http://www.soumu.go.jp/english/index.html

③ http://www.wsis-japan.jp/

④ http://www.digitalstrategy.govt.nz/

种变化因素的作用:社区、企业与政府。

为了实现《联合国千年宣言》中所提出的目标,各种国际组织和金融机构也相继制定了各自的数字化发展战略,开展了相关活动。联合国信息通信技术任务组(UNICTTF)于 2004 年 11 月 19~20 日在柏林举办了一个题为"为数字发展创造有利环境"的全球论坛①。该国际大会讨论了政策监管、融资和不同利益相关方在创建有利于数字发展的环境方面的作用等问题。该论坛通过融资机制任务组推动了 WSIS 进程,提高了人们对信息通信技术在实现《千年宣言》目标中的作用的认识。国际贸易中心(ITC)是联合国贸发大会(UNCTAD)和世界贸易组织(WTO)建立的一个联合机构,该机构根据其电子化促进贸易发展战略制定了电子贸易桥梁计划,帮助中小企业(SME)弥合国际贸易领域的数字鸿沟②。该项目帮助企业经理、各种组织的管理人员和政府的政策制定人员更好地在日常工作中理解和应用基于信息通信技术的工具和服务,以提高竞争能力。该计划目前已在 30 个国家开展活动。

3.2 美国数字信息资源战略

3.2.1 主要战略组织机构

作为全美最大的图书馆之一,美国国会图书馆一直是数字信息资源建设的积极倡导者和行动者。1998 年底国会图书馆建立了一个数字化未来小组,并让其担当起把电子资源和技术与图书馆主要服务和业务整合到一起的职责。这个数字化未来小组包括 25 位来自图书馆内 4 个组成部分(国会研究服务部、版权局、国家图书馆和法律图书馆)的中高层管理人员,其工作主要集中在 3 个方面:数字化内容;支持数字化内容生产和传播的"技术基础";以及确保广大学者和学生最大限度地利用网上馆藏的检索服务。

按照国会"在与联邦及非联邦的机构的合作中,为国会图书馆制定出战略计划,以确定一个图书馆及相关组织机构的全国网络,这个网络负责收集可供存取的数字资料并对此进行维护"的目标以及"制定出以长期保存此类资料为目的的政策、协议及策略,也包括国会图书馆需要的技术基础设施"的要求,建立了一个由 3 人执行委员会领导的 7 个政策研究组。这一新的组织机构将对已确定的领域进行政策研究、监督、整合在过去几年中所开展的多种项目。

在全球数字图书馆研究热潮中,美国国会图书馆一直是美国数字图书馆的一个领袖,牵头组织了美国最大的 15 个研究图书馆成立"国家数字图书馆联盟(National Digital Library Federation)",公布了"国会馆 21 世纪:国会馆数字战略",从数字馆藏

---

① http://www.unicttaskforce.org/seventhmeeting/
② http://www.intracen.org/countries/

建设、数字材料保存、数字信息的组织、图书馆管理和信息技术基础等方面揭示出数字图书馆所面临的挑战。

总之,国会图书馆按照国家图书馆统筹的、分布式的电子资源库的原则积极建设数字信息资源,开展一系列项目研究,在数字信息资源战略规划方面发挥着积极作用。

3.2.2　主要战略措施

美国国会图书馆主要采取了下述战略措施[①]:

1. 馆藏历史资料的数字化转换战略　"美国回顾工程"[②]是国会图书馆倡导的一个开创性项目,它的初始目的是使不同年龄和不同种族的人们能接触到国会图书馆丰富的馆藏资源,而且避免珍贵的资料丢失的风险。随着互联网的迅猛冲击以及原生数字化资料的激增,"美国回顾工程"是美国数字信息资源建设的一个里程碑式项目,其重要意义不仅在于保存了珍贵的历史文化遗产,而且为后续的一系列数字化项目的开展提供了资金支持。

2. 数字信息资源的收集战略　随着以数字形式存在的电子出版物数量的增多,如何收集这些电子出版物也成为数字信息资源管理需要解决的任务。收集电子出版物面临的问题是一方面要进一步增加出版商缴送电子出版物的兴趣,另一方面还要确保出版商利益受到恰当的保护。与此同时,国家图书馆面临着另外一个挑战,即决定具有哪些必要组成成分的电子出版物是切实需要、应该缴送的。由于美国版权局归属于国会图书馆,为这一工作的开展提供了便利。例如,国会图书馆、版权局和 Bell ＆ Howell Information and Learning(现在的 ProQuest 和从前的 University Microfilms 公司)之间就"原生数字化"博士论文电子版的呈缴、处理和存储(由 Bell ＆ Howell 负责)签订了一份协议;与 Harry Fox Agency——美国音乐出版者的代理商也签订了一份协议。这份协议将启动成千上万数字形式的录音资料向国会图书馆缴送的工作,而这些资料过去一直是以"纸张型音乐资料"缴送。互联网信息的采集也是国会图书馆建设数字信息资源的一项重要任务。目前已经采集的网站目录可从网址 http://memory. loc. gov:8081/ammen/cowa/index. html 上检索到。国会图书馆主要采取与其他机构建立合作伙伴关系来操作,例如国会图书馆与互联网档案馆(Internet Archive)签订了关于定期接受网上保存资料的正式协议,互联网档案馆负责收集美国的网站内容,根据规定的周期和主题为国会图书馆"搜集"研究人员"挑选"的某些网站,在 2000 年美国总统竞选期间负责搜集关于竞选的网站信息。

3. 数字信息资源的存取战略　为了保证美国公民能便捷地访问国会图书馆的馆藏资源,国会图书馆"数字化未来发展计划"倡导了 5 个开创性的项目来保证各个层次的公民能可靠、方便地检索到数字信息资源。其中之一是开展国会图书馆数字参考咨

---

① 温斯顿·泰伯,孙利平. 美国国会图书馆:21 世纪数字化发展机遇. 国家图书馆学刊,2002,(4):7～12
② http://memory. loc. gov/ammem/index. html

询服务合作项目(the Library's Collaborative Digital Reference Service),利用互联网24 小时×7 天不间断、不分地点地提供参考服务。目前已经有 50 多个图书馆包括 5 个国家图书馆(新加坡、澳大利亚、加拿大、英国和荷兰)加入这项服务之中。

4. **数字信息资源的保存战略** 建立了国家数字信息基础设施和保存计划(National Digital Information Infrastructure and Preservation Program,简称 NDIIPP),已经开展了关于保存电子期刊、电子书籍、数字化电视、数字化声音、数字化活动影像以及网络信息资源的研究。讨论了与数字信息资源保存相关的问题,如技术的迅速发展、商业模式的不确定、过时的知识产权保护机制以及知识的更新[①]。

3.2.3 主要战略实例研究

1. **NDIIPP 产生背景及意义**

由于数字化内容的保存已成为对社会的挑战,这些电子信息朝生暮逝,当务之急是在其永久消失之前予以保存。如何保存并为子孙后代提供这些信息,如何使图书馆及其他博物馆对这些信息进行分类,并使用户能轻而易举地得到使用是首先要解决的问题。所以,1998 年,国会图书馆与受命评估数字化环境下任务与责任的高级管理人员建立了由负责战略创新的馆长助理、图书馆服务部的馆长助理和版权局局长组成的执行委员会,在国会馆馆长领导下,通过与国家研究委员会、计算机科学与电子通讯理事会协作形成数字化战略。

2000 年 12 月国会通过的"公共法 106 - 554"(Public Law 106 - 554),责成国会馆在为国会与美国民众保存和提供具有知识性和创造性的传统收藏外,还要提供电子格式的资料,并授权国会馆研发和完成一项能获得国会批准的有关国家数字化信息基础设施和保存的计划(NDIIPP)。其目的在于建立承担义务的合作网络,创建任务和职责明确的保存结构。

"国家数字信息基础设施和保存计划"之所以重要,是由于互联网发展迅速,千万人——从博士学位候选人、撰写论文的研究者、教师、那些没有机会旅游的人以及终身学习者——逐渐习惯使用网络作为工具获取信息。从电影到录音,数字化信息作为基本传媒从生产、传播及存储,体现在知识、社会和文化各方面势头锐不可当。该战略旨在为现在与未来研制收集、存档和保护大量数字化内容,尤其是那些只有数字化形式的资料。该计划将为保存数字化内容提供重要的政策、标准和必要的技术组成部分。这是对美国以至于全世界都具有重要意义的一项公共服务规划。

2. **NDIIPP 形成历程**

早在 1998 年,美国国会图书馆就成立了一个由高级管理人员组成的小组,着手开展数字资源战略研究。这些人主要负责对国会图书馆在数字化环境中所扮演的角色和应承担的责任进行评估。该小组举办了多次会议,对当前数字资源归档和保存的状况

---

① http://www.digitalpreservation.gov/ndiipp

进行研究①。

2001 年初图书馆成立了国家数字化战略咨询委员会,成员分别来自技术界、出版界、因特网、图书馆、知识产权组织及政府。战略咨询委员会指导图书馆及其合伙者研制策略、制定计划并争取获得国会批准。该委员会成员有国会图书馆馆长比林顿和不列颠图书馆馆长林恩·布林德利,堪称人才济济,他们不仅带来了有关技术、商业及存取方面的知识,而且他们多具有深厚的管理和制定战略方面的经验,并且还能帮助国会图书馆筹集到大量私人捐助。

2001 年 11 月 5～6 日、7～8 日和 15～16 日,国会馆分别召集 140 位专家举办了一系列会议,就网站、电子杂志、电子图书、数字化录音、数字化图像及数字电视这 6 个数字化领域中需要审视的问题进行讨论,包括:①存档工作由谁负责;②知识产权保护;③谁承担数字信息保存的费用;④信息技术;⑤保护与使用的关系;⑥今后工作重点及下阶段的步骤。

2002 年 2 月和 4 月分别成立两个小组,继续就关键问题的理解和潜在解决方式广泛征集专家意见。同时开始分析问题并考虑可能的选择方案,经过对关键问题意见的全年收集,找出能应对未来技术标准挑战的解决数字化存储的方法,并着手解决知识产权问题。

2003 年 2 月 14 日,国会图书馆宣布美国国会业已批准该馆提出的美国数字化遗产保存计划,计划全称"国家数字信息基础设施暨保存计划"(简称 NDIIPP)。该计划的实施,使国会馆能着手建立收集和长期保存数字化内容的国家基础设施。国会馆馆长比林顿就此对国会深表感谢,感谢国会委托国会馆领导实施该计划,为子孙后代收集和保存美国文化和知识遗产,并表示国会馆将"与其他联邦机构、图书馆、档案馆、大学和私人部门一起工作,开发技术结构为进行数字化保存提供框架"。战略创始助理馆长劳拉·坎贝尔指出:在前期活动中,国会馆从同行处获益匪浅,国会馆期待在数字化资料永久消失前的保存活动中继续进行成功合作。国会批准"国家数字化信息基础设施暨保存计划"意味着图书馆能进一步研制详细的计划,并争取国会为下阶段拨款。

3. NDIIPP 主要成果

NDIIPP 授权合作者建立一个联合的保存网络,在以下领域明确了其角色和责任②。

(1) 数字信息的选择和收集。NDIIPP 对网络信息采集的方式是选择性收集方式,即主要通过一些专业人员的努力,制定出自愿选择的总原则和选择标准,然后对符合该原则和标准的 Web 信息进行采集。

(2) 数字信息的知识产权。NDIIPP 力图建立更好的具有国际化背景的关于版权、司法权和责任的协议,形成可实施的法律,以便与其他国家的图书馆和跨国出版与媒体公司的合作成为可能。知识产权被认为是数字信息遗产保存的所有障碍中最大的障

① 许群辉.美国数字信息资源保存项目 NIIPP 及其启示.现代情报,2006,(9):67～69
② 周佳贵.美国数字信息保存计划——NDIIPP 及其对我国的启示.图书馆工作与研究,2006,(1):34～37

碍。NDIIPP 的主要指导原则就是把数字信息的所有者及用户的权力置于同等重要的地位。

（3）数字信息资源保存的商业模式。商业模式对于建立稳固的数字信息资源保存基础设施是必需的，为此，NDIIPP 开展了以下研究：获取与保存信息的费用；创作者存储作品的动机；使保存格式标准化所需的费用；在数字化对象的生命周期的各个阶段应由谁承担这些费用；数字信息保存的投资与收益的测量尺度；评估数字作品的保险与税收的测量尺度；为商业实体或者其他机构中没被妥善保存的数字资源建立类似安全港（safe-harbor）的协议模型，规定所有者的数字资源可被自己保存，也可以被可靠地转变为可信的资源库，以保证其长久性。

（4）数字信息资源的标准与最佳实践。数据格式、数据模型、元数据等数字信息标准是保存行动必不可少的。NDIIPP 项目重点研究了协调和记录支持重要保存服务的标准，并明确了最佳的数字信息保存方法。NDIIPP 认为有 3 种模式可保存数字信息资源。第一种称为"环球图书馆"，指将数字资源高度集中和综合，放在国会图书馆内；第二种称为"图书馆国会"，指国会图书馆作为召集人和催化剂的高度分布式体系；第三种称为"优先分配"，指根据急需而不是根据人道主义或其他道德原则分配有限物资的原则或政策，非常有选择地收集数字化馆藏，集中精力建立"世界上最好的图书馆"，保护"孤本"或者濒危材料而不是详尽无遗。最好的方法是将这 3 种形式结合起来。

（5）确定国家数字信息保存的基本结构。该体系的逻辑视图分为四层：资源层用于长期保存数字化的数据；网关层为资源库层提供保护和管理；收集层形成数字信息的获取、检索和环境的协议与决策；界面层帮助检索与获取数字化信息。

3.3 加拿大数字信息资源战略

加拿大图书档案协会（LAC）是国家数字信息资源战略规划的主要负责机构。2006 年 6 月加拿大图书档案协会发布了《Toward a Canadian Digital Information Strategy》，其中提到加拿大国家数字信息资源战略的使命是"数字信息的产生、存储和存取过程中面临了许多挑战，为了迎接挑战必须从国家高度制定数字信息战略，帮助加拿大成为世界上信息资源最为丰富的国家之一。加拿大将跻身于数字资产认证、评估、保存的成功国家之列，成为为公众提供普遍而公平的信息存取的领导者"。[①]

3.3.1 战略形成历程

2005 年 9 月，LAC 发布研究报告"Towards a National Digital Information Strategy：Mapping the Current Situation in Canada"，对当前加拿大数字信息发展状况

---

① Library and Archives Canada-Discussion Report ♯ 4（2006 - 05）. http://www. collectionscanda. ca/cdis.〔2006 - 9 - 15〕

进行了详细的调查。研究结果表明：加拿大在数字信息资源的规模方面不如欧洲其他国家；加拿大在全球数字信息研发中没有充分发挥力量；目前尚无完善机制从国家、跨部门的高度来关注数字信息资源相关问题。

2005年8月，来自信息行业各个领域的代表齐聚渥太华市，共同商讨建立加拿大数字信息资源战略的可行性。这次有组织的专家研讨会得出共识，建立国家数字信息资源战略的下一步举措是争取与行业主要投资者合作。

2006年4～5月期间，LAC召开了4次跨部门协作会议，每次会议邀请有限领域的专家参加，并且每次会议的主题都是围绕着国家数字信息战略的一个关键问题进行研讨。这些参加会议的专家包括：数字信息的创造、生产、发布者，科研团体，数字存储部门（如图书馆、档案馆、博物馆），数字版权管理机构，大学和教育机构等。这4次会议分别形成了国家数字信息资源战略的3个体系：数字信息内容的生产（第一次和第二次会议）、数字信息资源的保存（第三次会议）、数字信息资源的利用（第四次会议）。表3.2是这4次会议的主题和会议目的。

表 3.2　LAC 主要会议进程

时间	会议地址	会议主题	会议目的
2006年4月6日	卡尔加里	国家数字化行动	探讨数字化作为保护国家文化遗产，促进信息资源利用的方式
2006年4月21日	多伦多	优化数字内容生产	探讨优化加拿大原生数字信息的创作、生产的途径，提供数字资源的长期存取
2006年5月12日	魁北克	建立数字资源保存基础设施	探讨如何提高加拿大长期保存和访问数字信息资源的能力.
2006年5月31日	范库弗峰	数字信息资源存取和利用的法律框架	促进加拿大数字资源更广泛和多种形式的利用

随后，这几次合作会议的结果向公众发布，形成一个最终的战略讨论报告。在这些活动之后，LAC还计划开展以下活动：2006年11月30日和12月1日召开一个全国性的会议，来自全国信息领域的决策者们一起评价和研讨战略的主要构成以及下一步的工作计划。

LAC通过上述一系列活动，最终将制定国家数字信息资源战略，达到了保存和发展国家数字资产、促进知识共享、普及文化教育、保障数字资源产业健康发展的目的。

3.3.2　主要战略报告分析

虽然加拿大国家数字信息资源战略规划还在探索之中，但是从已经正式发布的研究报告来看，仍有许多值得借鉴的方面。本书将介绍 LAC 于 2005 年 9 月发布的研究报告"Towards a National Digital Information Strategy: Mapping the Current Situation in Canada",从中分析加拿大战略规划的特点。

报告主要内容如下:

1. 确定战略规划的目标和对象

加拿大国家数字信息战略目标是最大化数字信息资源的价值,保证国家的数字资产随着时间的推移能被创造、保护和保存。

确定规划的对象是保证战略能被顺利实施的前提。在加拿大的国家数字信息战略中明确规定了四类机构被纳入规划的范畴:第一类是从事数字信息管理活动的机构,例如数字信息的规划、组织、控制、创造/捕获、描述、存取/检索、利用、保存等活动;第二类是从事数字信息管理有关基础设施建设的机构,例如政策、标准的制定部门,系统研发和技术开发部门;第三类是提供数字信息资源服务的机构;第四类是数字信息资源管理机构。这四类对象分别称为内容提供者、基础设施机构、服务提供者、管理机构。

2. 分析主要数字信息机构活动

为深入理解数字信息的环境,在报告的第二部分依据分类标准详细研究了加拿大四类数字信息机构对数字信息资源管理的现状。表3.3列出了战略中四类对象具体与数字信息活动的关系。

表 3.3　四类对象具体与数字信息活动的关系

类型	从事数字信息类型或相关活动
内容提供者	政府部门中的数据库、工作文档记录、政府出版物等;私营企业的数据库、业务记录、私人档案等;学术期刊、报纸、杂志、音乐、统计、科研数据、地理信息、网站等
服务提供者	门户网站、内容聚合、数字主机服务、数字化、数字版权管理、元数据服务、保存、检索、收割、注册
基础设施机构	法律和政策、标准与实践、教育、培训和人力资源开发、技术设施
管理机构	资助、协调、战略规划

3. 研究数字信息管理的趋势和问题

通过调查分析得出结论是加拿大国家数字信息战略规划的最主要方法之一,报告中第三部分通过实施一系列的调查活动,研究了数字信息管理的发展趋势和面临的新问题。主要内容包括:

(1)研究数字信息创造、存取和保存活动中亟待解决的新问题。表3.4列出了加拿大数字信息各个活动阶段面临的挑战。

(2)研究数字信息基础设施现状和存在的问题(表3.5)。

表 3.4 各个活动阶段的挑战

数字信息各个阶段	挑战
创造	数字信息资源的数量、类型和复杂程度呈指数增长
存取	还没有更好的技术、标准和实践来存取和集成数字信息
保存	对数字信息的保存需求越来越强烈 尚没有一个组织宣称解决了所有的数字信息保存问题 对于特殊的数字信息不能用通用的方法来保存 关于数字信息保存中涉及的法律问题尚没有全部解决

表 3.5 数字信息基础设施现状和存在的问题

信息基础设施	现状和问题
法规政策	法律和政策已经逐步地适应数字环境的需求 关于数字信息真实性的法律还不完善,大多数组织尚没有有效的策略来长期保存数字信息
标准	一些组织已经发布了特定部门数字信息的管理标准 全国范围内标准的应用不尽相同 不同部门的元数据之间互操作研究缺乏 随着组织对更大范围信息共享的需求增加,有必要开发跨部门的、互操作的元数据、结构及标准
人力资源	数字信息管理需要跨学科的方法,集中记录管理、图书馆科学,数据管理的力量 特别缺乏数字信息保存方面的人才,整体缺乏培训和认识

（3）研究政府管制和领导中的问题。

调查发现,在全国范围内还没有一个统一的机构来管理数字信息问题,在许多组织中,数字信息管理的角色和责任尚不明确,或者不存在管理数字信息的职能部门;许多跨行业的数字信息管理活动缺乏统一的领导和有效的政府管理体系;全加拿大范围内甚至国际机构、跨部门的机构都缺少能互通的法律合作关系。

3.4 新西兰国家数字信息资源战略

为了使新西兰成为世界上利用信息技术实现经济、社会、环境、文化目标的领先国家,新西兰政府开展了称为"数字化未来"的国家数字信息资源战略。政府希望所有的新西兰人都能够享受数字技术带来的好处,数字技术使得新西兰公众能够访问独一无二的新西兰文化,并且通过利用数字信息资源,能够促进改革、提高生产率、丰富国民生活质量。2004年6月,国家数字信息战略的草案对外发布,并接受公众反馈意见,形成最终报告①。

根据报告,新西兰数字信息战略的愿景(Vision)是"为所有的新西兰人创造一个数字化未来。数字通信技术为人们提供了一种新的交流方式,提高了民主化进程,为新的机遇打开了大门。我们必须借助技术的力量将公众和与之息息相关的事情联系起来,表现出我们的创造能力,发扬独有的毛利文化(the culture of Māore),增强和南太平洋邻邦的交流"。为实现这个愿景,新西兰政府制定了以下主要战略。

3.4.1 内容战略

总目标:为新西兰公众提供无缝的、便捷的信息访问渠道,使公众获取与之生活、工作、文化相关的重要信息。

分目标:到2006年12月,制定和发布国家内容战略;开发在线文化门户;实施国家数字资产档案项目"Te Ara-the Encyclopedia of New Zealand"和毛利语言信息项目"the Maori Language Information Programme";通过合作伙伴资金来开展现有内容数字化以及新的数字内容的创作。

内容战略关键行动方案见表3.6:

表3.6 内容战略关键行动方案

行动名称	内容	领导机构	时间	资金
国家内容战略	规划新西兰信息资产,制定国家层次的信息存取政策和框架	新西兰国家图书馆	2005—2006(进行中)	￥0.6 M
文化门户	为文化部门提供在线访问入口	新西兰文化部	2005—2009	￥3.9 M

3.4.2 信心战略

总目标:为所有新西兰公众提供数字技术和树立搜寻、使用信息资源的信心;保证新西兰的通信技术和互联网的安全可靠。

分目标:性能方面:通过信息技术培训和教育项目提高公众的数字技能;从2005年起,通过"Fluency in IT"项目来发现信息技术的不足。安全方面:从2005年起,发布家用计算机和小型企业计算机国家安全运动;2006年通过了反垃圾邮件法律。

信心战略关键行动方案见表3.7:

---

① http://www.digitalstrategy.govt.nz

表 3.7 信心战略关键行动方案

行动名称	内容	领导机构	时间	资金
远程教育计划	在数字化普及战略下开展信息技术教育项目	教育部	进行中	￥52 M
国家计算机安全教育运动	家庭个人、小型企业计算机安全	互联网安全工作组	2005	公共部门和私人资助
互联网安全保障小组	计算机安全、网络安全教育课程、免费在线帮助	教育部	进行中	￥1.0 M
反垃圾邮件法案	管制非法的通信	经济发展部	2005	不详

3.4.3 连接战略

总目标：到 2010 年，新西兰将在宽带接入方面跻身于 OECD 组织四强之列。

分目标：2006 年实施"高性能网络"；2009 年前 15 个城镇实现开放存取网络；通过促进经济发展提高竞争力来跻身于 OECD 组织四强之列；到 2010 年为主要公共部门（医院、图书馆、议会）提供 1 Gbps 的接入速度。

连接战略关键行动方案见表 3.8：

表 3.8 连接战略关键行动方案

行动名称	内容	领导机构	时间	资金
宽带挑战	在城镇中心实现开放存取	经济发展部	2005—2009	￥24 M
高性能网络	实施高速、高容量网络连接新西兰的教育科研机构	科技研发部	2005	巨额
性能目标	产业界和用户共同建立可实现的、可靠的、富有挑战性的宽带目标	经济发展部	2010	不详
无线通讯行动	实施无线通讯行动，解决通讯产业中的各种问题	经济发展部、商业委员会	2005	不详

3.4.4 团体战略

总目标：各团体利用技术来实现社会、经济、文化目标。

分目标：2005 年实施团体合作基金；从 2005 年起将 PROBE 项目①从学校范围扩大到社区中心和地区事务中；实施社区连接战略。

---

① PROBE 项目是省级宽带扩展项目，目的是使所有的学校和相关的社区能接入宽带，使他们能更好地享受电子政务服务、数字化的遗产收藏品和其他学习资源。

合作战略关键行动方案见表 3.9：

表 3.9 团体战略关键行动方案

行动名称	内容	领导机构	时间	资金
社区合作基金	在区域团体内建立合作基金,培训信息技术、技能和建设数字内容	经济发展部	2005—2009	￥20.7 M
PROBE 扩展项目	将 PROBE 项目扩展到社区中	经济发展部	2005—2006	￥1.44 M

3.4.5 商业战略

总目标:提高信息技术对新西兰商业的贡献率。

分目标:通过发展信息产业,使信息产业部门的增长率达到 GDP 的 10%;到 2008 年 6 月,吸引世界一流商业机构在新西兰发展;2006 年 6 月前,资助 30 个小型企业成为熟练的宽带用户,发展出口能力。

商业战略关键行动方案见表 3.10:

表 3.10 商业战略关键行动方案

行动名称	内容	领导机构	时间	资金
商业 ICT 生产力	网站 www.biz.org.nz 成为世界一流的一站式门户网站,提供对重要信息的访问和商业咨询连接服务,包括为企业发展电子商务提供帮助	经济发展部	2005—2009	￥10.4 M
政府 ICT 采购	提高政府部门采购 ICT 的能力,为公共部门进行特殊的 ICT 采购培训和制定相关的政策	发展事业部	2005.05	￥0.3 M

3.4.6 政府战略

总目标:政务信息、服务以及政务工作流程的传递必须集中、可行以及个性化。

分目标:2007 年 6 月,网络和互联网技术将会实现政务信息、政务和政务工作流程的集成;2010 年 6 月,政府事务将通过互联网来操作。

政府战略关键行动方案见表 3.11:

表 3.11 政府战略关键行动方案

行动名称	内容	领导机构	时间	资金
发布"电子政务"战略	发展电子政务基础设施,支持各级部门发布电子政务战略,包括认证程序、电子政务互操作框架、政府网络	国家事务委员会	里程碑:2007.06, 2010.06	超过￥10 M

3.5 澳大利亚数字信息资源战略

澳大利亚数字信息资源战略规划的主要组织部门是国家图书馆,主要任务是从数字信息资源的收藏、保存、存取和资源共享等方面制定一系列战略规划①。

3.5.1 数字信息资源收藏战略

澳大利亚国家图书馆数字信息资源馆藏建设的主要目标是:收藏有关澳大利亚历史和创业奋斗史的综合记载及选择性地收藏世界人文知识,并对其加以保护。澳大利亚国家图书馆已经建立保存和检索澳大利亚网络文献资源档案服务系统。通过该系统,用户可以获取所选择的澳大利亚数字信息资源。为了获取更多的信息资源,澳大利亚国家图书馆将采取以下馆藏战略。

1. 收藏和长期保存澳大利亚最重要的数字信息资源

根据当前馆藏发展政策,收藏澳大利亚各种载体格式和联机格式的数字信息资源,并与其他组织联合,实现澳大利亚数字信息资源的全国收藏。联机资源采取以下 3 种模式收藏。

(1) 澳大利亚国家图书馆档案:该档案中有关澳大利亚数字信息资源是国家图书馆根据 PANDORA(Pre-serving and Accessing Networked Documentary Resources of Australia)②选择方针收藏的。

(2) 分布式档案:该档案中有关澳大利亚的数字信息资源是其他组织存档的。这些组织是与国家图书馆有合作关系的州图书馆、大学图书馆和出版商。国家图书馆将与这些组织商议档案整理事宜,以保证资源能被长期检索,并将其登录到全国书目数据库中。

(3) 通过网站链接:国家图书馆将不保存其目录中描述的澳大利亚海外资料,而将它们保存在其他有关的网站上,用户可以通过链接相关网站获得这些资料。

2. 海外数字信息资源的收藏

根据馆藏发展政策,收藏海外的数字信息资源,以满足研究人员的信息需求。图书馆将关注海外数字信息资源的有效性和收藏的发展政策,收藏海外的电子期刊。

3. 与政府相关组织合作

在电子信息资源的收藏和利用方面,与政府和私营组织进行合作,确保澳大利亚数字信息资源能被完整、持续地利用。

---

① National Library of Australia. Electronic Information Resources Strategies and Action Plan 2002—2003. http://www. nla. gov. au/policy/electronic/resourcesplan2002. html. accessed 2006 - 8 - 11

② PANDORA 项目是一个以保存澳大利亚有价值的网上出版物的研究项目,具体可参看网址 http://pandora. nla. gov. au/index. html

3.5.2　数字信息资源保存战略

澳大利亚国家图书馆数字信息资源保存建设的主要目标是:保存所有澳大利亚文献和澳大利亚的重要文件,确保这些文献资料在当前和未来能被利用。其保存战略如下:

1. 明确保存数字信息资源的类型

通过确定数字化对象的类型和文件格式等手段,使国家图书馆自身的数字信息资源能被长期保存。

2. 采取适当的政策和技术

在数字资源发展政策和技术方面,国家图书馆将为澳大利亚其他图书馆和相关组织提供指导;参加有关制定电子信息资源保存标准的国际性论坛,如在信息共享技术方面提供指导;与 OCLC/RLG(Online Computer Library Center/Research Library Group)工作组联系,制定元数据保存国际标准;支持 PADI(Preserving Access to Digital Information)①主题入口的开发,鼓励分布式提供相关信息资源。

3.5.3　数字信息资源存取战略

澳大利亚国家图书馆数字信息资源存取目标是:对图书馆自己的馆藏和别处的信息资源提供公开检索服务。澳大利亚国家图书馆正在建立一种新的服务模式,以使本国各类图书馆都可以使用国家图书馆的联机公共检索目录。国家图书馆通过该目录保持完整的信息资源。此外,还可以让用户访问到更详细的主题或基于格式化的清单,与远程资料的链接。这种服务模式的目的是向用户提供完整的信息资源。采取的主要战略措施为:

1. 对馆藏的各种形式的文献资源进行数字化。

2. 对电子期刊和其他付费获取的信息提供直接访问。

3. 对符合馆藏发展政策的互联网上信息资源,提供与联机公共检索的链接。

4. 开发新的服务模式,向用户提供检索澳大利亚各个图书馆和其他类似机构的馆藏数字目录。

5. 澳大利亚国家图书馆的检索策略为:①国家图书馆通过开发联机公共检索目录和信息入口,提供综合性检索服务;②扩大数字信息目录的可获得性,包括扩大数字化国家图书馆馆藏和电子资料检索范围;③与其他组织联合开发书刊递送系统,如入口技术和版权管理系统,使用户能检索更多的开架数字信息资源。

3.5.4　数字信息资源共享战略

澳大利亚国家图书馆将采取下列战略行动支持数字信息资源的共享:通过开展一

---

① PADI 即国际数字保存资源主题门户网站,旨在提供适当的机制管理数字资源,以确保其保存和未来的使用。http://www.nla.gov.au/padi

系列活动,推广资源共享的观念,促进信息资源的利用;确定用 MARC 和非 MARC 格式描述的全国书目/元数据服务可利用的主题,提供更深层次的资源检索;与图书馆界和非图书馆界联合提供信息与目录服务;与州图书馆、地区图书馆和公共图书馆联合,使澳大利亚人不管在何处都能检索到全文电子信息资源。

3.6 国外数字信息资源战略特点

了解国外数字信息资源战略的最新发展和开展的活动,对我国的数字信息资源战略规划具有重要的启示和借鉴意义。从前文的各国战略研究中我们可以看出,国外在数字信息资源战略方面呈现出以下特点和发展趋势①。

1. 目标多元化。数字信息资源建设涉及多方面内容,数字信息资源的采集、保存、存取、利用、配置都可以成为制定数字信息资源战略的目标。由于各国国情不同,导致了国家在制定数字信息资源战略时的目标不同。对欧美经济发达的国家,尤其是美国来说,互联网的接入已经普及了,数字信息资源的基础设施已经很完善了,因此,美国数字战略的主要目标是实现对数字信息资源的保存和管理。而在经济相对落后的国家,如奥地利,由于数字信息资源的基础设施还在建设之中,信息通信技术尚不发达,因此,国家数字战略的重点是互联网的接入性、互操作性、开放接口、国际认可标准的采用、技术中立、安全、透明度和可扩展性等方面。

2. 体系趋同化。纵观国内外诸多战略研究结果可以看出,在数字信息资源战略内容体系方面表现出共识,不同国家对数字信息资源战略规划流程和主要内容大体是相同的,一般都涉及数字信息资源的收藏、保存、存取、利用等方面。特别是数字信息资源的长期保存战略一直是战略研究的重点,然而,随着研究的不断发展,对于数字信息资源生命周期中的其他阶段,如收藏、存取、利用的关注也在不断加强,从而,国家层次的数字信息资源战略体系将更趋理性。

3. 视角全面化。国家数字信息资源战略作为对数字信息资源发展中的重大问题的全面、长远、根本性的重大谋划,其基本的视角是宏观的。然而,随着战略研究的不断深入和发展,宏观问题的微观视角也得到重视,战略研究逐渐增强了实施性、政策性和经营性内容。例如,我们可看出各国数字战略的出发点呈现出广泛性的特点。既有从社会角度出发,创造数字社会的长远目标(如新西兰的“数字化未来”战略),又有从经济效益角度出发,着眼于商业领域的数字资源(如美国的“商用数字信息资源选取与保存理论与实践报告”(Selection and Presentation of Commercially Available Electronic Resources,2001))。

4. 组织机构多样化。由于数字资源,目前各国还普遍没有设立统一的国家管理机构,但从各国战略实践来看,传统的保存机构——图书馆,在数字信息资源战略规划中

---

① 宛玲.国外数字资源长期保存的最新发展及对我国的启示.中国图书馆学报,2004,(2):22~26

责无旁贷地成为了主要的制定者。同时,其他一些存储数字信息资源的机构也相应地制定了各自领域的数字信息战略。例如,澳大利亚国家图书馆,早在 1996 年就制定了《澳大利亚电子出版物的国家战略》,当时的重点是放在光盘文献上,随后启动了关键的数字保存项目 PANDORA（Preserving and Accessing Networked Documentary Resources of Australia),目前已经建成用户可以直接访问的国家联机出版物知识库。澳大利亚图书馆认识到长期存储互联网上重要的联机出版物远非单个图书馆可以完成,因此联合了 7 家洲级图书馆形成了分布式的保存网络——国家模型,PANDORA站点成为其重要的组成部分。除了图书馆以外,一些数据库提供商和非盈利信息服务机构如美国的 OCLC 也开始涉足数字信息资源领域,成为数字信息资源战略规划的新生力量。

5. 运作模式合作化。国外数字信息资源战略以国家规划为主,吸收私营企业参与。这是因为数字信息资源的长期发展如果以商业模式运作,必须具有足够的商业激励因素存在才可以驱动团体和个人从事这项活动,形成相应的市场。但在目前,这种激励因素远不能超越数字资源建设所需的巨额费用以及可持续发展的不确定性带来的压力。从国家利益、长远利益着眼,国家必须在数字信息资源发展中居于领导地位。如国外的重要项目 NDIIPP、PANDORA 都得到了国家的大力资助。另一方面,为了鼓励其他机构能参与到数字信息资源建设中来,共同促进数字信息资源的可持续发展,许多私营出版机构、非盈利的社会组织也资助了数字资源项目。如英国的 CEDARS 项目是由JISC 资助建成的,2000 年,ELSEVIER 公司与 YALE 大学图书馆签订了后者长期保存前者期刊全文数据库数据的协议。

6. 最后,国外数字信息资源战略还体现出创新的趋势。纵观国外的数字信息资源战略研究从内容到形式就一直在力图创新,以开放的心态吸收各个领域专家的参与,广泛借鉴其他国家关于战略研究的理论与经验。例如加拿大 LAC 在制定数字战略时,多次召开了专家会议,这些参加会议的专家包括:数字信息的创造、生产、发布者,科研团体,数字存储部门(如图书馆、档案馆、博物馆),数字版权管理机构,大学和教育机构等。这种做法使得数字战略能建立在公众接受和实践操作基础上;另一方面,战略研究者在创新方面不遗余力,这种创新对于战略研究的发展无疑是积极的,内容的拓宽、方法的变革、视角的转换都将为战略研究方法论的进一步完善打下坚实的基础。

3.7 我国数字信息资源战略进展

我国对数字信息资源战略的研究和实践贯穿到信息化建设实践和信息资源管理的研究过程中,特别是在今天随着信息技术的快速发展和广泛应用,数字信息资源管理已成为信息资源管理的重点,了解我国在信息资源战略规划方面的进展将直接指导我国数字信息资源战略规划的研究。

3.7.1　理论研究

中科院霍国庆教授经过多方面分析,总结出了我国国家信息资源管理战略的分析框架。该框架主要由国家价值、国家信息资源管理体制、国家信息资源管理战略和国家信息资源管理产出 4 个层面构成①。

其中,国家信息资源管理战略是为了建设我国的国家核心竞争力而获取、开发、共享和应用国家信息资源的一系列目标和行动。国家信息资源管理战略的核心内容包括:

1. 信息资源的获取。一方面,国家信息资源管理机构要根据国家战略决策和战略行动的需要,从国际社会、国内各类组织和个人处获取信息资源;另一方面,国家信息资源管理机构还要为执行国家战略任务的组织或个人,以及获得授权的国内外组织或个人提供信息资源和相关服务。

2. 信息资源开发。信息资源开发主要包括 5 种类型:信息资源的交互性开发,其目的是促进信息资源快速转化为个人或组织的能力和核心能力等;信息资源的集成化开发,其目的是把信息资源集成到物质资源中进而提升物质资源的技术含量和价值;信息资源的创新性开发,其目的是通过信息资源的质变形成新的信息资源;信息资源的本土化开发,其目的是把国外的信息资源应用到我国现代化建设过程中;信息资源的国际化开发,其目的是把产生于我国的信息资源应用到国际化和全球化进程中。

3. 信息资源共享。国家层面的信息资源共享主要包括 3 个方面:一是国家信息资源管理机构之间的共享;二是国家信息资源管理机构与其他组织或个人之间的共享;三是国家信息资源管理机构与国际信息资源组织的共享。

4. 信息资源应用。信息资源管理的最终目的是促进社会和经济的全面发展,其关键在于信息资源的应用。在我国,信息资源应该与和谐社会建设、国家支柱产业发展、科教文卫发展、国家基础设施建设、国家安全以及每一个人的发展密切相关。

霍国庆教授的研究是我国目前较为系统地研究国家层次信息资源管理的代表性成果之一,尽管没有特别提到数字信息资源战略,但是其观点对于研究数字信息资源战略规划具有启示意义。

3.7.2　实践进展

除了在理论方面提出了国家信息资源战略管理分析框架外,实践研究也取得了进展。以下选取了两个有代表性的成果。

1.《2006—2020 年国家信息化发展战略》

2006 年 5 月 8 日,中共中央办公厅印发《2006—2020 年国家信息化发展战略》(以

---

① 霍国庆. 四层面构成的信息战略框架. [2006 - 08 - 07]. http://cio. it168. com/t/2006 - 08 - 07/200608011723692. shtml

下简称《战略》),明确了未来15年我国信息化发展的指导思想、战略目标、战略重点、战略行动计划和保障措施,第一次提出了我国向信息化社会迈进的宏伟目标,第一次把国家信息化与军队信息化纳入统一的体系之中,是一部全面、整体的国家信息化战略①。

《战略》提出,到2020年,我国信息化发展的战略目标是:综合信息基础设施基本普及,信息技术自主创新能力显著增强,信息产业结构全面优化,国家信息安全保障水平大幅提高,国民经济和社会信息化取得明显成效,新型工业化发展模式初步确立,国家信息化发展的制度环境和政策体系基本完善,国民信息技术应用能力显著提高,为迈向信息社会奠定坚实基础。具体目标是:促进经济增长方式的根本转变;实现信息技术自主创新、信息产业发展的跨越;提升网络普及水平、信息资源开发利用水平和信息安全保障水平;增强政府公共服务能力、社会主义先进文化传播能力、中国特色的军事变革能力和国民信息技术应用能力。

《战略》还重点勾勒了未来9个战略重点:一是推进国民经济信息化;二是推行电子政务;三是建设先进网络文化;四是推进社会信息化;五是完善综合信息基础设施;六是加强信息资源的开发利用;七是提高信息产业竞争力;八是建设国家信息安全保障体系;九是提高国民信息技术应用能力,造就信息化人才队伍。

为落实国家信息化发展的战略重点,《战略》指出,中国将优先制定和实施6项战略行动计划,它们是:国民信息技能教育培训计划、电子商务行动计划、电子政务行动计划、网络媒体信息资源开发利用计划、缩小数字鸿沟计划、关键信息技术自主创新计划。

《战略》还提出了具体的保障措施:完善信息化发展战略研究和政策体系、深化和完善信息化发展领域的体制改革、完善相关投融资政策、加快制定应用规范和技术标准、推进信息化法制建设、加强互联网治理、壮大信息化人才队伍、加强信息化国际交流与合作、完善信息化推进体制。

国家信息化战略的发布使得中国信息化建设未来15年的发展方向得以明确,更加鲜明地突出了整个信息化发展的价值,也充分体现了国家全面贯彻落实信息化战略的意志与决心。这是我国第一个从国家层面上关注信息化与信息资源开发利用的战略。

2. 中欧数字资源长期保存战略②

欧盟和中国在数字资源方面的合作,是欧洲委员会和中国政府之间科学与技术合作的重要部分。

2000年,中欧双方签订了科学与技术合作协议,同意在双方共同感兴趣的领域合作开展研究活动,参与双方基金项目。

2003年10月,由国际电子图书馆联盟(eIFL)、中国科学院国家科学数字图书馆

---

① 中共中央办公厅. 2006—2020年国家信息化发展战略. http://chinayn.gov.cn/info_www/news/detailnewsbmore.asp?infoNo=8396.[2006-12-26]

② 宛玲,吴振新,郭家义.数字资源长期战略保存的管理与技术策略——中欧数字资源长期保存国际研讨会综述.现代图书情报技术,2005,(1):56~61

（CSDL）和国家科技图书文献中心（NSTL）共同组织在北京召开了数字资源方面的第一次国际会议，即"数字资源合作管理国际研讨会"。

2004 年 6 月，eIFL 资助的 OSI（Open Society Institute）与中国科学院、科技部合作在北京召开了"科学数据保存与开放获取战略会议"。

2004 年 7 月 14～16 日，国家科技图书文献中心、国家图书馆、中国高等教育文献保障系统、中国科学院国家科学数字图书馆项目管理中心和欧洲有关国家图书馆合作，邀请了 11 位欧盟国家直接从事数字资源长期战略保存国家战略设计、技术系统设计、应用项目组织的专家于北京举行"中欧数字资源长期战略保存国际研讨会"，标志着我国对数字信息资源长期保存战略的研究达到阶段性成果。

我国图书情报界与欧洲进行国际性合作的目的是充分保障数字信息资源能够长期、方便和经济地被广泛利用，保障在收集、采购或生产数字资源时同时获得必要的法律授权、技术知识和经济安排，拥有可靠的永久使用权，保障即使在特殊情况下我国科研和教育用户仍然能够方便、可靠、稳定地获得和使用这些战略性信息资源。

通过此项活动，重点研究了以下问题：

（1）数字信息资源长期保存的管理策略。管理是从整体上进行宏观规划、组织和控制，是数字信息资源长期保存的基础与保障。会议涉及的内容主要包括：保存政策、责任体系及合作机制、知识产权问题等。

（2）数字信息资源长期保存技术策略。技术方案是全部策略赖以依附和执行的基础，是数字资源保存的核心与关键。会议中涉及的内容有：①开放描述与标准化，包括元数据、唯一资源标识符、文件格式、文件格式注册、OAIS 模型；②应用技术方案，包括应用迁移、仿真、UVC、封装、技术保存、数据再造等方法来实现数字信息资源保存；③应用技术方案评价，指用效能分析方法对各种技术保存方案进行效能评价，从而选择合适的策略和工具。

欧洲许多国家在数字信息资源长期战略保存方面的研究和应用取得了长足进展，一些国家已经开始进行应用性部署，积累了大量的知识和经验。本次会议能充分了解国际进展，学习国际先进经验，开拓国际合作，对于推动我国数字资源长期保存的研究和应用具有重要意义。

除此以外，由我国图书情报部门等科研机构负责牵头、组织的与数字信息战略相关的研究活动还有中国科学院与 IAP（科学院间国际问题研究组织）于 2005 年 6 月召开的"科学信息开放获取政策与战略国际研讨会"，会议主题是科学信息开放获取政策与战略[①]；中国科学院文献情报中心得到科技部科技基础性工作专项资金重大项目资助的《我国数字图书馆标准规范建设》，其中的子课题之一为《中国数字图书馆标准规范总体框架与发展战略》[②]，这些研究都在不同程度上促进了我国数字信息资源战略规划的

① http://libraries.csdl.ac.cn/meeting/openaccess.asp
② http://cdls.nstl.gov.cn/

发展。

3.7.3 我国数字信息资源战略规划中值得重视的问题

我国在数字信息资源战略规划的研究过程中也存在一些亟待解决的问题,主要表现在:

第一,专门针对数字信息资源管理与利用的战略规划尚未出台。在《2006—2020年国家信息化发展战略》中提到了网络信息资源开发与利用战略行动计划,可以作为数字信息资源管理的一个行动指导,但是仍缺乏具体的能针对数字信息资源的战略。

第二,关于国家数字信息资源战略内容体系还在研究中。从有关文献统计来看,目前只有霍国庆教授提出了国家数字信息资源战略的分析框架,其中提到了国家数字信息资源管理战略包括4个核心内容。

第三,战略规划没有科学的组织体制。我国还没有建立专门的部门负责协调、组织、监督和评价国家层面的信息资源管理战略的制定和实施,在实际中,更多的是图书情报部门充当战略规划的主体。只有重组和整合国家信息资源机构,形成有效的分工、多维合作、全面覆盖和重点突破,才能保证数字信息资源战略规划工作的顺利开展。

第四,缺少有利于国家数字信息资源战略实施的法规、政策和制度。政策和法规是保障战略实施的有力措施,但是我国在数字信息资源管理方面的政策和法规的研制较为落后,如果这方面的工作不做到位,那么数字信息资源战略只会是空中楼阁。

我国对数字信息资源的研究已经具备了一定基础,表现在 2000 年来,我国学者发表关于数字信息资源的研究论文逐渐增多。笔者于 2006 年 12 月曾检索了维普资讯——中文科技期刊数据库,选择"题名或关键词",输入检索词"数字信息资源",得到了 145 条记录。按照年限分布,得出了以下数量分布图①(图 3.1):

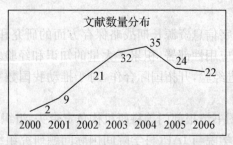

图 3.1　2000—2006 年我国"数字信息资源"论文数量分布情况

在研究主题方面,也涉及数字信息资源管理活动的各个方面:①数字信息资源的开发,如数字信息资源的建设、分布、质量评价、产业发展;②数字信息资源的管理,如数字信息资源的存储、共享、配置、长期保存、组织;③数字信息资源的利用,如数字信息资源的用户研究,数字信息服务;④数字信息资源的相关技术,如数字信息组织的本体论方

---

① 因为维普数据库的更新滞后于期刊的实际出版,2006 年只能统计 1 月份至 6 月份的数据。

法,数字信息资源的整合;⑤数字信息资源的具体应用领域,如数字图书馆的建设;⑥数字信息资源的标准建设,数字信息资源管理的配套设施,如网络版权。

　　在世界各国都将数字信息资源作为重要的战略资源开发的大环境下,我国更应在现有的对数字信息资源基础理论研究的基础上,制定我国的数字信息资源战略规划,为我国的信息化建设服务。

4 基于系统观的数字信息资源战略规划

4.1 从数字信息资源战略研究到战略规划

总结国内外数字信息资源战略研究的特点与规律,可知数字信息资源战略既是数字信息资源管理的创新发展,同时也是数字信息资源管理的更高层次要求。然而,从我国的数字信息资源战略实践来看,完整、有效的数字信息资源战略仍未真正"浮现",原因是多方面的,有政府主管部门的导向问题,也有规划工作者自身的原因,更重要的是需要有一个实践和积累经验的过程。人类进入了数字时代,无论是政府机构、社会组织还是个人,时常都会遇到大量的数字资源,如何更好地利用数字信息资源服务于国家、组织和个人,这就是数字信息资源的战略规划问题。

4.1.1 数字信息资源战略规划的含义

在研究数字信息资源和战略规划的基础上,引申出数字信息资源战略规划的含义,为对数字信息资源发展中的战略性重大问题进行全局性、长远性、根本性的重大谋划。它是从战略管理的高度来讨论数字信息资源的发展和管理问题,实现数字信息资源的发展目标,建立和扩大竞争优势,而对各种数字信息资源生产要素(包括数字技术、数字资源和数字信息管理体制等)及其功能所作的总体谋划。战略规划是战略管理的一个阶段,认为战略规划强调分析、选择和制订方案,战略管理强调战略实施。但对于数字信息资源战略规划来讲,其战略规划和战略管理的概念是相同的,原因是:对信息资源进行战略管理是20世纪80年代之后才出现的,而此时的战略规划理论已经比较成熟了,也强调战略实施和动态匹配,两者内涵一致。

4.1.2 数字信息资源战略规划的意义

数字信息资源战略规划是国家可持续发展战略中的重要环节。数字信息资源是资源的重要组成部分,也是国家可持续发展战略系统的支撑保障。任何一个系统的构成除了要具备系统要素、系统结构等因素之外,还必须具有一个信息子系统,这样才能使这个系统成为一个动态的、可调的、开放的系统,才能保证系统的正常运行。对于可持续发展战略系统来说,它一般由资源、人口、环境、社会、经济等子系统所组成。不论是资源、人口、环境、社会、经济等各个子系统之间的协调,还是整个可持续发展战略大系统的运行,都依赖于信息子系统。如果没有信息子系统,可持续发展战略系统就根本无法运行①。在可持续发展的狭义定义和传统概念中,资源通常仅指自然资源。而随着人们对可持续发展这一课题的深入研究,使资源这一概念的涵义得以拓展。特别是随着知识经济时代的到来,人们更加重视知识资源、信息资源在经济和社会发展等方面的作用,使传统的资源概念得以突破和拓展,使可持续发展的资源体系发展成为一个包含自然资源、社会资源、知识资源的系统。图书情报部门作为知识资源、信息资源、文化资源(社会资源之一)的集散地,在可持续发展的资源体系中举足轻重,其所拥有的知识资源、信息资源、文化资源是可持续发展资源体系的重要组成。

数字信息资源战略规划是国家信息化战略的基础工程。美国信息资源管理学家霍顿(F. W. Horton)和马钱德(D. A. Marchand)等人在 20 世纪 80 年代初就指出:信息资源(Information Resources)与人力、物力、财力和自然资源一样,都是重要资源,因此,应该像管理其他资源那样管理信息资源。作为信息资源主体的数字信息资源,从数量、内容、类型来看都应成为国家的重要资源之一,因此,数字信息资源战略规划是国家信息化战略的主要组成部分。

数字信息资源战略规划是保护本国数字文化遗产的有力措施。联合国教科文组织(UWESCO)1998 年的世界文化发展报告称:"后发国家文化遗产数字化过程中的一个危险就是,急急忙忙地依赖于别国实现其文化遗产的数字化,从而在知识经济时代的国际经济格局中,再一次成为文化资源的廉价出口国和文化产品的高价进口国,甚至依赖于经过他国加工的本国民族信息文化产品来进行文化的传承;由于依靠非遗产来源国对文化遗产进行数字化转移,他们可能失去对自己文化的解释权,并使自己的文化遗产的基本含义发生变异。"②这给各国的文化事业敲响了警钟,当务之急是要加强数字文化遗产的规划和管理工作。

数字信息资源战略规划是数字信息资源开发和利用活动的经济保障。围绕数字信息资源开发利用的一系列活动都需要大量的资金投入,有人曾研究管理者在数字信息资源管理中最有效的成本管理模式是在数字信息资源产生初期就要明确数字信息资源的成本③。数字信息资源管理活动有许多固定的成本,如系统和基础设施的研发,还有许多可变的成本,如新的数字资源的创造和维护现有数字资源。这些固定成本和可变成本是不可避免的,必须在数字信息资源的管理初期充分认识。数字信息资源战略规

① 孔健,裴非. 图书情报事业在可持续发展战略中的地位与作用. 情报科学,2003,(5):476~478
② 联合国教科文组织编. 世界文化报告 1998. 北京:北京大学出版社,2000
③ Hendley T. Comparison of Methods & Costs of Digital Preservation. http://www. ukoln. ac. uk/services/elib/papers/supporting/pdf/hendley-report. pdf. 〔2006-9-1〕

划正好适应了这个需要。

4.1.3 数字信息资源战略规划的分类

依据不同的标准,可以将数字信息资源战略规划分为不同的类型。

按照战略规划的层次,分为国家数字信息资源战略规划、行业数字信息资源战略规划、企业数字信息资源战略规划以及个人数字信息资源战略规划。

按照战略规划的主要任务,可分为数字信息资源的收藏战略规划、数字信息资源的保存战略规划、数字信息资源的存取战略规划以及数字信息资源的利用战略规划等。

按照数字信息资源的类型,可分为图像信息战略规划、音频信息战略规划、视频信息战略规划等。

按照广义信息资源的概念,可分为数字信息技术战略规划、数字信息内容战略规划、数字信息基础设施战略规划、数字信息人才战略规划等。

4.1.4 数字信息资源战略规划的研究任务

数字信息资源战略规划包括以下诸阶段:战略分析、战略选择与制定、战略实施与控制、战略评价等。针对不同的目标可以制定不同的战略,但要进行有效的战略规划必须做到:分析内部和外部环境、确定战略的目标、制定适合以上两方面的战略。也就是说,数字信息资源战略规划的研究任务是对下述 3 个问题的探讨。

1. 数字信息资源战略的功能定位判断。这是数字信息资源战略规划的首要目的。由于数字信息资源功能的多重性,也带来了数字信息资源战略规划功能的多元化。进行数字信息资源战略的功能定位不仅要研究组织的业务性质、发展目标,更要注重组织对数字信息资源的发展方向。例如,图书馆作为信息服务机构,对其拥有的数字信息资源承担提供服务的任务,其数字信息资源战略的功能是如何管理馆藏数字资源,为用户提供高质量的信息服务。同时,许多图书馆还拥有保护文化遗产的功能,因此,长期保存数字资源也是图书馆数字信息资源战略的功能之一。相比较而言,企业数字信息资源战略的功能则较为简单,主要是管理数字资源和满足内部或外部相关人员的信息需要,而不承担长期保存的功能。

2. 当前国内外相关的数字信息资源战略现状研究。这一任务的研究目的是借鉴国内外同行或相近领域对数字信息资源战略的研究经验,为组织自身的数字信息资源战略规划工作提供借鉴。当前,世界各国对数字信息资源战略规划的研究还处在探索阶段,主要的理论思想来源于企业界的战略规划,实践还停留在企业信息资源规划,从战略高度对国家范围内的数字信息资源规划尚不多见,因此,研究国内外类似的数字信息资源战略是极其必要的。

3. 数字信息资源战略如何受内外硬软环境的影响。这是战略规划的核心任务,也是形成一个有效的战略的必要分析环节。所谓内部环境是指组织内数字信息资源的发展条件,如数字信息资源发展状况、内部政策、经济条件、经济能力等。外部环境是组织外数字信息资源的发展环境,如国家有关数字信息资源发展的法律法规等。硬环境是指与数字信息资源发展直接相关的基础设施,最主要的是数字信息资源的技术基础设施和组织机制。软环境是指对数字信息资源发展影响深远但不可立即确认的影响因素。如国家的经济发展形势、人们的文化生活习惯等。对环境的分析是本书的研究重点。

数字信息资源战略规划必须综合考虑上述问题,才能形成一个系统的战略规划过程。

4.2　国家数字信息资源战略体系构建理论依据

国家数字信息资源战略体系构建的理论依据是要求在深入分析数字信息资源的特点上,抓住能影响战略构建的关键问题,从而构建出一个立足数字信息资源发展规律,符合国家方针政策的具有实际可行性和生命力的战略体系。具体说来,国家数字信息资源的战略体系需从以下问题出发构建。

4.2.1　战略体系构建需从与国家宏观政策相协调出发

随着全球信息化进程的加快,人们越来越深刻地认识到信息资源是重要的财富和资产,是最活跃的生产要素,特别在数字技术的推动下,数字信息资源已成为新的开放环境下政治、经济、文化和军事等国际竞争的焦点,成为国家的重要战略资源。从国际上看,发达国家大力推进数字社会建设,把信息和知识作为现代社会的关键资源,形成了信息资源理论体系、政策法规体系;从国内看,对信息资源,特别是数字资源认识尚显不足,信息资源的开发利用滞后于经济社会发展的要求。在这种背景下,作为从战略高度对数字信息资源发展中的重大问题进行全局性、长远性、根本性的重大谋划的国家数字信息资源战略开始进入我国最高决策层的视野。虽然还没有发布正式的数字信息资源战略,但是有关信息化、信息资源开发利用的政策、方针相继出台,这些都是数字信息资源战略规划的前提,我们在构建国家数字信息资源战略体系时不得不考虑与这些政策的协调性和一致性。

我国从 20 世纪 80 年代开始重视信息资源的开发利用。国务院信息化工作小组多次召开会议,确立了信息化发展战略,其中提到 2006—2020 年我国信息化发展的战略重点是:推进国民经济信息化,推动电子政务,建设先进网络文化,推进社会信息化,完善综合信息基础设施,加强信息资源开发利用,提高信息产业竞争力,建设国家信息安全保障体系以及提高国民信息技术应用能力,造就信息化人才队伍这 9 个方面①。中共中央办公厅、国务院办公厅《关于加强信息资源开发利用工作的若干意见》中也确立

---

① 中共中央办公厅. 2006—2020 年国家信息化发展战略. http://chinayn. gov. cn/info_www/news/detailnewsbmore. asp? infoNo=8396. [2006-12-26]

了"以政务信息资源开发利用为先导,充分发挥公益性信息服务的作用,提高信息资源产业的社会效益和经济效益,完善信息资源开发利用的保障环境"的指导思想。这些纲领性文件是我国最高决策层在分析国内外发展形势的基础上得出的科学结论,是我们在确立数字信息资源战略体系中必须坚持的方针。

4.2.2 战略体系构建需从数字信息资源的类型出发

数字信息资源类型的丰富性对战略体系构建带来了挑战。因为不同类型的数字信息资源具有不同的特点,在管理中面临着不同的问题,必须区别对待,不能统一而论。数字信息资源战略体系应是一个集合多种类型数字信息资源子战略系统的综合体。因此,基于战略构建目的的数字信息资源的分类原则是:

首先,数字信息资源的分类需符合公众思维习惯。国家数字信息资源战略首先要考虑到被公众接受和认可,因此,数字信息资源类型的划分的最基本要求是能体现大多数公众对数字信息资源的认识习惯。例如,一般公众对数字信息资源划分为一次数字资源、二次数字资源、三次数字资源并不是很清楚。这种专业的概念虽然能揭示数字信息资源的层次和功能,但是只是在图书情报界比较普及,一般公众很少了解这种划分标准。如果以此为依据构建相应的数字信息资源子战略,会带来实际实施中的模糊性。

其次,数字信息资源的分类需讲求经济性原则。国家层次的数字信息资源的战略是要从全局上组织、协调数字信息资源的开发利用活动,战略的规划和实施要投入大量的人力、财力和物力。因此,讲求经济性也是数字信息资源类型划分的一个原则,划分得太细会使得战略规划和实施复杂繁琐,划分得太粗会掩盖不同类型数字信息资源在具体管理中的互异性,带来战略实施的困难。

最后,数字信息资源的分类需讲求可行性原则。例如,在前文提出的数字信息资源的分类标准中,将数字信息资源分为原生数字资源和转化型数字资源来构建国家数字信息资源战略体系就不太现实。因为,对大多数公众来讲,判断数字信息资源是原生的还是经转化而成的是一件很困难的事情。如果从时间上看,在数字技术尚未出现之前的许多优秀的文化遗产(例如中国古代四大名著)现在以电子图书的形式出现在网上,公众较容易判断是属于转化的数字资源。但是当越来越多的信息既以数字形式又以印刷形式发布时,公众无法单从时间来判断这些信息的起源是原生数字形式还是印刷形式。基于这个考虑,数字信息资源的分类一定要具有现实的操作可行性。

4.2.3 战略体系构建需从数字信息资源的生命周期出发

信息的生命周期性对于国家数字信息资源的战略构建具有深远意义。作为对数字资源实施管理的最高层次,战略管理要求体现出数字信息资源在不同的生命阶段具有不同的技术特征、经济特征、人文特征而采取适宜战略的原则。这种基于生命周期特征的战略体系有助于将数字信息资源的战略管理与战略目标对应起来,把握数字信息资源的价值,抓住战略管理的关键活动,从而以更低的成本取得更有效的成果。从这个层面上说,国家数字信息资源战略体系不仅要考虑数字信息资源类型多样带来的互异性,还要考虑数字信息不同生命阶段带来的适应性。

数字信息资源的生命周期可划分为多个过程,包括从创作、编辑、描述与索引、传播、收集、使用、注释、修订、再创造、修改、一直到永久保存或销毁等一系列环节。严格来讲,每一个环节数字信息资源管理的策略都不相同,都应形成相应的战略,但从经济性和可行性考虑,需要抓住其中的关键环节,构建战略体系。EMC公司从企业信息管理实际分为3个阶段实施ILM。首先,实施自动网络存储,经济有效地融合和控制存储资源;然后,划分服务等级,按照企业要求的变化将信息转移到相应的服务等级层次中;最后,实施集成式生命周期管理环境①。惠普公司(HP)把数字信息资源生命周期划分为数字信息资源的创建、保护、存取、迁移、存档和回收(销毁)6个阶段②。这些研究成果对数字资源战略体系构建起到很好的借鉴。

4.2.4　战略体系构建需从数字信息资源的战略特点出发

数字信息资源战略是从战略管理的高度来讨论数字信息资源的发展和管理问题,实现数字信息资源的发展目标,促进数字信息资源的合理利用,并对各种数字信息资源生产要素(包括数字技术、数字资源和数字信息管理体制等)及其功能所作的总体谋划。它具有一般组织资源战略的共同特点,但是鉴于数字信息资源的特殊性,也表现出一些不同特征。

首先,战略规划主体关系不同。在不同组织中,制定战略的目的是充分利用组织内外的资源获得竞争优势,取得经济效益,因此在组织之间往往形成的是一种对抗性的关系。虽然随着企业之间竞争关系的演变,也出现战略联盟的现象,但这种联盟是暂时利益一致下的短时期合作关系,从长期来看,组织之间仍然是竞争关系。数字信息资源战略主体之间形成一种以合作为主的关系,这是因为数字信息资源的战略管理要耗费大量的财力、物力、人力,非任何一个单一组织能够胜任的,为了减少数字信息资源投资的风险,更为了协调在数字信息资源开发利用活动中各方的交叉关系,必须在战略规划阶段采取合作的态度。

其次,战略规划组织机制不同。一般的战略规划只是在组织内部完成,由组织成立专门的战略规划部门,采取战略规划方法,得出企业的发展战略。数字信息资源战略规划的制定往往需要多个领域专家参与,特别是组织外部力量的广泛参与。这一点,我们可从美国国会图书馆的国家数字信息基础设施和保存计划(National Digital Information Infrastructure and Preservation Program,NDIIPP)战略中可以看出,国会

---

① 魏桂英. 信息生命周期管理:呵护信息的生命. 信息系统工程. 2005,(9):71~72

② 惠普. 惠普信息生命周期管理——技术角度. http://h50236. www5. hp. com/AA0-4186CHN06. 4. pdf.
[2006 - 9 - 11]

图书馆多次召开了由多名专家组成的会议,与会者分别代表媒体和娱乐界(电影、电视、音乐)、学术教育界和商业出版界;研究图书馆、遗产保存组织、大学、私人基金会和独立撰稿人、艺术家等①。

第三,战略规划的功能不同。一般的组织战略规划是在对组织发展内外环境分析的基础上,制定关于组织长期的发展目标以及选择实现该目标的方法和程序的过程。组织战略规划的目的是促进组织的长期发展,也即保持竞争优势,获得经济效益。但由于信息资源的双重角色,数字信息资源战略也承担着双重使命。一方面是为了实现数字信息资源管理的需要,另一方面,由于数字信息资源也是国家经济发展的重要经济性资源,因此,数字信息资源战略规划也必须与国家经济发展总体战略相协调,以实现国家经济发展目标为己任。

正是这些特殊性使得国家数字信息资源战略包括一系列的任务,从宏观上说,这些任务主要是:

(1)制定国家数字信息资源开发利用活动的方针、政策、法律、条例,使信息资源的开发活动在国家统一的指导、监督和管理下有条不紊地开展。

(2)建立完善的社会化组织机制,保障数字信息资源开发利用活动的可持续开展及各个利益团体的合法权益。

(3)建立数字信息资源的标准规范体系,推动数字信息资源标准化管理的发展。

(4)推动数字技术的创新,加强国家数字信息资源网络的建设。

(5)鼓励和发展数字产业,建立健全完善的数字信息商品市场。

(6)积极探讨数字信息资源开发利用的最佳实践模式,作为示范经验推广。

4.3 国家数字信息资源战略体系框架

国家层次的数字信息资源战略规划是本书主要研究内容,因此,依据前面介绍的数字信息资源战略规划的理论基础,并结合前一章的国内外实践情况,构建了国家数字信息资源的战略体系(图 4.1)。

国家数字信息资源战略的总体框架是沿着数字信息资源的类型和生命周期两条交叉主线来构建的,形成一个三层的体系结构。

1. 按照数字信息资源类型划分为政务数字信息资源战略、公益数字信息资源战略和商业数字信息资源战略

我国"十一五"规划的信息化规划提出分政务性、公益性和市场性三大领域加强和引导信息资源开发利用。根据这一指导思想,数字信息资源战略构建中的最外围层即为根据不同的内容和性质将数字信息资源分为政务数字信息资源、公益数字信息资源

---

① National Digital Information Infrastructure and Preservation Program. http://www.digitalpreseervation.gov/ndiipp.[2006-9-2]

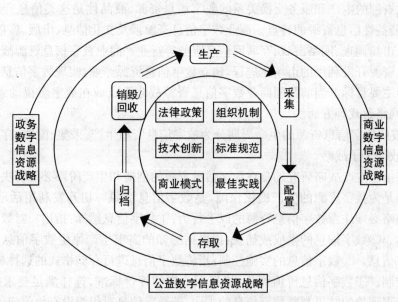

图 4.1 国家数字信息资源战略体系

和商业数字信息资源三大类别,分别制定相应的战略①。

政务数字信息资源是指政府部门为履行职能而采集、加工、使用的数字资源,包括政府在业务过程中产生的数字信息,也包括政府从外部采购的数字信息。主要的信息来源是党委、政府、人大、政协等国家政府部门。政府数字信息资源战略以推进政府信息公开,促进电子政务和规范数字信息资源的开发利用工作为主要目标,以满足社会公众获取信息的权利为首要原则。当前我国政务数字信息资源主要的建设重点包括国家基础地理信息数据和网络系统、公安系统信息资源库以及水利、国土资源、地政和气象等部门关系国计民生的各种数字信息。

公益数字信息资源是指进入公共流通领域的,面向社会公众,带有福利性质,以免费或廉价方式,并按非营利机制向公众提供的数字信息资源。公益数字资源的来源可以是政府,也可以是各种非赢利机构如图书馆、博物馆、科研单位、教育机构等,甚至某些企业也对社会公众提供公益数字信息。公益数字信息资源战略以满足公众的信息需求,提高全民素质,消除数字鸿沟,促进经济发展和科技进步,以及构建和谐社会为目标。当前我国应在农业信息资源建设、科技基础平台、专利数据库、高校就业信息服务、教育资源库、国家数字图书馆、档案信息资源开发利用等重点领域建立相应的数字信息资源管理机制。

商业数字信息资源也称市场数字信息资源,是指能运用市场规律和经济杠杆作用

---

① 董宝青. 信息资源开发利用的公共政策设计. http://www. media. edu. cn/zheng _ ce _5165/20060627/ t20060627_185820_1. shtml. [2006 - 9 - 2]

调整信息资源的生产和服务交换关系的数字信息资源,商品性是这类信息资源区别于政务性、公益性信息资源的特点。商业数字信息资源涉及文化信息、出版、广播影视、咨询、广告、市场调查、网络游戏、互联网信息服务等行业。商业数字信息资源战略以加快数字信息资源开发利用的市场化进程,建立数字信息资源产业,实现数字信息资源的经济效益为主要目标。当前我国商业数字信息资源战略重点放在数字影视动画、移动电视业务、网络游戏等方面。

2. 按照数字信息资源的生命周期分为数字信息资源生产、采集、配置、存取、归档、销毁/回收 6 个子战略

数字信息生产战略研究的是在数字信息资源的创造和生产阶段必须解决的实际问题。目的是为数字资源的生产提供保障,是数字信息资源一切开发利用活动的基础。这个子战略必须注意数字信息资源的以下行为:①数字信息感知:指用户对数字信息需求的表达。②数字信息的生成或捕获:指根据感知的需求生产原生数字信息或者经转化的数字信息。③数字信息的实施控制:指将数字信息进行存储格式的选择、文件命名和版本控制。④数字信息价值评价:指根据一定的评价标准,选择满足要求的数字信息。⑤根据评价的结果判断数字信息的去向:若数字信息对组织没有价值或价值很低,则进行销毁;若有价值,则将数字信息存储,以提供将来使用;若数字信息有价值但尚未达到使用的条件,则进行相应的转换。

数字信息资源采集战略研究蕴涵在不同时空域的数字信息被选择和捕获成为国家或组织的资产和财富的过程。采集是数字信息资源能够得以充分开发和有效利用的基础,也是信息产品开发的起点。信息采集这一环节工作的好坏,对整个信息管理活动的成败将产生决定性影响。这个子战略要考虑的问题是数字信息采集的原则、采集的来源、对原生数字信息和转化型数字信息的不同采集方法和策略、数字信息采集的标准、采集后数字信息资源如何组织等内容。

数字信息资源配置战略研究数字信息资源如何在空间、时间、类型方面进行有效配置。其目的是促进数字信息资源的合理布局,实现数字信息资源的价值最优。数字信息资源配置战略是合理利用数字信息资源的前提,也是解决数字信息资源配置不均衡现象的途径。这个战略要考虑的问题是数字信息资源的数量、类型分布状态、数字信息的供求情况、数字信息的配置手段和方式。

数字信息资源存取战略研究如何访问现存的数字信息资源。数字信息资源的存取是数字信息资源利用的必经阶段,也是实现数字信息资源价值的前提。数字信息资源存取战略的目的是在一定的权限范围内为用户提供最适宜的访问信息方式。这一子战略需要关注以下问题:用户的需求特点、资源的发现与检索机制、资源的传递方式、信息资源的价格策略、知识产权等。

数字信息资源的存档战略研究的是如何实现数字信息资源的长期保存。目的是保证数字信息资源不随时间的推移而消逝,保护有价值的数字信息。数字信息资源的存档战略一直是当前数字信息资源战略的研究热点,也是成果最为丰富的领域。这一子

战略需关注的关键问题有：①数字资源的吸收：指选择需保存的数字资源。②数字资源的保存预处理：包括保存的元数据格式、保存的技术要求、相关法律规定、数据的安全性以及数字信息资源的危机修复。③数字信息资源的存储：包括数字信息存储的文件格式、文件结构、存储介质管理以及数据的移植问题。

数字信息资源的销毁/回收战略研究失去价值的或虚假的数字信息资源如何被销毁或回收的过程。随着数字信息资源生命周期的延续，数字信息资源的价值逐渐减少，直至消灭殆尽。新的数字信息又被创造出来，数量丰富，给数字信息的存储带来了挑战。虽然大容量的存储设备不断出现，但是比起数字信息数量的扩张，仍不能满足需求。销毁或回收无价值的数字信息可以在一定程度上缓解存储设备的压力。另外，随着数字信息的传播，原来正确的数字信息可能变得不正确，虚假信息与真实信息长期共存，及时地收回虚假的数字信息能减少虚假信息被公众获取后产生的危害后果。这一子战略需要关注数字信息资源的评价、数字信息资源的销毁标准、数字信息资源销毁/回收的策略及技术方案等问题。

3. 核心层是数字信息资源战略的内容体系

数字信息资源战略体系构建的最核心任务是确定战略的主要内容。借鉴国内外实践，我们认为数字信息资源战略体系的核心层包括数字信息资源的法律政策、标准规范、技术创新、商业模式、组织机制和最佳实践。

数字信息资源的发展重在管理，一个完善的法律政策体系的建立有助于为数字信息资源战略的实施提供保障。因此，应根据战略的需要制定相关的法律政策，并建立相应的执法部门对突发事件进行初步控制。数字信息资源标准规范的建立是从源头上做好数字信息资源战略管理工作，战略的其他内容都要贯穿和体现这些标准规范。现有的许多标准规范如内容描述标准 DC、唯一标识符标准、开放存档信息参考模型 OAIS 都得到了广泛的应用。技术创新是指积极探讨对数字信息资源发展起促进作用的数字信息技术的研究与开发工作。建立适宜数字信息资源发展的商业模式是开展各种形式的增加资金收入的行动，为数字信息资源建设募集资金，实现数字信息资源相关产业的经济利润。组织机制是指要建立一个统一、协调、合作的组织机构，各部门自觉履行各自的角色和责任，接受统一的监督，共同促进数字信息资源的发展。最后，还要在实践中积极探讨可行的实施模式，寻找最佳实践方案。

4.4 数字信息资源战略规划的分析方法

数字信息资源战略规划方法是开展战略规划工作的基础。从有关文献来看，专门针对数字信息资源战略规划的方法还没有正式提出过，但与之相关的如信息系统战略规划方法、信息化战略规划方法①则已引起不少学者的重视和探讨。这些研究成果为

---

① 张玉林. 企业信息化战略规划的一种新的分析框架模型. 管理科学学报,2005,(8):88～98

数字信息资源战略规划奠定了基础。因此,在本节中,我们先回顾战略规划的一般方法,再提出能用于数字信息资源战略规划的方法。

4.4.1 战略规划方法回顾

20世纪六七十年代,信息技术在企业中的应用日渐广泛和深入,出现了许多信息系统战略规划方法。如 IBM(1966)提出的企业系统规划法(Business Systems Planning,BSP)[①]、Holland 公司提出的战略系统规划法(Strategic Systems Planning, SSP)[②]等等。这些信息系统战略规划方法大部分在实践中得到广泛的应用,至今还在发挥着强大的作用。有学者认为从面向管理应用的角度出发,这些战略规划方法可分为如下4种类型[③]:

1. 面向低层数据的规划方法

面向低层数据的规划方法即传统的以数据为中心的规划方法,关注的是数据的准确性和一致性,偏重于技术分析方面。数据是分析的核心点,涉及数据实体或数据类的定义、识别、抽取以及数据库的逻辑分析甚至设计。这类规划方法在企业过程建模以及企业数据库逻辑分析和设计方面有独到之处,但在企业战略分析方面的功能相对较弱。企业系统规划法和战略系统规划法都属于此类规划方法。

(1)企业系统规划法(BSP)

企业系统规划法的步骤是自上而下进行规划、自下而上进行实施。通过对企业使命、目标和业务职能的分析,定义企业过程;根据企业实体和企业过程来识别数据类;按数据库分析和设计的原则对数据进行归类合并划分子系统;最终的规划报告包括全局的信息系统结构和各子系统的实施方案。BSP 方法的过程要求高层管理人员的参与和支持。

(2)战略系统规划法(SSP)

战略系统规划法通过分析企业的主要职能部门来定义企业的功能模型;结合企业的信息需求,生成数据实体和主题数据库,获得企业的全局数据结构;进行全局信息系统的识别;最后提交企业信息系统的实施方案和计划。SSP 方法与 BSP 方法在具体步骤上有不少相似之处。

2. 面向决策信息的规划方法

面向决策信息的规划方法以支持企业战略决策信息为核心来考虑企业的信息系统战略规划。这类方法在处理企业战略与信息系统战略相互关系方面功能较强,但在企业过程建模等方面的功能较弱。比较著名的方法有战略目标集转化法和关键成功因素法等。

① IBM Corporation. Business Systems Planning-Information Systems Planning. New York:IBM Press,1975

② Holland Systems Corporation. Strategic Systems Planning. Michigan:Holland Systems Corporation,1986

③ 张学军,蔡晓兵.再论信息系统战略规划方法的分类及组合策略.中国管理信息化,2005,(6):31~33

（1）战略目标集转化法（Strategy set transformation，SST）

战略目标集转化法由 King 提出①。其基本思想是建立信息化规划与企业战略间互联关系，进而将企业战略转化为企业信息化战略。它首先识别组织的战略，然后转化为信息系统战略，得到企业信息化建设的目标、约束及设计原则等，最后提交整个企业信息化建设的信息系统结构。

（2）关键成功因素法（Critical Success Factors，CSF）

关键成功因素法由 Rockart 首先提出②，而后应用于信息系统的规划。其主要思路是：通过与管理者特别是高层管理者的交流，并根据企业战略决定的企业目标，识别出与这些目标成功相关的关键成功因子及其关键性能指标，由此安排信息化建设的优先序，帮助企业利用信息技术发现存在的问题和把握面临的机遇。CSF 方法能够直观地引导高层管理者分析企业战略与信息化战略之间的关系，理解信息技术的能力。CSF 方法应用于较低层的管理时，由于不容易找到相应目标的关键成功因子及其关键指标，效率可能会比较低。

3. 面向内部流程管理的规划方法

面向内部流程管理的规划方法的核心是通过分析企业流程链及其价值创造情况，对流程进行约简，增强流程链上活动间的匹配，寻求业务流程最大价值创造，达到增强企业竞争力的目的。典型的方法有价值链分析法等。

价值链分析（Value Chain Analysis，VCA）法是波特教授在长期研究后提出来的③。他创造价值链工具，主要用以分析企业竞争优势的来源。他指出："将企业作为一个整体来看无法认识竞争优势的来源，竞争优势来源于企业在设计、生产、销售、交货及辅助过程中所进行的许多互相分离的活动。这些活动中的每一种都对企业的相对成本地位有所贡献，并奠定了标新立异的基础。"组织的价值链就是其所从事的各种活动（包括设计、生产、销售、发运以及支持性活动）的集合体。组织是通过比竞争对手更低的成本或是更出色完成这些战略活动而获得竞争优势的。波特认为信息技术是实现企业战略的关键使能器。在价值链中灵活应用信息技术，发挥信息技术的使能作用、杠杆作用和乘数效应，可以增强企业的竞争能力，更好地实现企业战略。

4. 面向供应链管理的规划方法

面向供应链管理的规划方法，其实质是面向企业内部流程管理规划方法进一步向企业的上下游方向的拓展，借助与企业外部合作伙伴的联盟，依托供应链的整体优势提升企业竞争力。这类规划方法以价值链成分或项目为研究对象，通过分析成分或项目的风险和收益，制定相应的决策（如外包、独立生产、合作投资生产等），以帮助企业获取

① King R W. Strategic planning for management information systems. MIS Quarterly，1978，2(1)：27～37

② Rockart J F. Chief Executives define their own data needs. Harvard Business Review，1979，57(2)：81～93

③ Porter E M，Millar E V. How information gives you competitive advantage. Harvard Business Review，1985，63(4)：149～160

竞争优势。战略网格模型法属于这一类规划方法。

McFarlan 提出的战略网格模型法(Strategic Grid Model,SGM)从诊断信息技术作用着手,来研究企业信息化规划。利用网格表工具,SGM 方法依据对现行信息技术应用以及未来信息技术应用对企业战略影响的高低分析,对信息技术产生的可能影响进行研究,在诊断企业的当前信息技术应用状态的基础上,确定要调整的信息化建设战略方向等①。

4.4.2　经典战略规划方法在数字信息资源战略规划中的应用案例

通过文献调研和网络检索,我们获得了国外数字信息资源战略中应用经典战略规划分析方法的案例。

1. 利用关键成功因素法的案例——加拿大国家数字信息战略

在加拿大国家数字信息战略中,采用的战略规划方法主要是关键成功因素法。具体思路是:

首先,通过调研其他国家的数字信息战略,获取有益的经验;其次,对本国内与数字信息资源开发利用相关的机构部门进行调查。加拿大按照从事的主要信息活动将数字信息资源管理的部门分为内容提供商、服务提供商、基础设施机构、管理机构四类。从而确定了与数字信息资源相关的 4 个关键部门及其开展的活动②。接着,为了明确各个部门数字信息资源开发利用活动中有哪些关键环节,加拿大采取专家咨询、举办峰会、多方协商、公众咨询等形式,得出了数字信息资源管理中的关键活动:数字信息资源的创造、存取和保存。最后,对这些关键活动进行分析,发现存在的问题,从而提出战略。

2. 面向内部流程管理战略规划方法的案例——美国英语文化遗产中心的数字文化遗产保存战略

面向内部流程管理战略规划方法的要点是要对组织的业务流程有清晰的认识和把握,在这方面,美国英语文化遗产中心在进行数字信息资源保存战略规划时充分体现出其思想。在战略报告的主体部分,按照开展长期保存工作的工作流程,分别研究了数字信息资源保存前、保存中、访问及再利用 3 个阶段的各自环境影响因素。表 4.1 列出了报告中 3 个阶段的具体分析内容③。

这 3 个阶段的分析构成了战略规划的主线,对每一个阶段还可以进行进一步的细化分析,形成了一个完整的数字信息资源保存流程链。图 4.2 表明的是美国英语文化遗产中心数字信息资源保存战略报告的主体结构和线索,可以看出,以内部流程分析为

---

① McFarlan F. Information technology changes the way you compete. HarvardBusinessReview,1984,62(3):98~103

② 具体活动参看第三章

③ 美国英语文化遗产中心数字存档战略. http://www. english-heritage. org. uk/upload/pdf/dap_manual_archiving. pdf

主要思路的战略规划方法在战略制定中发挥了淋漓尽致的作用。

表 4.1　数字信息资源保存流程

阶段	定义	目的	主要分析内容
保存前管理	从新资源的产生到评价其最终部署	保证数字资源能真实地保存和长期存取	数字资源感知、生成或捕获、实施(存储、文件命名、版本控制)、评价(流程、价值确认、收集、选择原则)、转换、销毁
保存	从选择数字资源到添加到档案中	保证数字档案的长期保存	数字资源的吸纳、保存(元数据、技术分析、法规系统、安全性、危机修复)、存储(文件格式、文件结构、存储介质管理、数据移植)
访问及再利用	存档的数字资源被用户利用	CFA 提供内部或外部使用数字资源	用户的需求特点、资源的发现与检索、资源传递方式、价格策略、版权管理

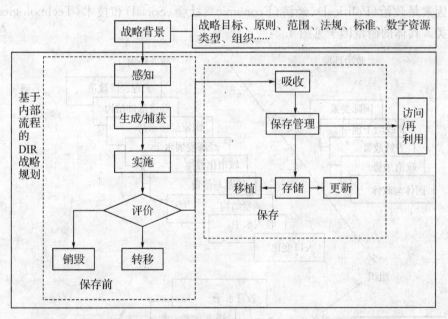

图 4.2　美国英语文化遗产中心数字信息资源保存战略报告的主体结构

4.4.3　国家数字信息资源战略规划方法

上述传统的战略规划方法大都是从企业的信息系统建设或信息化规划角度提出的,从某种层面上看对于数字信息资源的战略规划有一定的适用性和可行性。数字信息资源战略规划是信息化规划的一个组成部分,特别是对于企业内部的数字信息资源战略规划来讲,企业信息化战略规划或信息系统战略规划的中心任务是企业内部数字信息资源的战略规划。因此,在研究企业层面的数字信息资源战略规划时,我们完全可以借鉴这些企业信息系统或信息化的战略规划方法。但是对于行业、国家层面上更宏观的数字信息资源战略规划,这些规划方法则显得单薄和贫乏,最大的不足是缺少全局考虑各种影响因素。也就是说,上述这些战略规划对于数字信息资源战略规划的某一阶段性任务或者最低层的企业数字信息资源战略规划和个人数字信息资源战略规划尚能取得较理想的效果,这一点我们已通过案例来说明。但对高层次的更宏观的数字信息资源战略规划则一方面需要扬长避短,汲取精华,另一方面则要引进更完善的战略规划方法。

从前文分析可知,对总体环境和内部条件的分析是战略规划的核心。那么对于国家数字信息资源战略来讲,即为对全球数字信息资源发展的总体环境和我国数字信息资源发展的内部条件的分析。在本书的研究中,数字信息资源战略环境分析的主要方法是 PEST 方法。

1. PEST 方法的基本思想

PEST 方法是对组织的外部环境进行分析的一种方法,这些影响组织的主要外部环境因素是政治(Political)、经济(Economic)、社会(Social)和技术(Technological)这四大类。具体的衡量因子见图 4.3:

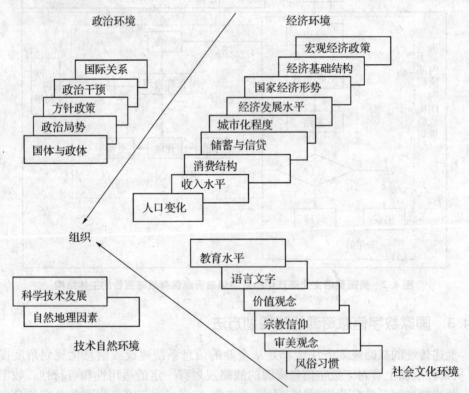

图 4.3　PEST 方法衡量因子

PEST 方法将所有与组织发展相关的一切外部因素分为政治、经济、技术和社会文化这四类,对每一类又细分为具体的影响因子。对这些影响因子的综合分析是 PEST

方法的核心思想。PEST方法是一种定性地评价外部环境的方法,其优点是能做到科学全面、具体细致地识别环境的条件和变化因素,而且简单、可操作性强,因此在实际中有广泛的应用。本法不仅可以用于总体环境的分析,也可应用到内部条件的分析,是一种很好的战略规划分析方法。

2. PEST方法在数字信息资源战略环境分析中的改进

如果直接将PEST方法应用于数字信息资源战略规划中,会发现有许多子指标并不适用于数字信息资源相关活动,例如,数字信息资源受技术的影响较大而受经济环境的影响相对较小,但是衡量技术环境的子指标只有两个,远远不能满足实际分析的需要,经济环境指标却又显得过多。所以,若要得出正确的分析结果,就必须对现有的PEST方法结合数字信息资源的特征进行改进。

国内外有许多学者研究了影响数字信息资源发展的政治、经济、技术和社会文化因素的具体内涵。2003年,美国南康涅狄格州大学通信、信息和图书学院学者及他的学生调查了开展"数字图书馆"项目时需要考虑的问题,主要需思考以下问题[①]:

(1)数字化时选择哪种原材料作为数字化收藏对象。

(2)数字化实践采用哪些标准、规则和指南。

(3)数字化中有哪些与版权和产权相关的信息政策法规。

(4)数字化实践中最关键的技术问题是哪些。

(5)数字化实施中,在硬软件开发、系统设计和人力资本方面,图书馆技术市场定位的发展趋势和兴趣所在。

根据国内外在数字信息资源研究方面的实践经验,我们认为,国家层次上环境分析中的PEST方法包含如下分析要素:

(1)全球数字信息资源发展的总体现状。

(2)全球数字信息资源发展的政治环境:主要包括:①全球有关数字信息资源的政策、国际公约、协定等;②数字信息资源建设的国际组织、主管机构等;③国际上有关数字信息资源的法律法规,如知识产权法等。

(3)全球数字信息资源发展的技术环境:主要包括:①数字信息资源建设的标准规范;②数字信息资源的关键技术;③数字信息资源的系统实现。

(4)全球数字信息资源发展的经济环境:主要包括:①数字信息资源的成本结构;②数字信息资源的价格策略;③数字信息资源的商业运营模式;④数字信息资源的市场建设。

(5)全球数字信息资源发展的社会环境:主要包括:①人们利用数字信息资源的主要行为特征;②全球对数字信息资源的接受程度;③影响人们利用数字信息资源的主要社会因素,如教育水平、价值观念、风俗习惯等对数字信息资源利用效率的影响。

---

① Liu Yanquan. Impacts and Perspectives of Digitization Practice in the US Libraries. Digital Library Forum, 2005,(11):1~9

3. 基于 PEST 方法的数字信息资源战略内部条件分析要素

同样，国家数字信息资源战略内部条件分析和环境分析类似，包括如下内容：

（1）我国数字信息资源建设概况：如中文数字信息资源的数量、类型和分布情况。

（2）我国数字信息资源发展的政治要素：如政府对数字信息资源发展的政策导向、方针指导、相关法律措施。

（3）我国数字信息资源发展的经济要素：如我国数字信息资源相关产业的发展水平、信息产品收费情况、价格策略和商业模式。

（4）我国数字信息资源发展的技术要素：如我国数字信息技术的发展现状、存在问题、主要标准规范的引用和技术发展趋势。

（5）我国数字信息资源发展的社会要素：如我国公民对数字信息资源的接受态度和适应程度、利用数字信息资源的习惯、我国公民接受数字信息资源利用的教育程度。

这些要素的主要理论依据是 PEST 方法的基本原理和国外数字信息资源战略的实践经验，对数字信息资源战略的外部环境的分析就转化为对上述要素的分析。

4.5 国家数字信息资源战略规划模式

4.5.1 企业战略规划中有关战略规划模式的论述①

1. 企业战略理论演进中的战略思维模式

从企业战略理论的演进过程来看，在企业战略的形成过程中一般有如下几种基本的思维模式。

（1）经典的战略规划思维模式

这种战略思维模式最初形成于 20 世纪六七十年代。其核心观点是，应当着眼于企业外部环境与内部条件两个方面来考虑其经营管理活动，企业战略的形成本质上是企业对其内外因素综合评判的结果。

①企业战略思维的"三匹配"模式

钱德勒（Chandler）在其名著《战略与结构》（1962）一书中分析了企业环境、企业战略与企业组织结构之间的相互关系。他认为，企业只能在一定的客观环境下方能持续发展，因此，企业的发展要适应环境的变化，企业首先要在对环境进行分析的基础上制定出相应的战略与目标，再依据战略与目标确定或调整其组织结构，以适应战略与环境的变化。这就是战略思维的"三匹配"模式（图4.4）。

②企业战略思维的"四要素"模式

安索夫（Ansof）在其名著《企业战略》（1965）和《战略管理》（1979）中系统地提出了其战略管理思维模式。与钱德勒类似，安索夫也认为，企业战略过程实际上就是企业为

---

① 田奋飞. 不同战略思维模式下的企业战略规划模式探析. 企业研究，2006，(5)：36~38

适应环境及其变化而进行的内部调整,以达到内外匹配的过程。在这一过程中,企业应当考虑4个方面的基本因素:

• 企业的产品与市场范围:企业现有的产品结构及其在所处行业中的市场地位。

• 成长向量(发展方向):企业的经营方向与发展趋势(包括企业产品结构与业务结构的调整,以及相应的市场领域与市场地位的变化)。

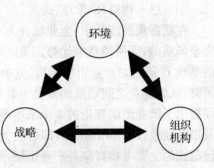

图 4.4 战略思维的"三匹配"模式

• 协同效应:企业内部各业务、组织各部门之间的协调效果。

• 竞争优势:企业及其产品与市场所具备的优于竞争对手的条件和位势。

显然,这四大要素充分体现了内外兼顾的战略思维。其间的关系可如图 4.5 所示。

③SWOT 模型:经典战略思维模式的一个总结性框架

在钱德勒等人研究的基础上,安德鲁斯(Andrews,1969)等人进一步指出,企业战略的形成过程实际上是把企业内部的条件因素与外部环境因素进行匹配的过程,这种匹配能够使企业内部的强项和弱项(即优势和劣势)同企业外部的机会和威胁相协调。由此,他们建立了至今仍广泛使用的 SWOT 战略分析框架(如图 4.6 所示)。

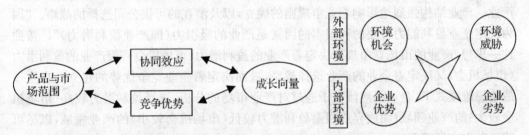

图 4.5 战略思维的"四要素"模式   图 4.6 SWOT 战略分析框架

在 SWOT 模型中,优势(S)与劣势(W)是企业内部的强项与弱项,机会(O)与威胁(T)是目标环境中对企业有利的因素和不利的因素。该模式表明,企业战略的实质就是通过对企业内外因素的分析,辨识企业自身的优势与劣势以及环境所蕴含的机会与威胁,并充分利用自身优势,扬长避短,努力开拓和利用环境及其变化给企业带来的机会,同时避免环境及其变化给企业带来的威胁,最终实现企业的战略目标,推动企业的持续成长。

(2) 战略规划的环境思维模式

战略规划的环境思维模式最初源于贝恩(J. S. Bain)和梅森(E. S. Mason)的 SCP 范式,形成和成熟于迈克尔·波特(M. Porter)的环境论。该思维模式侧重于从企业外部环境出发来理解企业战略的实质和形成,在 20 世纪整个 80 年代居于主导地位。

①贝恩—梅森(SCP)范式

在新古典经济学中,企业被视为一个"黑箱",在完全竞争假设下,市场中的企业是完全同质的,无所谓竞争优势。美国哈佛大学的贝恩和梅森教授在重新界定市场结构的基础上,通过对产业市场结构、竞争行为方式及其竞争结果之间的关系进行经验实证研究,认为企业之间绩效的差异主要源于不同的产业市场结构以及相应的市场行为,进而提出了产业组织理论的3个基本范畴:市场结构(Struture)、市场行为(Conduct)以及市场绩效(Performance),即著名的贝恩—梅森(SCP)范式(如图4.7所示)。显然,该范式的主要考察对象是产业市场,是从产业市场环境出发来理解和分析企业的战略行为与战略绩效,从而构成企业战略环境思维模式的最初理论来源。

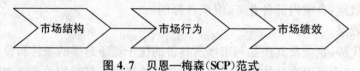

图4.7 贝恩—梅森(SCP)范式

②波特的五力竞争分析模式

在贝恩—梅森(SCP)范式的基础上,以迈克尔·波特为代表的环境学派(或称市场定位学派)"几乎完全将企业的竞争优势归因于企业的市场力量",认为:"形成战略的实质是将一个公司与其环境建立联系。尽管相关环境的范围十分广阔,既包含着社会的因素,也包含着经济的因素,但公司环境的最关键部分是公司所参与竞争的一个或几个产业。产业结构强烈地影响着竞争规则的确立,以及潜在的可供公司选择的战略。""因为决定企业盈利能力首要的和根本的因素是产业的吸引力(即产业盈利潜力)"。按照这一思想,产业的市场竞争规律决定着产业的盈利潜力(市场机会),而产业的盈利潜力(市场机会)又决定着企业的产业选择战略,进而决定着企业竞争优势的建立。在这一战略思维模式下,企业必然倾向于通过对产业市场的分析,选择盈利潜力较高(市场机会较大)的产业领域,而放弃或回避盈利潜力较低(市场机会较小)的产业领域,以尽可能地获取市场机会。

波特认为,任何产业,无论是国内的或国际的,无论是生产产品或提供服务,竞争规律都将体现5种竞争的作用力:进入行业的障碍力(潜在进入者)、替代产品的威胁力(替代品生产者)、买主的还价能力(用户)、供应商的要价能力(供应商)、现有竞争者的竞争能力(现有竞争者)。因此,对产业市场竞争规律的分析主要就是分析上述5种竞争力量及其相互作用对产业盈利潜力的影响(如图4.8所示)。企业战略应主要着眼于选择正确的产业和比竞争对手更深刻地认识5种竞争力量。

同时,波特指出,在选定的产业市场中,为了现实地获取市场收益,企业还应针对所选产业市场的特点(即针对决定产业市场竞争规律的各种影响力)采取相关战略措施,以期建立较高的市场位势。一般而言,针对所选产业,企业通常选择3种基本战略来建立市场位势:

• 成本领先。使企业的总成本低于全行业的平均水平,从而获得低成本的竞争

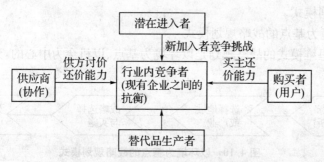

图4.8 波特的五力竞争分析模式

优势。

• 差异化。在顾客广泛重视的某些产品要素(如功能、质量、包装、花色品种、服务等)上力求做到在行业内独树一帜,把产品的独特性作为建立市场位势、赢得顾客忠诚的关键性因素。

• 目标集聚。着眼于在产业内一个或一组细分市场的狭小空间内谋求市场位势和竞争优势。

(3)企业战略的资源能力思维模式

20世纪八九十年代以来,以鲁梅尔特(R. Rumelt)、沃勒菲尔特(B. Wernerfelt)以及巴尼(J. Barney)等为代表的资源基础学派和以普拉哈拉德、哈默尔等人为代表的企业能力学派,在批评环境思维模式的基础上指出:"应从(企业)内部寻求竞争优势"(巴尼语)。企业建立强有力的资源与能力优势远胜于拥有突出的市场位势,进而提出了企业战略的资源能力思维模式(如图4.9所示)。

与环境思维模式不同,企业战略的资源能力思维模式侧重于从企业内部的资源能力角度来考虑企业战略问题。认为企业本质上是一组资源和能力的集合体。资源与能力既是企业及其战略分析的基本元素,也是企业竞争优势的根本来源。为此,

图4.9 企业战略的资源能力思维模式

一方面,企业应当从其内部资源与能力出发来寻求竞争优势,并通过资源(特别是关键资源)的持续积累以及能力(特别是核心能力)的持续发展而持续提升其竞争优势;另一方面,企业还应当从其内部资源与能力状况出发来选择其经营领域、业务范围及成长方向。

2. 不同战略思维模式下的企业战略规划模式

企业的战略思维模式如前所述存在3种,经典模式、环境模式和资源能力模式。进一步分析我们可知,经典模式包含后两种模式思想的萌芽,环境模式和资源能力模式分别在经典模式的基础上重点关注于企业的外部因素和内部条件,因此,相应地产生了两

种企业战略规划模式。

（1）以环境为基点的战略规划模式

基于环境思维模式的战略规划是以环境为基点、以机会为中心的,其基本步骤如图 4.10 表示。

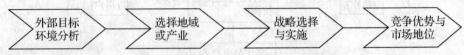

| 外部目标环境分析 | 选择地域或产业 | 战略选择与实施 | 竞争优势与市场地位 |

图 4.10 以环境为基点的战略规划模式

企业通过一系列步骤旨在最终于目标地域或产业市场中谋求竞争优势与市场位势,以获取目标地域或产业市场中的机会与收益。

在以环境为基点的战略规划模式中,企业内部条件基本上被排除在战略过程之外。这极有可能引发企业的非理性扩张欲望与扩张行为,进而使企业跌入"扩张陷阱"。这在中外企业经营史中多有例鉴:国外如美国安然、韩国大宇、现代等,国内如巨人、三株、亚细亚、春都等。这些企业经营失误的一个共同原因就是不顾自身资源及能力状况,一味以外部环境为导向,以机会为中心,过快、过度扩张(产业扩张或地域扩张),最终因资源散竭、机构臃肿、控制无力而或"落马"或崩溃。

（2）以资源能力为基点的战略规划模式

在以资源能力为基点的战略规划模式中,对企业内部资源与能力状况的分析和评估是企业战略活动的起点。企业通过对其内部资源和能力状况进行分析来评估其现有的优势与劣势,并利用现有的优势在适合的地域或产业领域中进行经营活动。同时,通过其经营活动进行资源与能力的积累,以进一步增强和提升企业竞争优势,使企业的经营活动在更高的层次上实现新一轮的循环。这种战略规划模式可用图 4.11 表示:

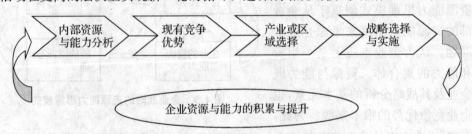

| 内部资源与能力分析 | 现有竞争优势 | 产业或区域选择 | 战略选择与实施 |

企业资源与能力的积累与提升

图 4.11 以资源能力为基点的战略规划模式

以资源能力为基点的战略规划模式也存在不足,它并未包含外部环境因素,所强调的是企业内部基于其资源与能力的优势条件,其战略活动的重心也是通过资源的积累与能力的提升来进一步增强其优势条件。与以环境为基点的战略规划模式相反,以资源能力为基点的战略规划模式极有可能因忽视环境的变化而陷入"闭门造车"的境地。这在中外企业经营史中同样不乏其例:国外如日本的一些企业曾因强大的内部管理能力及技术创新能力而在 20 世纪 60~80 年代期间一度超越欧美企业,但同时也因过分注重其内部能力、忽视环境的变化而在 20 世纪 80～90 年代以来被欧美企业所反超。国内如东方通信、湘潭电化等企业也曾因过分沉溺于其内部"核心能力"、忽视市场环境的变化而造成重大损失。

4.5.2　基于系统观的数字信息资源战略规划模式

我们已经了解了在企业战略规划理论中的三种战略思维,也研究了基于三种战略思维的两种战略规划模式各自的特点和不足,在前面的内容中还提出了数字信息资源战略规划与一般组织战略规划的不同。在这些分析基础上,我们提出一种基于系统观的数字信息资源战略规划模式(如图 4.12 所示)。

基于系统观的战略规划思想在 20 世纪 90 年代企业战略管理研究中逐渐被重视,其依据战略管理的系统特性,明确战略管理系统的影响因素及其作用,旨在建立一个开放、有效的战略管理系统。战略管理系统的影响因素包括外部环境和内部条件。外部环境因素主要有行业环境因素和一般环境因素。行业环境因素主要有竞争对手、供应商、行业政策等。一般环境因素指社会、文化、科技、政治、法律。内部条件主要有组织结构、组织文化、制度、人及利益相关者、信息渠道。这些环境因素都具有相关性。通过对战略环境因素的系统分析,形成科学的战略,这便是系统观思想在战略规划中的应用①。

在进行正式的战略规划之前必须做的工作是战略背景研究,包括数字信息资源的发展概况、规划的理念和规划方法的研究。规划的理念是在正式的战略功能定位之前对数字信息资源战略要实现的效果和产生的影响的初步构想,即数字信息资源的战略功能是具体而明确的,规划理念则是较为抽象和假设性质的,可能借鉴的是其他行业的思想,可能引用的是经典的哲学理论,但在后续的战略规划过程中能起到指示和引导的作用。规划方法的选择也非常关键,我们在前文中已经论述过,通常一个数字信息战略的形成需要综合运用多种规划方法。我们提出的数字信息资源战略规划模式将数字信息资源看成一个整体,研究影响其发展的总体环境和内部条件,并进行综合分析与评价,因此可以称为是一种基于系统观的战略规划模式。这一战略规划过程分为 3 个阶段。

1. 数字信息资源战略的总体环境和内部条件分析

这是数字信息资源战略规划的核心环节和关键步骤,其主要目的是识别影响数字信息资源发展的各种因素,以便能够掌握组织外部和内部的变化力量,及时作出有效的反应,回避风险,识别威胁和机遇,获得持续发展的机会,从而使得战略规划能更好地适应环境的变化。

我们将这些因素分为全球数字信息资源发展的总体环境和我国数字信息资源发展的内部条件,采用的是 PEST 分析方法,从政治、经济、技术、社会文化 4 个方面来分析。

---

① 董小焕. 论企业战略管理的系统观. 集团经济研究,2006,(10):1

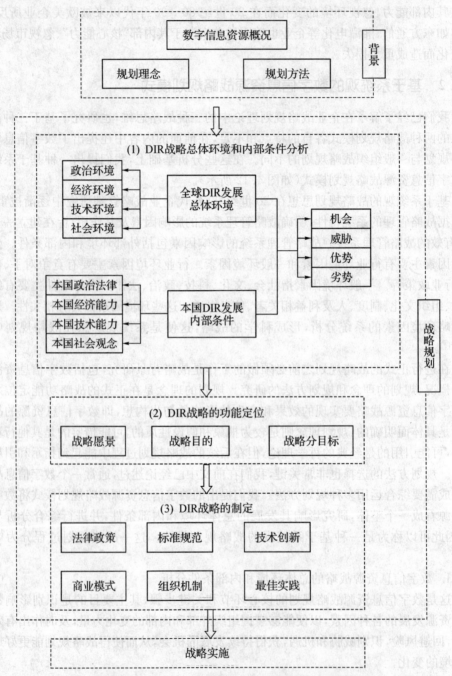

图 4.12　基于系统观的数字信息资源战略规划模式

政治维是指与数字信息资源发展相关的国内外政治环境及条件,如有关数字信息资源标准的组织、政策、法规、公约等。经济维是与数字信息资源发展相关的国内外经济环境及条件,如数字信息资源产业的成本结构、收费情况及收费模式等。技术维指数字信息技术发展的环境及条件,如当前计算机技术、通信技术的发展现状,其中许多技术都对数字信息资源产生影响。社会维是从社会人文角度来考虑的一个尺度,如人们对数字信息资源的接受程度以及对数字信息资源利用的传统观念和习惯等。通过将影响数字信息资源的因素划分为这四维,可以帮助我们正确地识别总体环境和内部能力。

在上述分析基础上,我们构建了数字信息资源发展的 SWOT 分析模型,即数字信息资源发展面临的机会、威胁、优势、劣势。

2. 数字信息资源战略功能定位

这是数字信息资源战略规划的首要任务,前文提到,由于数字信息资源的多重角色,决定了数字信息资源战略功能的多元性。这一阶段要明确数字信息资源的战略愿景和战略使命陈述。

(1) 战略愿景(Vision)

按照美国著名战略管理学家弗雷德·R·戴维的观点,愿景就是解决企业要成为什么(what do we want to become) 这个基本问题。例如,我国联想集团的战略愿景是"未来的联想应该是高科技的联想、服务的联想、国际化的联想"。许多企业家理解愿景就是企业难以实现的战略目标,更多的是企业家的一种追求,它是可望而不可即的,但是通过愿景的确立,能起到激动人心的作用,因为愿景并非是虚无缥缈的,而是需要超乎常人想象的信心与毅力才能实现。

数字信息资源的战略愿景即为明确数字信息资源朝哪个方向发展,表达了战略规划的宏观愿望。例如新西兰的国家数字战略中,战略愿景是"为所有的新西兰人创造一个数字化未来。数字通信技术为人们提供了一种新的交流方式,提高了民主化进程,为新的机遇打开了大门。我们必须借助技术的力量将公众和与之息息相关的事情联系起来,表现出我们的创造能力,发扬独有的毛利文化(the culture of Māore),增强和南太平洋邻邦的交流"。

(2) 战略的使命陈述(Mission Statement)

在企业战略研究中,使命陈述是解决企业是什么(What is our business)这个基本问题。和愿景这个表明企业未来的、长期的发展目标相比,企业使命是在企业愿景基础上,具体地定义到回答企业在全社会经济领域经营活动的范围或层次。也即企业使命是比愿景内容更具体、更符合实际的概念。

按照戴维的研究,使命应包括以下 9 个要素:顾客,产品或服务,市场,技术,对生存、发展和利润的关注,理念,核心竞争力,公众形象以及对员工的关心。这 9 个方面也是评价一个企业战略使命是否合理的标准。例如,DELL 公司的愿景是成为世界上计算机销售最成功的公司,给顾客最好的消费体验。为了实现愿景,公司的使命是:满足顾客最高质量期望、领先的技术、具竞争性的价格、一流的服务和售后技术支持、灵活的个性化定制、优秀的企业公民以及稳定的财务。几乎涉及了所有要素,是一个很好的使命陈述①。

数字信息资源战略规划也要求能准确地定位战略的使命。同样的,在新西兰的国家数字战略中,内容战略的使命陈述是为新西兰公众提供无缝的、便捷的信息访问渠道,使公众获取与之生活、工作、文化相关的重要信息。具体的使命为:到2006年12月,制定和发布国家内容战略;开发在线文化门户;实施国家数字资产档案项目"Te Ara-the Encyclopedia of New Zealand"和毛利语言信息项目"the Maori Language Information Programme";通过合作伙伴资金来开展现有内容数字化以及新的数字内容的创作。

战略愿景和使命陈述的确立对战略规划具有重要意义。德鲁克曾说过,形成一个清晰的战略愿景和使命是战略家的首要责任②。愿景能对群体产生激励、导向作用,让这些群体产生长期的期望和现实的行动,在企业使命得以履行和实现的同时,自身的利益得到保证和实现。凯勒在前人研究的基础上归纳出使命陈述的价值是:一是有助于战略规划与组织文化相契合,使战略规划的实施获得坚实的组织文化支撑。二是合理建构的使命陈述具有重要的外部影响力。因为使命陈述表述相关利益群体的利益,甚至能施加影响到边缘群体的利益。同时,使命陈述也表述了存在于组织与受众之间的"契约"③。

我国在现代化建设的探索和实践进程中,国家使命、愿景和战略目标已逐渐清晰,我国的国家使命是建设共同发展、共同富裕、和平共处的和谐社会。我国的国家愿景是把我国建设成为能够持续发展的学习型社会、创新型社会、节约型社会和环境友好型社会,我国的国家战略目标是2020年左右实现小康社会、在21世纪中期进入中等发达国家的行列④。这些都是数字信息资源战略愿景和使命陈述形成的指导思想和重要依据。

3. 数字信息资源战略的形成

这是数字信息资源战略规划的最终目的,也是前面两个阶段的最终研究成果。经过科学的分析和准确的判断后,需要为数字信息资源的发展制定正确的战略。战略内容包括数字信息资源的法律政策、标准规范、技术创新、商业模式、组织机制和最佳实践。数字信息资源的发展重在管理,完善的法律政策体系的建立有助于为数字信息资源战略的实施提供保障。因此,应根据战略的需要制定相关的法律政策,并设立相应的执法部门对突发事件进行初步的控制。数字信息资源标准规范的建立是从源头上做好数字信息资源战略管理工作的基础,战略的其他内容都要贯穿和体现这些标准规范。现有的许多标准规范如内容描述标准DC、唯一标识符标准、开放档案信息参考模型

① 戴维.战略管理:概念与案例.第10版.北京:清华大学出版社,2006.48~63
② 戴维.战略管理:概念与案例.第10版.北京:清华大学出版社,2006.66
③ 张曙光,蓝劲松.大学战略管理基本模式要述.现代大学教育,2006,(4):32~36
④ 霍国庆.四层面构成的信息战略框架.2006-08-07.http://cio.it168.com/t/2006-08-07/200608011723692.shtml

OAIS 都得到了广泛的应用。技术创新是指积极探讨对数字信息资源发展起促进作用的数字信息技术的研究与开发工作。商业模式是开展各种形式的增加资金收入的行动,为数字信息资源建设募集资金,实现数字信息资源相关产业的经济利润。组织机构是指要建立一个统一、协调、合作的组织机构,各部门自觉履行各自的角色和责任,接受统一的监督,共同促进数字信息资源的发展。最后,还要在实践中积极探讨可行的实施模式,寻找最佳实践方案。

经过这 3 个阶段,便完成了一个系统的数字信息资源战略规划过程,下一步便转入战略实施阶段。

本书提出的基于系统观的数字信息资源战略规划模式具有 4 个明显的特点:①既考虑到影响数字信息资源的全球总体环境,又考虑到国内数字信息资源发展的内部条件,采用系统综合的思想对数字信息资源的发展环境进行综合评价,形成一个全面、客观、综合的战略分析基础。②运用了 PEST 环境分析方法和 SWOT 分析模型。PEST 方法将总体环境和内部条件用政治、经济、技术、文化 4 个维度来衡量,使得抽象的战略规划过程变为科学的、具体的、可行的分析过程。SWOT 方法则根据环境分析结果得出数字信息资源发展所面临的机会、威胁、优势、劣势,从而构造了清晰的数字信息资源战略分析框架,进一步促成战略的形成。③将战略功能定位作为一个单独的战略规划阶段,显示了战略功能定位判断的重要性,明确了战略功能定位在战略规划中的作用。它是整个战略规划工作的主导思想。④最后,提出了数字信息资源战略规划的内容包括数字信息资源的法律政策、标准规范、技术创新、商业模式、组织机制和最佳实践六个方面。

5 全球学术数字信息资源存取总体环境分析

5.1 学术数字信息资源的战略地位及其存取要求

5.1.1 学术数字信息资源及其存取现状

学术信息资源指各种学术、技术、行业指导、高级科普、教育等内容的信息资源,主要存在形式是期刊、图书、技术报告、会议论文等。随着技术的发展,出现了以数字媒体为载体的信息资源形式。其中,信息量最丰富的是电子期刊,以及收录电子期刊的大型数据库。

国际上的许多出版商和科研机构建立了著名的大型全文数据库、文摘数据库、电子期刊门户网站等。这些数据库有的可提供全文,如 EBSCO 包括学术期刊数据库(Academic Search Premier)和商业资源数据库(Business Source Premier),包括四千多种期刊,其中大部分有全文;有的则只提供文摘索引,如著名的 LISA(Library Information Science Abstract)数据库;有的可供免费使用,如电气和电子工程协会(IEEE)数据库、HighWire Press 数据库等;大多数为商业性质的,需要付费购买才能使用,并且不同的数据库收费方式和计费标准也不相同。

事实表明,除了少数数据库能被用户免费使用外,大多数数据库需要用户付费才能访问,例如 John Wiley、Elservier、SCI 等商业数据库。通过价格机制来配置学术信息资源正是市场作为资源配置方式之一的体现,但是市场配置方式并非对所有的信息资源都是有效的。许多消费型信息商品,例如信息服务商 ISP 提供的关于股票交易行情的增值信息服务,可以通过市场和价格体系来调整信息商品的生产和消费,刺激信息市场的繁荣发展。但学术信息资源不同于普通消费性质的信息商品,最主要的区别是用户利用信息的主要目的不是为了营利,而是科学研究、学习、教学的需要。如果一概采取收费方式,一方面会降低科学工作者的创作热情,另一方面,也会将一部分无力承担高额访问费用的用户挡在科学研究的大门之外。

总之,学术信息资源不能按照普通商品采用购买的方式来获取,而需要采取一种新的存取模式。

5.1.2 学术数字信息资源公共存取的现实需要

1. 获取信息是人类的一项基本权利

信息技术的发展给人们带来了各个领域、形式多样的数字化媒体信息,极大地丰富了人类的信息需求。2006 年 7 月第 18 次中国互联网络发展状况统计结果显示,网民经常使用的三项服务为浏览新闻、搜索、邮件,分别为 66.3%、66.3% 和 64.2%[1]。这三项服务都离不开信息的获取,由此可见获取信息仍然是网民上网的首要目的。在信息的获取中,除了要保证信息的准确、及时之外,最基本的要求是公众能够自由、平等、公开地存取所需要的信息。联合国大会 1948 年通过的《世界人权宣言》第 27 条宣布:"任何人都有权自由参加社会文化生活,享受艺术、分享科学的成果。"[2]1994 年《联合国教科文组织公共图书馆宣言》特别提到"社会和个人的自由、繁荣与发展是人类的基本价值","公民在社会中行使民主权利和发挥积极作用的能力"是以"信息灵通"为前提的。公民民主能力的获得和民主社会的发展有赖于"令人满意的教育和自由与无限制地利用知识、思想、文化和信息"。[3] 由此可见,人类的基本价值在信息领域的具体体现就是自由、平等、公开地利用信息资源。

2003 年,信息社会世界高峰会议第一阶段会议发表的《建设信息社会:新千年的全球性挑战》提出:"信息社会中,人人可以创造、获取、使用和分享信息和知识,使个人、社区和各国人民均能充分发挥各自的潜力,促进实现可持续发展并提高生活质量。"同时也意识到,"是否能以普遍、公平的方式并以可以承受的价格随处获取信息通信技术基础设施和服务是信息社会面临的挑战之一"[4]。

许多国家在国家政策法律中也将信息公开作为正式条文列入其中。美国是推行信息公开获取战略的典型国家。OMB 1993 年发布了联邦信息资源管理的 A-130 通告:"政府信息是有价值的自然资源,在政府与公众之间自由的信息流动是民主社会的本质","联邦政府应保护公众访问政府信息的合法权利","开放和有效的科技信息的交流能带来有效的科学研究和联邦研发资金的利用"。1967 年实施的"美国信息自由法"(Freedom of Information Act)标志着美国政府第一次在成文法中保障了公民以个人名义取得政府信息的权利。信息自由法要求美国政府信息以公开为原则,以不公开为

---

① CNNIC. 第 18 次中国互联网络发展状况统计报告. http://tech. sina. com. cn/focus/cnnic18/index. shtml. [2007-3-5]

② 中国网. 世界人权宣言. http://www. china. com. cn/chinese/zhuanti/zgqy/924994. htm. [2006-11-26]

③ 吴现杰. 关于《联合国教科文组织公共图书馆宣言(1994)》的几点思考. 河北科技图苑,2005,18(1):35~37

④ 信息社会世界高峰会议. 建设信息社会:新千年的全球性挑战. http:// www. itu. int/ dms_pub/ itu-s/md/03/wsispc3/td/030915/S03-WSISPC3-030915-TD-GEN-0006! R3! MSW-C. doc. [2006-11-2]

例外。从 20 世纪 90 年代初起信息公开就一直是美国提高综合国力的重要政策,除了对危及国家安全、影响政府政务和涉及个人隐私的数据和信息实行强制性保密外,其余的数据和信息均被纳入共享管理的范畴①。这种公开的要求即为在没有歧视的基础上以不超过复制和发行成本的费用无限制地使用信息。

由此可见,获取信息是人类的一项基本权利,这项权利虽然不如人类的生命权那么重要,但也是社会赋予人类特有的现象,同样对于人类社会的可持续发展起到不可磨灭的作用。学术信息资源作为人类从事科研生产、推动社会进程必不可少的信息资源,更是要走在公开获取的前列。

2. 学术信息资源公共存取的现实需要

早在 1934 年美国电话行业《1934 年通讯法法案》就倡导"通用服务(Universal Service)"的理念,可以说是对信息公共存取的最初思想萌芽②。1998 年的"自由扩散科学成果运动"要求对于科学文献要减少版权条约中的限制条款,反对将作品复制权从作者转移给出版商。这场运动,使越来越多的人开始认识到公共存取科学信息的重要意义。一些国家新制定或调整与信息相关的法律和政策,更直接地影响到学术信息交流的格局。例如,美国 2003 年通过《公众存取科学行动法案》(Public Access to Science Act,PASA),又称"萨伯法案"(Sabo Bill),从而在版权法中增加了新的条款,规定由联邦政府提供资助的研究所取得的成果免除版权,从而将部分学术信息的"公众存取"纳入法律框架③。

在公众存取方面较有影响的政策实践是美国国立卫生研究院(National Institutes of Health,NIH)制定的"促进公众存取研究信息"的政策,其中规定由 NIH 资助的科研项目或科研人员在其成果发表一段时间后,应提交给由美国国家医学图书馆(NLM)建立的免费电子保存本系统 Pub Med Central,并由该系统发表及收藏。NIH 的政策既便于管理和保存研究项目的成果,同时也便于公众、医务工作者、教师和科学家获取这些研究成果。该政策已于 2005 年 5 月 2 日生效④。

公共存取政策在国际科学界也产生了深远的影响,许多国际组织倡导并应用了"公共存取"政策⑤。经济合作发展组织(Organization for Economic Cooperation and Development,OECD)早在 1991 年发表部级公报"要促进环境数据和信息的完全与公开交换"⑥。1994 年 12 月国际社会科学学会全体会议(International Social Science

---

① 孙枢等. 美国科学数据共享政策考察报告. http://www. br. gov. cn/showzhuanti. asp? newsid=20/2005 - 09 - 01. [2006 - 11 - 2]

② John C. B. , Charles R. M, John C. B. A Critique of Federal Telecommunications Policy Initiatives Relating to Universal Service and Open Access to the National Information Infrastructure. Government Information Quarterly,1997,14 (1):11~26

③ Sabo. Public Access to Science Act. [2003 - 6 - 26]http://thomas. loc. gov/cgi-bin/query/z? c108:H. R. 2613:

④ NIH. NIH Public Access Policy. http://publicaccess. nih. gov/index. htm. [2006 - 9 - 15]

⑤ 陈传夫,曾明. 科学数据完全与公开获取政策及其借鉴意义. 图书馆论坛,2006,(4):1~5

⑥ Organization for Economic Cooperation and Development(OECD). Ministerial Communique. Available at http://www. oecd. org/publication/report. [2006 - 9 - 15]

Council General Assembly）的社会科学数据管理政策（Social Science Data Management Policy)指出，其基本目标之一是实现所有数据库，对所有社会科学家实行完全与公开的共享。数据应该以尽可能低的价格提供给研究人员，定价的第一原则是，不超过满足特定用户要求所发生的复制和邮寄费用①。

由上述案例可知，在医学、环境等学术信息领域，公共存取政策已成为许多国家的一项重要举措。但是就人们获取学术信息的现状来看，诸多因素制约了人们享有自由利用学术信息的权利，既有信息用户技术能力的原因（如用户计算机和网络知识的贫乏），又有网络自身存在的缺陷（如网络信息安全、互联网信息超载带来的大量信息搜索噪音），既有经济性障碍（如一些大型的学术信息数据库，设置了严格的用户访问权限，只有付了费的用户才能拥有对这些网络数据的访问权），还有社会性的障碍（如人们对他人无偿使用自己科研成果的接受问题）。在这些因素中，制约数字信息资源自由获取的最根本因素是各国对待数字信息传播的政策导向。许多国家出于保密、政治、外交等多方面的原因，对各类数字信息资源的传播进行严格控制，人为地限制了数字信息资源的共享和交流。随着"公共存取"学术信息的呼声越来越高，越来越多的数字信息资源需要被公众获取，这时，在学术界掀起的一场"开放存取"运动引起了广泛关注。

5.2 开放存取对学术数字信息公共存取战略的借鉴

5.2.1 开放存取的含义

"Open Access"的英文原意为"图书馆的开架阅览"。从其中文译名来看，有"开放获取"、"开放存取"、"开放共享"、"开放使用"、"公开获取"、"开放式出版等"几种，显示了研究人员纷纷从不同的角度，阐发自己对"Open Access"的独到认识。本书认同大多数人的观点，采用"开放存取"的译名。

对开放存取的定义，有不同的表述，并且这个概念还在不断发展中。1995 年 keller 从信息的背景来界定开放存取，认为开放存取不仅是建立网络物理链接，而且要保证这些链接易于使用、收费合理，并可提供完整的信息资源。一般认为，《布达佩斯开放存取先导计划》（BOAI)中给出的"开放存取"的定义是可取的。"对于某文献，存在多种不同级别和种类的、范围更广、更容易操作的获取方法。对某文献的'开放存取'即意味着它在 Internet 公共领域里可以被免费或以少量费用获取，并允许任何用户阅读、下载、复制、传递、打印、搜索、超链该文献，也允许用户为之建立索引，用作软件的输入数据或其他任何合法用途。用户在使用该文献时不受财力、法律或技术的限制，而只需在获取时保持文献的完整性，对其复制和传递的唯一限制，或者说版权的唯一作用应是使作者有

① International Social Science Council General Assembly. Social Science Data Management Policy. Available at http://www. unesco. org/ngo/issc.〔2006－9－15〕

权控制其作品的完整性,及作品被正确接受和引用"。

从上述定义中可以看出,BOAI 对开放存取的主要观点是:首先,开放存取的作品时免费或者以少量费用获取;第二,开放存取信息是"在线"的,意味着是可以从互联网上获取的数字文献;第三,开放存取的作品都是学术作品,一些畅销小说、流行杂志将被排除在外;第四,作品作者不会通过其作品的发表而获得经济利润;第五,用户使用权限大大地扩展了,除了作者拥有作品权限并且保证作品的完整性外,用户还能不受约束地复制、传递作品。

其他许多组织对开放存取也有不同的论述。如"存取学术出版物:英国大学的角色宣言"①、"澳大利亚科学信息基础设施委员会开放存取宣言"②、"国际图联关于学术出版物和科研文献开放存取的声明"③,以及世界信息峰会的"原则宣告"和"行动计划"④。

总之,开放存取是在学术出版领域兴起的一场新的信息交流活动,它的思想为解决人们信息获取活动中的两大障碍即知识产权和价格暴涨提供了途径,为实现人类对信息的平等、自由、公开的获取创造了条件。

5.2.2 开放存取运动发展概况

国际上关于开放存取的研究在如火如荼地开展。随着研究的深入,越来越多的机构、团体和国家加入到开放存取的队伍中,召开重要国际会议,提出和确立对开放存取活动影响深远的倡议、宣言、原则和策略。表 5.1 列出了近年来与开放存取相关的国际活动。

在这些国际性的研究活动中,有几个对推动开放存取运动发展有深远影响的文件。

1. 布达佩斯开放存取先导计划(BOAI)⑤

2001 年 12 月,开放社会研究会(The Open Society Institute)在布达佩斯召开了一次议题为"加速让所有学术领域的研究文章都能免费供大家取阅"会议。会议通过了"布达佩斯开放存取先导计划"(The Budapest Open Access Initiative,BOAI),并于 2002 年 2 月正式启动。BOAI 承继了学术论文公开获取的精神,期望通过互联网来建构一个免费及不受限制的学术论文获取渠道,让科学信息资源的获取成为一项史无前例的公共财产。

---

① Universities UK. Access to Research Publications: Universities UK Position Statement. http://www. universitiesuk. ac. uk/mediareleases/show. asp? MR=431. [2006 - 09 - 08]

② AustralianResearchInformationInfrastructure Committee, "Australian Research Information Infrastructure Committee Open Access Statement,". http://www. caul. edu. au/scholcomm/OpenAccessARIICstatement. doc. [2006 - 11 - 2]

③ International Federation of Library Associations. IFLA Statement on Open Access to Scholarlly Literature and Research Documentation. http://www. ifla. org/v/cdoc/open-access04. html. [2006 - 11 - 2]

④ World Summit on the Information Society. Declaration of Principles. http://www. itu. int/wsis/documents/ doc single-en-1161. asp. [2006 - 11 - 2]

⑤ Budapest Open Access Initiative. http://www. soros. org/openaccess. [2006 - 8 - 20]

表 5.1 开放存取相关国际活动

时间	相关活动
2000 年 10 月	许多科学家开始传布一封支持"Public Library of Science"的公开信,到 2002 年,182 个国家大约 31 000 名科学工作者在这封公开信上签了名
2002 年 2 月 14 日	布达佩斯开放存取先导计划(BOAI)产生,它主张将各个领域发表的科学文章发布到网上,并主张在机构或学科类的仓储和期刊中充分发挥自我存档作用
2002 年 3 月	美国国家卫生研究所(NIH)发布了一份关于分享研究数据的声明草案,指出 NIH 对于研究的支持应该包括对最终研究数据在研究者之间的及时发布和分享
2003 年 7 月 20 日	《Bethesda 开放存取出版声明》提出了什么样的机构、基金组织、图书馆、出版商和科学家才能够确实发挥开放存取作用的建议
2003 年 10 月	德国和许多其他国际的研究中心签署了《关于自然科学与人文科学资源开放使用的柏林宣言》
2003 年 12 月	由联合国和国际电信联盟共同主办的关于信息社会的世界峰会上,通过《原则宣言》(建设信息社会:新千年的全球性挑战)及《行动计划》都支持公开获取科学信息
2004 年 1 月 30 日	联合国经济合作和发展组织科学与技术政策委员会采纳了关于政府资金资助的研究成果开放使用的声明
2004 年 2 月 24 日	国际图联理事会采纳了关于学术著作和研究文献开放存取的声明
2004 年	一个由 48 个非营利出版商组成的联盟,包括美国理学家学院和儿科研究院,发布了对于科学信息自由获取的华盛顿纲领

为达到科学信息资源公开获取的目标,BOAI 提出两项执行措施:

(1) 作者自我存档(Self-Archiving):为了方便作者将其经过编辑评审的论文存储在一个开放式的资源库中,BOAI 推荐使用作者自我存档方式。这些存档文献符合开放文档先导标准,搜索引擎和其他检索工具能够发现这些资源,用户在使用这些存档文献时不受地点和内容的限制。

(2) 发行开放存取期刊(Open-access Journals):学者们需要一种途径来发行一种新的开放存取期刊,以及将现存的期刊向电子化、开放存取转换。因为期刊论文应该被尽可能广泛地传播,这种新形式的期刊不再受版权限制使用期刊中的内容。相反,可通过版权和其他手段来保证对论文的永久访问。价格也是制约存取的一个因素,这种新的期刊不需要订阅费和存取费用,而是采用其他方法获得资金。

2.《Bethesda 开放存取出版声明》①

---

① Bethesda Statement on Open Access Publishing. http://www.earlham.edu/~peters/fos/bethesda. Htm. [2006-8-20]

2003年7月,在美国马里兰州的霍华德尤斯医学研究所(Howard Hughes Medical Institute)召开了一场有关进一步促进科技文献公开获取的会议。该会议达成了一项有关"开放存取"出版物定义的声明"Bethesda Statement On Open Access Publishing"。主要内容要点如下:

(1) 作者和版权所有者授权所有用户有对作品的免费、广泛和长期访问的权限,并允许他们以任何数字媒体形式对作品进行公开复制、使用、传播、展示以及在原作品的基础上创作和传播其演绎作品,只要用户的使用是基于合法目的并在使用作品时注明相应的引用信息。

(2) 作品发表后,应该将完整的作品版本和所有附件(包括上述各种使用许可的协议复本)以一种标准的数字格式立即存贮在至少一种在线仓储中,以确保作品的开放访问、自由传播、统一检索和长期存档。

Bethesda 声明和 BOAI 的主要区别是 BOAI 没有指明版权所有者对开放存取内容需要承担的权利和义务。用户如何判断作品是否是"开放存取"出版物这一点也没有在 BOAI 中说明。相反的,在 Bethesda 声明中,作者和版权所有者具有授权所有用户有对作品的免费、广泛和长期访问的权限,并通过授权协议来描述被授权用户的权限。在 Bethesda 声明中,还有一项权限是 BOAI 不曾说明的,那就是对于派生作品的权限。例如,用户能够将原作品翻译成另外一种语言而不需要特别授权。

3.《柏林宣言》①

德国、法国、意大利等多国的科研机构于 2003 年 10 月 22 日在德国柏林联合签署了一项《柏林宣言》,呼吁向所有网络使用者免费公开更多的科学资源,"以促进更好地利用互联网进行科学交流与出版"。该宣言是在为期 3 天的"自然科学与人文科学的开放存取"国际会议于 22 日结束时签署的,旨在利用互联网整合全球人类的科学与文化财产,为来自各国的研究者与网络使用者在更广泛的领域内提供一个免费的、更加公开的科研环境。

2005 年 3 月再次召开的"自然科学与人文科学的开放存取"国际会议上发布了《开放存取:自然科学与人文科学开放存取实施进展》报告,提出实施《柏林宣言》的策略:首先需要研究者们将他们发表的论文存储在一个开放仓储中;其次鼓励研究者们将研究成果发表在开放存取期刊上。

开放存取运动吸引了众多组织机构参与,得到了多方力量的支持。如美国国会图书馆,哈佛弗吉尼亚理工大学(Harvard Virginia Tech),康奈尔大学(CoMell),CNI (Coalition for Networked Information,网络信息联盟),NSF(National Science Foundation,自然科学基金),梅隆(Mellon)基金会等,著名的研究项目有 SHERPA, SCiX,Dspace,Eprints 等。这一切表明,开放存取将是未来信息交流的发展方向。

---

① Berlin Declaration on Open Access to Knowledge in the Sciences and Humanities. http://www.zim.mpg. de/openaccess-berlin/berlindeclaration. Html. [2006 - 8 - 20]

5.2.3　开放存取对学术数字信息公共存取的借鉴

1. 学术数字信息资源开放存取的可行性

首先,数字环境和网络技术为开放存取模式提供了平台。互联网出现后,网络期刊和电子预印本不需要像传统印本期刊那样的编辑、印刷和发行等复杂程序。基于网络的交流渠道(如电子邮件和网上论坛),既方便了作者、编辑、评审专家之间的沟通,又大大降低了学术出版和科学信息交流的成本。此外,各种网络期刊与电子预印本管理软件不断地被开发出来:如加拿大不列颠哥伦比亚大学"公共知识项目"赞助下开发的开放期刊管理系统软件,美国国家医学图书馆负责运行的公共仓储软件 PubMed Central 系统[1]等。毫无疑问,数字技术平台不仅使开放存取模式成为可能,而且促进了这种信息交流模式的深化发展。

其次,开放存取的要求一直与数字化密切相关。《Bethesda 开放存取出版声明》明确提出开放存取出版物应具备的两个条件之一是[2]:在作品发表后,应该将完整的作品版本和所有附件(包括上述各种使用许可的协议复本)以一种标准的数字格式立即存贮在至少一种在线仓储中,以确保作品的开放访问、自由传播、统一检索和长期存档。国际图书馆协会联合会在《关于对学术出版物和科研文献开放存取的声明》[3]中也提到作品出版后,应立即置于网络中的存档之处:作品的全文,包括附件及前述的授权声明,以标准的电子格式存储于学术机构、学会组织、政府机关等单位,以达成无限制地散布、互动、长期存档的开放存取的目的。由此可见,作品最终以数字化格式存储是开放存取的必要条件。

第三,学术数字信息资源的公益性是实现开放存取的前提。美国加州数字图书馆的 Daniel Greenstein 对开放获取为特征的数字同盟(Digital Commons)运动的意义做了深刻的阐述:"内容提供商必须通过内容增值来竞争,而不是依靠内容所有权。"放弃内容所有权将驱动更多的服务创新,例如批注服务和教育服务。即使是赢利型的开放存取成员机构也必须认识到,对内容的私有控制实际上会损害商业利益。这段阐述表明实现开放存取必须以公开信息内容为前提,以实现公众利益为主要目的,而学术数字信息资源正好具备这些条件。

第四,当前已进行了大量的科学信息开放存取的研究,为学术数字信息开放存取的开展打下良好基础。由于期刊论文是进行科学研究最主要的成果类型,大多数科研人员发表研究成果并不是希望能从中获取经济利益,而是希望能最大限度地传播科研成果,因此率先研究开放存取期刊论文有其必然性。这部分信息资源是学术信息资源中

---

① Lowie,刘兹恒.一种全新的学术出版模式:开放存取出版模式探析.中国图书馆学报,2004,(6):66～69

② Bethesda Statement on Open Access Publishing. http://www. earlham. edu/~peters/fos/bethesda. htm. [2006－8－20]

③ IFLA Statement on Open Access to Scholarly Literatureand Research Documentation. http://www. ifla. org/V/cdoc/open-access04. Html. [2006－8－20]

最主要的类型，也是最值得保存和利用的一部分，为推动所有学术数字信息开放存取运动的发展创造了条件。

在开放存取的定义中，我们可以看到，开放存取只是一种信息存取理念，其产生的宗旨是为了解决文献的知识版权、使用费用和公众需求之间的矛盾。学术数字信息资源是人类创造的智力成果，具备宝贵的使用价值和非赢利属性，人类的需求也日益强烈。在学术数字信息资源开发利用中，同样也存在知识产权、使用费用和公众需求之间的矛盾，甚至更为严重。因此，完全可以将开放存取思想借鉴到学术数字信息资源存取中，分析学术数字信息资源实施开放存取面临的政治、经济、技术、社会等问题，推动学术数字资源公共存取的进程。

2. 学术数字资源公共存取战略的意义

数字信息的存取是数字信息资源建设的根本目的。虽然各国在数字信息资源战略研究中以实现数字信息资源长期保存目标为主，但是一切的收藏和保存的数字信息资源只是利用数字信息资源的前提条件。也即，保存是为了利用，而要实现数字信息资源利用的首要任务就是对信息的平等、自由、公开的存取。所以，我国学者霍国庆教授将信息资源存取战略列为国家信息资源战略的核心内容之一。学术数字信息作为具有重要战略地位的国家资产，实行公共存取战略具有积极的现实意义。

首先，公共存取能够更好地满足公众需求。在互联网越来越普及的今天，人们似乎只要拥有一台接入互联网的电脑就可以在信息的海洋中遨游了。但是人们通过这种方式能够自由获取的信息只是少数，许多凝聚了人类智力成果的宝贵的精神财富，如科研成果、文化作品等，由于知识产权和价格的限制不能被公众获取。公共存取战略能够部分解决这一问题，减少学术信息交流中的不均等。目前，一些领域内的科学信息已经在互联网上公开发布了，能够满足公众求知的需求，但在医学、教育、环境和农业等领域许多科研成果尚不能充分公开。这些信息直接关系到人们的健康、福利和社会进步，实行公共存取战略有利于科研和教学活动，能够促进科研成果的扩散与转化。

其次，公共存取战略能提高学术数字信息资源利用效率。一方面，公共存取能使有价值的科研信息被更多的人以更快的速度获取和利用，这是国外学者研究得出的规律。例如，Harnad 和 Body 的研究表明，在某些学科（例如计算机学科中），开放存取的论文被引用的几率比"收费存取"的论文高出 286%，在其他学科，如物理学科，这个数据将会更高[①]。另一方面，互联网上的免费信息在质量和稳定性方面一直是用户利用的障碍。实施公共存取战略可以通过一些质量控制措施，为用户提供有价值的信息，同时有利于增值产品与服务的出现，使用户能够利用更先进的检索手段集中获取信息。

第三，公共存取战略能实现学术数字信息资源的价值。学术信息资源不仅具有科

---

① Harnad S., Brody T. Comparing the Impact of Open Access (OA) vs. Non-OA Articles in the Same Journals. D-lib Magazine, 2004, 10 (6). available at http://www. dlib. org/dlib/june04/harnad/06harnad. html.
[2006 - 8 - 20]

研价值,而且具有经济价值、社会价值等多重价值,是国家宝贵的无形资产。学术信息资源具有公共物品使用的非竞争性,增加一个人的利用不会影响其他人对数字资源的利用效益,所以,从整个社会高度来看,信息资源最大价值实现的根本途径不在于信息资源本身的交易中,而是在信息资源的流动和广泛应用中。学术数字信息资源的公共存取对于保障科学研究顺利开展、促进经济持续增长、推动社会可持续发展具有十分重大的意义。一组数据可以看出公共存取对美国经济增长的推动作用,在 1991—1995 年间,美国年平均经济增长率为 1.6%,在实行公共存取的数据存取政策后,1995—1999年间,年平均经济增长率为 2.7%,比前 5 年年平均多增长 1.1%。根据美国经济学家的计算,其中,0.2%来自计算机和半导体硬件的改进,0.5%则是由于数据和信息的传输和应用产生的效益①。

第四,公共存取战略还有助于减少学术信息的传播成本。许多科研信息传播的成本一直很高,无论是政府出资还是出版商经营,都难以很好协调出版领域的投入与效益、公共利益与集团利益等方面的关系。长期以来,出版商定价政策和对科学信息传播的控制一直备受图书馆和学者的指责,但实践证明,出版商的作用从很多方面来说都是难以取代的。公共存取战略并不否定出版者的利益,但通过有条件地改变一些制度安排,可以兼顾政府、出版者、用户的利益,从而减少了科学信息的传播成本,也得到了更多利益团体的支持。

最后,公共存取战略也在承担着保存学术数字信息资源的任务。公共存取的一个重要内容是网络上数字信息资源的开放出版、发布与保存,通过相关的辅助工具软件,让信息资源的创造者将其作品以数字形式保存在公众可自由获取的网上电子存档平台。这表明,数字信息资源公共存取也是一种数字信息资源长期保存机制。例如,"数字空间"(Dspace)是麻省理工学院图书馆与美国惠普公司所合作开发建设的一项数字信息库。"数字空间"收集、存贮、组织、发布麻省理工学院的期刊论文、技术报告、会议论文、课堂演讲、实验成果等学术资料,该信息库的学术资料都可从互联网免费获取。"数字空间"改变传统保存资料的方法,使得这些珍贵的文献能以更有效的方式保留下来②。

5.3 以"开放存取"为理念的学术数字信息战略总体环境分析

5.3.1 开放存取的学术数字信息资源分布情况

学术数字信息资源的来源广泛,但从用户角度来看,获取学术信息主要是两种形

① 刘闯,王正行. 美国国有科学数据"完全与公开"共享国策剖析. http://www. spatialdata. org/expcrtise/expertise-08. htm. [2006-8-20]

② Samson S. Building and Sustaining Digital Repositories in Support of Global Information Access and Collaboration. 图书馆学与资讯科学,2006,32(1):25~33

式。一种是在互联网上免费发布的各种网络学术信息,这部分学术信息基本上不存在存取的困难,用户只要能上网就可以获取。另一种是产生或存储在各种数据库中的学术信息,例如数字图书馆中的各种电子图书、电子期刊等,专利数据库、科技报告数据库、产品数据库等类型。这些信息资源类型在获取方面都有一个共同特点,那就是受知识产权和价格的制约。因此,本书研究的学术数字信息资源主要指的是第二种形式的学术数字资源,即各种数字形式的图书、期刊、会议文献、学位论文、专利文献、标准文献、科技报告等。对这类学术信息资源,公众目前能够开放获取的主要是以下途径①:

(1) 数字图书馆提供的开放图书、期刊、技术报告等。例如,Callica 2000 是法国国家图书馆的数字图书馆 Callica 项目扩充更新后的最新版,是目前世界上最大的免费数字图书馆之一。其中,含有法国图书馆从中世纪到 20 世纪初的 860 000 种藏品向全世界的用户开放。

(2) 出版商提供的开放图书和期刊。部分出版商为了宣传及推广其电子图书,有时通过网络提供部分开放图书供用户阅读下载。如出版商 O'Reilly Media 推出的 Open Books Project 中的部分图书是完全开放的,用户可以在 O'Reilly Media 网站上下载到完整的电子版图书。为了推动和创建一种真正为科学研究服务的基于网络环境的学术交流体系,出版商还提供部分免费期刊。如斯坦福大学的 High Wire Press 是全球最大的免费学术全文服务网站之一,到 2005 年 6 月 17 日,已开放全部 2 435 767 篇论文中的 925 183 篇供用户免费获取。

(3) 内容开放百科全书。目前已有一定数量,而且品种繁多。维基百科是一个国际性的内容开放百科全书协作计划,至 2005 年 6 月,已经有大约 100 多种语言的版本共约 150 万条条目。每天都有来自世界各地的许多参与者进行数千次的编辑和创建新条目,用户可以访问网站获得丰富的内容,这一切都是不用付费的。

(4) 个人或学术团体提供的开放图书、论文、科研报告、标准文献等公益信息。许多开放图书站点最初的创意来自个人,初具规模后网站由团体维护。如"古登堡计划 (Project Gutenberg)",1971 年 7 月由 Michael Hart 发起,是基于互联网,以自由的和电子化的形式提供大量版权过期而进入公有领域书籍的一项协作计划,是英文世界最大的公益性电子书库。我国的奇迹电子文库,是由一群年轻的科学、教育和技术工作者创办的非营利性质的网络服务项目,目前设有数学、化学、材料科学、生命科学和计算机科学等分类。

(5) 学科专业出版商提供的免费期刊、技术报告。生物医学出版中心(BioMed Central)是一个独立出版商,通过网络提供 170 种经过同行评议的生物医学研究方面的期刊。这些期刊分为 3 种类型:可以阅读全部全文,部分可阅读全文,不可阅读全文,每种期刊都有这些说明。其中,绝大多数期刊论文均可随时在网上免费任意查阅,亦无

---

① 王云娣. 网络开放存取的学术资源及其获取策略研究. 中国图书馆学报,2006,(2):76~78

其他任何限制。BioMed Central 已经成为开放存取出版中的重要力量。

（6）非营利机构提供的免费图书和期刊。例如，成立于 2000 年 10 月的科学公共图书馆（Public Library of Science，PLoS）是为科技人员和医学人员服务的非营利性机构，致力于使全球范围的科技和医学领域文献成为可以免费获取的公共资源。目前，PLoS 期刊主要有 5 种，都经过同行专家评审，可以通过网络免费检索阅览，并可提供全文，作者可以通过网络直接提交论文投稿。

（7）学术研究机构提供的开放论文、会议文献等。如由荷兰主要的大学构建的一个网站 DAREnet，汇集了荷兰 16 个学术研究机构的研究成果，供用户免费检索下载。它提供荷兰 200 多位著名科学家的 41 000 篇高质量的论文的入口，其中约 60% 可全文获取。

（8）预印本书献资源。如 e-Print arXiv 预印本书献库，是由美国国家科学基金会和美国能源部资助，在美国洛斯阿拉莫斯国家实验室建立的电子预印本书献库。2001 年后转由 CoMell University 进行维护和管理。它目前包含物理学、数学、非线性科学、计算机科学 4 个学科共计 28 万篇预印本书献。

（9）政府部门倡导的开放项目。一些国家政府和科研资助机构积极倡导由公共投资支持的科研成果应该为全社会免费利用和共享，并通过制订政策来加以保障。中国科技论文在线是经中华人民共和国教育都批准，由教育部科技发展中心主办，针对科研人员普遍反映的论文发表困难，学术交流渠道窄，不利于科研成果快速、高效地转化为现实生产力而创建的科技论文网站。它利用现代信息技术手段，打破传统出版物的概念，免去传统的评审、修改、编辑、印刷等程序，给科研人员提供了一个方便、快捷的交流平台。

国内外更多的开放存取数字资源见附录 B。

5.3.2　学术数字信息资源存取的知识产权问题

1. 知识产权对学术数字信息资源存取的影响

知识产权是影响学术数字信息存取的一个重要因素。知识产权法授予了作者对其数字作品的复制、传播、演绎等方面的专有权，以弥补作者的创作型劳动，并鼓励有更多作品的创作，最终使得社会公众有获取更多数字信息的可能。

当前，作者对自己作品的版权有 3 种做法：①将作品的版权全部转交给出版社；②保留部分特定权利，比如出于教学目的的复制权等；③作者完全保留对作品的所有权，并授权出版方一定的权利。这 3 种做法，第一种方式最为普遍，但是赋予了出版方垄断的权利，限制了作品的合理使用，不利于学术交流的正常进行；第二种方式在实施方面存在一定的困难，因为作者很难在授权的当时就可以预料到自己以后对作品的需求；第三种方式是第一种方式的另一个极端，能够实现作者使用自己作品的最大自由权利，但易被滥用，人们只知道将自己的任何作品（甚至本身也是在他人的成果基础上的再创作）都声明为"保留所有权利"，这样的结果是使得很多优秀作品无法得到最广泛的传播,从而无法实现其最大利用价值①。

随着数字版权日益扩张,学术交流受到越来越多的限制。美国"数字权利英雄"斯坦福大学法学院教授劳伦斯疾呼:现行的知识产权法律在网络时代已经沦为特定利益集团的牟利工具②。数字版权扩张的倾向在新的国际条约和各国新的版权法里都得到了体现,新增的向公众传播权(网络信息传播权)和对技术措施予以法律保护等措施使得数字作品受到严格保护,在很大程度上对数字信息资源的存取构成了现实威胁,主要体现在以下方面:

首先,对合理使用数字信息资源的威胁。利用先进的技术措施来保护数字信息知识产权不受侵犯是一个重要手段。加密、电子签名、电子水印等技术为防止作品被他人擅自访问、复制、传播以及监督作品的使用提供了便利,但对一些合理的利用也带来限制。我国2001年修订的著作权法第47条也规定故意避开或者破坏技术措施、故意删除或者改变权利管理的行为是非法的。但是并没有像美国的数字千年版权法(DMCA)那样规定具体的限制和例外,比如对反向工程的例外,对非营利性图书馆、档案馆和教育机构的豁免等。不过,即使在美国,这些例外较之传统版权法中规定的合理使用,其范围也显得狭窄,特别是在个人为了学习、研究需要,通过规避技术措施而获取受版权保护的作品的时候,同样不在例外和豁免之列。这就使公众合理使用或获取作品和信息受到了限制。③

其次,知识产权的强化导致数字信息获取困难的另一个表现是,对数据库的保护延伸到了数据和信息本身。1996年的欧盟数据库指令在以版权保护的原则来保护数据库,即版权保护不及于数据和材料本身的同时,又平行设了一个数据库特殊权利,使一些投入大量人力、时间或资金却苦于无法满足版权保护要求的数据库,也可以得到保护。根据欧盟数据库指令第7条的规定,数据库制作者享有如下的专有权:①制止对数据库内容的全部或实质性的部分进行摘录和(或)再利用的权利;②制止对数据库内容的非实质性部分进行与对数据库的正常利用相冲突或不合理地损害制作者合法利益的重复和系统地摘录或再利用的权利。虽然该指令序言第46条也指出这两个权利的存在并不导致数据库中的作品、数据和材料本身产生新权利,但是,数据库特殊权利实质上就意味着数据库制作者的权利已经延伸到了数据、材料本身。对数据库的保护虽然也有其经济上的合理性,但是这种专有权的设定必然会导致数据库制作者对一些信息的垄断,使公众难以获取信息或者难以从其他不同的途径获取所需的信息④。

鼓励创作的目的本来就是为了公众能够获取更多信息,但是知识产权的存在又必

① Create Change. Managing your copyrights. http://www.createchange.org/faculty/issues/controlling.html.[2006-8-20]

② 费兰芳;劳伦斯.莱格斯网络知识产权思想评述.知识产权,2003,(1):62~64

③ 吴伟光.数字作品版权保护的物权化趋势分析——技术保护措施对传统版权理念的改变.http://cyber.tsinghua.edu.cn/user1/wuweiguang/archives/2006/59.html.[2006-8-20]

④ 韦之.欧盟数据库指令.著作权,2000,(2):48~52

然会使公众在获取受知识产权保护的信息时需付出一定的代价。所以,知识产权和数字信息获取之间存在着固有的冲突。有学者说,"没有合法的垄断,就不会有足够的信息产生;有了合法的垄断,又不会有太多的信息被使用"①。这是对知识产权保护和信息获取之间矛盾的恰当描述。

2. 学术数字信息资源开放存取中的知识产权保护

那么,开放存取会与现行的知识产权保护制度相冲突吗? 开放存取不需要版权由作者转移到出版商,作者可以长期保有版权,版权的唯一要求是保证作品的完整使用,尽可能降低读者和信息服务提供者合理使用文献的限制。这一规定与当前的版权制度并没有冲突,大多数科研人员发表研究成果并不是希望能从中获取经济利益,而是希望能最大限度地传播自己的研究成果。开放存取只限于出版作者愿意提供免费使用的作品,它充分尊重作者的个人意愿。如 BOAI 明确指出,其提供的免费信息不包括作者未授权的作品,而只限于作者同意免费使用的作品。著名的知识产权法专家 Lessig 也指出:开放存取出版不是没有版权的出版,只是与传统的出版机构不同,他们使用版权法的目的在于排除人们不合法访问内容,而开放存取出版机构使用版权法的目的在于开放内容,让更多的人可以使用这些内容②。

在各国知识产权法的制定中,都在力求寻找保护作者权利和开放获取信息权利的一种平衡。主要体现在:各国知识产权法除了对所授予知识产权持有人的专有权予以坚定的保护之外,还同时秉持着促进科技文化传播的原则。法律给予作者专有权利,是基于在作者的利益和社会公众利益之间,即要求禁止对作品的无偿使用和要求思想、信息的自由传递之间,达成了一种妥协③。像在美国版权法中存在的"获取权原则",即版权人在依法定独占授权获取利益的同时,应保障公众的信息获取④;许多国家的知识产权法和版权法都确立了产权保护只延及表达,而不延及思想观念的所谓"IDEA/EXPRESSION"两分原则。根据这个原则,作品中的事实,哪怕是作者经过艰苦劳动或研究而发现的事实,都不能获得版权保护⑤。

对于数据或者事实信息的汇集而形成的作品(汇编作品),可受版权保护的是对事实的选择和编排形式而不是作品中的事实,即保护的是对事实的表达,而不是事实本身。这就避免了他人对事实信息进行利用的困难。

再者,各国知识产权法在保护版权人专有权利的同时,都规定了对版权的限制和例

---

① 罗伯特·考特,托马斯? 尤伦. 张平等译. 信息获取经济学. 上海:上海人民出版社,1994. 185

② Lessig L. Open access and creative common sense. http://www. biomedcentral. com/openaccess/archive/? page=features&issue=16. [2006-8-20]

③ Severine Dusollier, Yves Poullet, Mireille Buydens. Copyright and Access to Information in the Digital Environment, a study prepared for the UNESCO Congress on Ethical, Legal and Societal Challenges of Cyberspace Infoethics. Available at:http://unesdoc. unesco. org/images/0012/001238/123894eo. pdf. [2006-8-20]

④ Patterson, Linderburg. The Nature of Copyright:a Law of User's Right. Washington:The University of Georgia Press,1991:123 转引自吴汉东等. 知识产权基本问题研究. 北京:人民大学出版社,2005

⑤ 李明德,许超. 著作权法. 北京:法律出版社,2003. 27

外,这是知识产权制度平衡作者利益和社会公众利益的最基本手段,以保障社会公众正常获取信息的权利。这些限制和例外主要包括版权合理使用、法定许可、强制许可制度等。如,伯尔尼公约第9条第2款"准许在某些特殊情况下复制有关作品,只要这种复制与作品的正常利用不相冲突,也不致不合理地损害作者的合法利益。"

在上述各种措施中,创作共用协议(Creative Commons Initiative)由于其灵活的授权机制在开放存取出版中日益得以普及。该协议是由斯坦福大学数字法律和知识产权专家领导下的创作共用组织制定的有关数字作品(文学、美术、音乐等)的许可授权机制,它致力于让任何创造性作品都有机会被更多的人分享和再创造,共同促进人类知识作品在其生命周期内产生最大价值。

"创作共用"协议简单说来就是一种授权协议,即除特殊说明之外,任何人都可以免费拷贝、分发(任何形式)、讲授、表演某个站点的任何作品(文字、图片、声音、视频等)。该约定如下:

(1) 注明出处或作者,如引用自(出处),原作者为某某。

(2) 非商业用途,不能为某种利益而擅自改动或者删除作者名发表在任何商业媒体上。

3. 如果基于原作品内容进行再创作,应按照与当前协议完全相同的协议分发最终作品。

在上述基本协议基础上,"创作共用"协议机制提供了由4个最常见的授权选择的组合方式。①署名(Attribution):自由使用,但是必须注明原创者姓名。②非商业用途(Noncommercial):自由使用,但是不能用于商业用途。③禁止派生(No Derivative Works):自由使用,但是读者不可更改、转变或者基于此作品重新创作新作品。④保持一致(Share Alike):自由使用,但如果读者要基于当前作品更改、更换或创作新作品,那么就应当按照与当前协议完全相同的协议分发最终作品。

"创作共用"协议为数字信息资源在网络上的传播和存取提供了一个版权识别的可行方案。当作者选择了创作共用的某种授权组合时,能获得3种不同表达方式的许可协议:①共用约定(Commons Deed):是一个简单的许可协议解释,还带有明确易懂的图标示意,让别人可以清楚地明白作者的授权。②法律文本(Legal Code):这是关于协议的完整的法律文本,可以作为发生版权纠纷时的法律依据。③数字代码(Digital Code):这是电脑可以解析的协议编码,帮助搜索引擎或者其他应用确认作者的作品和使用条款。这样一来,作者可以在自己的数字作品中包含一个创作共用的图标,这个图标按钮会链接到共用条约页面,这样,全世界都可以知道数字作品采用了哪种许可协议,如果发现破坏许可协议的行为,可以按照版权侵犯的基准去诉讼。例如图5.1为PLoS采用"创作共用"协议的示图。

现在许多流行的网页能自动识别网页源代码中关于"创作共用"协议的信息,并将该网页所采用的授权方式图标以及图标组合显示在浏览器状态栏中。这个过程是:浏览器快速扫描页面源代码,找到协议的内容,比如所采用的授权,以及这些授权的网络

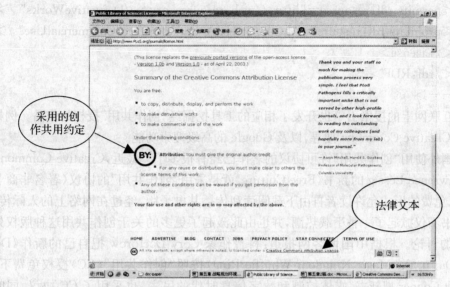

图 5.1   PLoS 采用的"创作共用"协议

标准地址等,然后将相应的图标显示在状态栏,同时激活浏览器工具栏中的 CC 按钮, 用户可以通过点击这个按钮查看有关此网页更详细的 CC 信息。

对每个网页来讲,需要在每一个存放作品的 HTML 页面代码中插入有关 CC 的标记,其源代码如下(下划线部分是可根据实际情况修改的)①:

```
<! --
<rdf:RDF xmlns="http://web. resource. org/cc/"
    xmlns:dc="http://purl. org/dc/elements/1. 1/"
    xmlns:rdf="http://www. w3. org/1999/02/22-rdf-syntax-ns#">
    <Work rdf:about="http://ibuzzo. weblogs. us/">
<dc:title>IBUZZO INSIDE</dc:title>
<dc:description>insert description</dc:description>
<license rdf:resource="http://creativecommons. org/licenses/by-nc-sa/1. 0/" />
</Work>
<License rdf:about="http://creativecommons. org/licenses/by-nc-sa/1. 0/">
<requires rdf:resource="http://web. resource. org/cc/Attribution" />
<requires rdf:resource="http://web. resource. org/cc/Notice" />
<requires rdf:resource="http://web. resource. org/cc/ShareAlike" />
<permits rdf:resource="http://web. resource. org/cc/Reproduction" />
<permits rdf:resource="http://web. resource. org/cc/Distribution" />
```

① 创作共用协议. http://blog. cnblog. org/archives/2004/05/oaoecreative_co. html. [2006 − 8 − 15]

```
<permits rdf:resource="http://web. resource. org/cc/DerivativeWorks" />
<prohibits rdf:resource="http://web. resource. org/cc/CommercialUse" />
</License>
</rdf:RDF>
-->
```

互联网上的搜索引擎也开发了相应的工具挖掘经"创作共用"授权的作品。例如雅虎的 Creative Commons 搜寻，以及 Google 的高级搜索功能。

国外使用"创作共用"许可协议的著作已经有很多了。最近，Creative Commons 主席 Lawrence Lessig 的新书《Free Culture》就是采用"创作共用"的协议（署名非商业用途）以免费的形式允许读者自由下载阅读和传播其电子版，经过在网络上的人际传播，这本书不仅掀起了一番下载热潮，并也由此激起了更多的关于创作共用这种版权处理方式的讨论。根据中国博客网报道：科普作家 Cory Doctorow 把自己的新作《Down and Out in the Magic Kingdom Whuffie Ring》按照"创作共用"（CC）授权免费下载。Marck Cooper 把新书《媒体控制和数字信息时代的民主》也采用了 CC 协议，同时在 Amazon 上出售。伯克利音乐学院 的"Berklee Shares"亦采用 CC 协议。

许多 OA 期刊出版机构在对 OA 期刊实施知识产权保护方面要么直接采纳了创作共用协议，比如 PLoS (Public Library of Science)，要么在创作共用协议的基础上颁布了自己的授权协议，比如 BMC(BioMed Central)。PLoS 将创作共用协议应用于该机构出版的所有作品。PLoS 指出，提出创作共用协议的目的本身就在于使对各种类型的原创作品的开放访问和免费使用更加方便，并且该协议已经被许多作者所接受。直接将创作共用协议应用到 PLoS 期刊，可以为作者和希望使用作品的用户提供强有力的法律保护，从而确保在使作品成为自由访问和免费获取的同时允许作者保留相应的权利①。BMC 在其版权说明中对于研究性论文有以下规定②：①在由 BMC 出版的任何一份期刊中的任何一篇研究性论文的版权都由作者本人保留；②作者授权 BMC 一份协议，允许出版该论文，并且承认 BMC 是该论文的首家出版机构；③作者也可以授权其他任何第三方自由地使用该论文，只要使用者保证论文的完整性、注明引文细节和首家出版机构的相关信息；④《BMC 版权和授权协议》(BioMed Central copyright and license agreement)对研究性论文出版的相关条款做了正式规定。其中，《BMC 版权和授权协议》完全是在创作共用协议基础上形成的③。

国外许多大型网站也采用了"创作共用"协议，诞生于 1996 年的美国互联网档案馆 (Internet Archive, http://www. archive. org)是一家非赢利性的信息资源数据库，面向全球用户免费、公开其收集的全部互联网信息资源。该网站之所以能够存在，就是因

① PLoS Open Access License. http://www. PLoS. org/journals/license. html. [2006-8-15]
② BioMed Central Copyright. http://www. biomedcentral. com/info/about/copyright. [2006-8-15]
③ Lowie. 基于开放存取的学术期刊出版模式研究. http://openaccess. bokee. com/. [2006-8-15]

为有了"创作共用"协议。该机构收藏部主任斯图尔特·希非说："我们现在有三分之二的内容来自于创作共用协议的许可。而任何人到我们的图书馆，不是进行借与还，而是下载、复制然后使用。我们强调人类知识的普遍可获得性，通过协议许可来实现知识共享，并保证分享知识的免费性。我们现在已经创造了这样一个全球的网络，使人们合法地获得、方便地使用他们所要的信息。其内容包括影像、教育课程、软件、图书和网页等等。在收集和使用这些信息的过程中，创作共用协议发挥了很大作用，由于有了创作共用的许可，我们可以发送、允许别人复制这些信息。现在创作共用协议发挥着越来越重要的作用，在我们多年的收集工作中，广播、电视、教育各个行业使用创作共用协议的年增长率是 300%。"①

在科普教育方面，国外的网站也走在应用创作共用协议的前列。互联网上著名的课程网页——麻省理工学院开放式课程网页上存放了大量的免费教学课件，使数以万计的教学人员受益匪浅。还有维基百科、维基地理等众多的 Wiki 站点使用了该协议，在普及科学知识方面发挥了重要作用。

我们看到，创作共用协议的应用已经远远超过了其当初针对数字图片、音乐、文学作品范围，扩大到科研信息领域。基于此，为了推动创作共用协议在科研信息领域的应用，创作共用组织正在针对学术研究内容制定专门的"科学共用"（Science Commons）协议②。Lessig 指出，制定创作共用协议的初衷是用于网络上大量存在的图片、音乐和图像等文献类型，但很快被学术出版所接纳，PLOS 和 BMC 都采纳了该协议③。为了制定更能满足科研人员的这种需求的协议，作为创作共用组织的一项新项目，"科学共用"在 2005 年正式启动。它的使命就是通过使科研人员更加方便地使用论文、数据以及其他类型文献，更加方便地同他人进行知识共享，从而鼓励科学创新。与创作共用协议一样，科学共用协议也是基于现行的版权法和专利法的规定，以用于排除学术信息资源共享的障碍。

5.3.3　学术数字信息资源存取的技术环境

1. 数字信息资源存取的标准体系

数字信息资源的创作、保存、存取等一系列活动都涉及数字信息资源的标准建设问题，标准的采用有利于提高信息格式转换的捕捉率和精确率，有利于保证数字信息资源生命周期各环节互操作。然而，数字信息资源的标准众多，如国际标准化组织（ISO）为了加强数字文献管理制定了数字文献归档体系结构与操作的最低要求标准；在存储与存取数字信息方面，也存在互用性标准、数据格式标准、资源标记标准、资源著录标准

---

① 宁杰. 知识共享——数字时代著作权保护新理念. http://www. law. ruc. edu. cn/Article/ShowArticle. asp? ArticleID＝3170. [2006－9－15]

② Welcome to Science Commons. http://science. creativecommons. org/. [2006－8－15]

③ Lessig L. Open access and creative common sense. http://www. biomedcentral. com/openaccess/archive/? page＝features&issue＝16. [2006－8－15]

等。这给我们管理和利用数字信息资源带来了困难,全面、清晰地梳理数字信息资源的标准体系既是一项有意义的工作,也是一项具有挑战性的工作。

国外已经在这方面做了大量的探索工作,英国公共图书馆领域的 NOF/Pepole's Network 项目中基于数字信息资源的生命周期,将生命周期分为创建(Creation)、管理(Management)、收藏开发(Collection Development)、存取(Access)和重用(Re-Use),并研究了每一个过程中的标准[①];OAIS 模型将数字信息资源长期保存系统划分为采集、保存、存取和管理 4 个部分,每一部分需要相应的标准和转换标准。加拿大文化在线项目(CCOP)标准与指南分为内容生产(Content Creation)、编目与元数据(Cataloguing and Metadata)、词汇与词表(Terminology and Controlled Vocabularies)、数据库结构(Database Structure)、项目网站(Project Web Site)、长期保存与纪录管理(Preservation and Records Management)等 6 个方面[②];美国 IMLS(Institute of Museum and Library Service)数字资源建设指南框架从数字资源建设角度分为资源集合(Collections)、资源对象(Objects)、元数据(Metadata)和资源建设项目(Projects)4 个层次,将数字资源生命周期所涉及的标准规范分为多个层次[③]。

我国的学者也积极开展研究。张晓林根据数字图书馆建设实际,按照数字内容创建、数字对象描述、资源集合组织、数字资源服务和数字资源长期保存等几个阶段分别描述相应的标准规范[④]。郭家义从系统实现角度分析,数字信息资源标准可分为系统层次的标准、业务逻辑层次的标准和数据层次的标准[⑤]。其中,系统层次的标准包括数字信息资源长期保存系统标准、系统互操作标准;业务层次的标准包括摄入过程的标准、存储过程的标准、访问过程的标准和管理过程的标准;数据层次的标准包括信息模型、文件格式标准、数据转换标准、数据编码标准、数据标识标准和元数据标准等。

这些国内外有关标准体系研究的共同规律是都考虑到数字资源的生命周期性,便于更为系统地认识和组织从数字资源创建到长期保存的整个进程中的各种标准规范,促进这些标准规范的相互支撑和互操作,从而保障数字资源以及建立在数字资源上的服务在网络环境和整个生命周期中的可使用性。数字信息资源的存取是数字资源生命周期中的一个重要阶段,对于实现数字信息的公共存取来讲,主要和以下四类标准规范有关。

---

① UKOLN. Nof-digitise Technical Standards and Guidelines. Revised February 2003. http://www. mla. gov. uk/resources/assets//T/technicalstandardsv5_rtf_7958. rtf. [2006-8-15]

② Canadian culture online program. S tandards and Guidelines for Digitization Projects for Canadian Culture Online Program. http://www. pch. gc. ca/ccop-pcce/pubs/ccop-pcceguide_e. pdf. [2006-8-15]

③ Institute of Museum and Library Service. A Framework of Guidance for Building Good Digital Collections. http://www. imls. gov/pubs/forumframework. htm. [2006-8-15]

④ 张晓林,曾蕾. 数字图书馆建设的标准与规范. 中国图书馆学报,2002,28(6):7~16

⑤ 郭家义. 数字信息资源长期保存系统的标准体系研究. 现代图书情报技术,2006,(4):14~18

（1）数字信息资源创建格式标准规范

数字信息的存取首先要了解数字对象的文件格式，数字信息区别于传统信息的一个显著特点是文件类型的多种多样。美国佛罗里达图书馆自动化中心（Florida Center For Library Automation Digital Archive）主持了一项数字存档项目 FDA（FCLA DIGITAL ARCHIVE），帮助佛罗里达大学的管理者为 FCLA（Florida Center for Library Automation）数字存储项目的文件格式提供指导。2004 年 6 月，FDA 提出了一份详细的推荐文件存储格式，如表 5.2①。

表 5.2　FDA 推荐数字信息资源存储格式

媒介	最佳格式（Preferred）	可接受格式	比特级保存
文本	纯文本（编码：US-ASCII，UTF－16）、XML 文件（包含 XSD/XSL/XHTML 等；带有被包含的或者可以访问的框架（schema）和明确指定字符编码）、计算机程序源码（*.c,*.c＋＋,*.java,*.js,*.jsp,*.php,*.pl,等等）	层叠样式表单文件（*.css）、DTD 文件、纯文本（ISO8859－1 编码）、PDF（*.pdf）、Rich Text Format（*.rtf）的 1.x 版本、HTML4.x（包括 DOCTYPE 声明）、SGML、OpenOffice（*.sxw）	• PDF（已加密） • Microsoft Word（*.Doc） • WordPerfect（*.wpd） • 其他所有未列出的文本
光栅图像	TIFF（未压缩） PNG（*.png）	BMP（*.bmp）、JPEG/JFIF（*.jpg）、JPEG2000（最好是未压缩的）（*.jp2）、TIFF（CCITF GROUP3/4，JPEG，PackBits 压缩）	MrSID（*.sid）、TIFF（LZW 压缩或者处于 Planar 格式）、GIF（*.gif）、FlashPix、PhotoShop（*.psd）,其他所有未列出的光栅图像格式
矢量图形	SVG	CGM WebCGM	EPS、Mzcromedia Flash（*.swf）,其他所有未列出的矢量图形格式
声音文件	AIFF（未压缩）（*.aif,*.aiff） WAV（只允许 PCM）（*.wav）	SUN Audio（未压缩）（*.au）MIDI、Ogg Vorbis（OGG）	AIFC（*.aifc）、NeXTSND（*.snd）、RealNetworks "Real Audio"（*.ra,*.ram）、Windows Media Audio（*.wma）、MP3（MPEG－1,Layer3）（*.mp3）、Mp2（*.mp2）、WAV（压缩后）（*.wav）、其他所有未列出的声音格式

---

① Fcla Digital Archive. FDA Recommended Data File Formats. http://www.fcla.edu/digitalArchive/pdfs/recFormats.pdf. [2006－8－15]

续表 5.2

媒介	最佳格式(Preferred)	可接受格式	比特级保存
视频	MPEG - 1,MPEG - 2(* . mpg)		AVI(Windows 视频)(* . avi)、QuickTime Movie(* . mov)、RM(RealNetworks; "Real Video")(* . rv)、Windows Media Video(* . wmv)、其他所有未列出的视频格式
电子数据表/数据库	Delimited 文本 SQLDDL	DBF(* . dbf)、OpenOffice(* . sxc)	Excel(* . xls)、其他所有未列出的电子数据表或者数据库格式
虚拟现实	X3D	VRML	其他所有未列出的虚拟现实文件
计算机程序	见"文本"行"最佳格式"列清单	见"文本"行"可接受格式"列清单	编译文件/可执行文件(Exe, * . class,COM,DLL,BIN,DRV,OVL,SYS. PIF)
演示		OpenOffice(* . sxi)	PowerPoint(* . ppt),其他所有未列出的演示格式

这份清单很详尽地列出了各种类型的数字信息的文件存储格式,在学术信息创作阶段,作者可以根据创作的内容选择适宜的数字文件存储格式。因为,数字信息存储格式的标准化有利于各种格式相互转化,使得数字资源或服务能够在更大系统范围上,能与其他资源或服务方便、有效地交换、转化、整合,从而为用户提供逻辑上集成的服务,为实现更大范围的学术数字资源的公共存取奠定了基础。数字信息的文件存储格式标准规范主要对应于数字信息资源的生命周期中的创建阶段。

（2）数字信息资源采集的标准规范

数字信息创造后,需要被采集到相应的数字资源库中,实现信息资源的集成化管理,这个过程称为数字信息的采集过程。可以采取人工筛选的方式,也可以采用自动过滤的方式。采集过程中的标准用于规范信息提供者提供的信息内容,从而可以方便信息提供者与存档库之间的交互和关联。采集的标准涉及数据准备和资料准备、数据和支持资料的采集、提供者和存档库的交互等方面,目前采集领域的标准化实践主要是生产者-档案文件界面方法摘要标准（Producer-Archive Interface Methodology Abstract Standard,PAIMAS）项目[①]。

PAIMAS标准包括资源生产者和档案系统两个角色。生产者指为存储机构提供

---

① Consultative Committee for Space Data Systems. Producer-Archive Interface Methodology Abstract Standard Blue Book. St. Hubert,Canada,2004. http://public. ccsds. org/publications/archive/651x0b1. pdf. accessed 2006 - 8 - 15

数字资源的个人或系统,如研究团体、实验室、公司部门、个人等。档案系统指的是开放式档案信息系统(OAIS),其职责是保存数字信息并以智能化的、可用的形式提供给指定的用户。生产者-档案文件项目的主要目的是将给定的数字信息采集到档案库中。这个过程包括 4 个阶段:①初始阶段,也称为采集预处理阶段,包括生产者和档案文件最初的协议过程,得出项目的范围界定、提交信息包(Submission Information Package, SIP)定义草案,以及最终递交同意草案。②正式定义阶段,包括完成提交信息包设计,准确定义要传递的数字对象、完成递交同意书,准确规定传递的条件,例如存取权限、建立传递的日程。③传递阶段,执行 SIP 从生产者传递到档案文件的操作过程,档案文件对 SIP 按照递交同意书的要求初步处理 SIP。④确认阶段,包括档案文件对 SIP 的确认处理,反馈给生产者后续操作要求。不同程度的确认反馈给生产者,确认可以在每次递交完成后立即进行,也可以延迟进行,依赖于环境条件限制。

这 4 个阶段按照时间序列进行,但传递阶段和确认阶段可以重叠。图 5.2 表明了这 4 个阶段的关系,在上边的文本框中对每个阶段的目标进行简要描述,下边给出了每个阶段的形成文件。

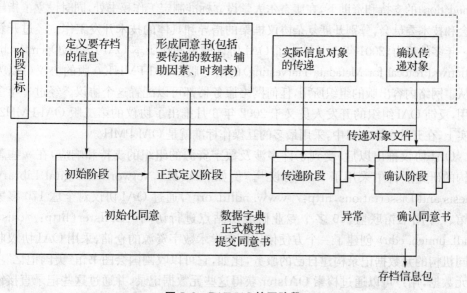

图 5.2　PAIMAS 的四阶段

初始阶段形成了关于生产者-档案文件项目可行性的文件,引导进入正式阶段或终止项目实施。正式阶段形成递交同意书,总结了正式阶段的各方面问题,这份同意书还包括数据字典和一个正式的模型。所有这些都是进入传递阶段必需的。传递阶段产生了信息对象输入到确认阶段。传递阶段和确认阶段常常部分平行进行,且当要提交的信息没有一次递交完时要多次反复进行。档案库向生产者发送接受到的对象的确认报告或者出现异常的数据清单(档案库可以在采集后承认接收到 SIP,只有当出现不正常数据时才通知生产者)。

数字信息资源采集标准规范主要对应于数字信息资源生命周期中的采集阶段。

（3）数字信息资源互操作标准规范

实现数字信息资源存取的第三个要重视的标准是数字信息的互操作标准。数字信息资源分布在不同类型的机构中，包括图书馆、学会、协会、大学出版社和其他教学研究机构等。无论为数字图书馆、网络期刊、电子文档等提供网络平台，还是共享设备、开发软件；无论对文献进行质量控制、检索利用、长期保存，还是保护用户的隐私，都需要各类机构的协同与合作。因此，解决不同标准间的转换与映射问题，才可以实现异构数字信息资源间的互操作，使各种数字信息资源具有普适性的交流平台。1999 年在美国新墨西哥州的圣达菲召开的一次电子出版界研讨会上，提出了一个标准接口，使得网络服务器可以通过这个接口来发布其上电子文档的元数据，多个采用这种接口的仓储结合在一起可以形成一个联邦式的仓储，其他组织可以像对单独一个仓储操作一样检索和利用这些仓储中的元数据，这个接口就是 OAI 协议的雏形。随后，许多对网络信息有兴趣的组织也加入了研究队伍，并且在网络信息联盟（CNI，The Coalition for Networked Information）、数字图书馆联盟（DLF，Digital Library Federation）和国家科学基金（NSF，The National Science Foundation）的支持和资助下，在康奈尔大学设立标准制定工作秘书处，同时设立了指导委员会和技术委员会，分别开展复杂协议框架的指导和具体的技术开发工作。经过开发人员一年多的努力，2001 年 1 月推出了 OAI 协议的可操作版本 OAI-PMH（Open Archives Initiative Protocol for Metadata Harvesting）的第一版。OAI-PMH1.0 版的协议可以为各类从事网络内容出版的组织所用，任何网络服务器都可以配置这个协议。经过一年多的试用，反馈 OAI 组织的开发人员又于 2002 年 6 月推出了协议的第二版 OAI-PMH2.0。事实上，在开放存取项目中，采用最多的互操作标准就是 OAI-PMH。

OAI 协议推出以后，受到了许多涉及数字资源的组织的支持和响应，在一些著名机构的研究项目中采用了 OAI 协议[①]。例如 NDLTD（Networked Digital Library of Thesis and Dissertations，http://www.ndltd.org/）通过 OAI 协议对全球 170 多家图书馆、7 个图书馆联盟、20 多个专业研究所站点进行访问。OAIster（http://oaister.umdl.umich.edu）创建了一个方便使用面向学术数字资源的仓储，采用 OAI 协议收割不同机构的元数据记录构建自己的服务，比如，它可以收割国会图书馆"美国记忆"项目的元数据，用户可以通过检索 OAIster 获得这些元数据记录，并通过这些记录直接链接到相应的数字资源。截止到 2006 年 12 月，OAIster 已经收录了 730 个机构的一千多万条记录。

在 OAI 协议出现以前，在信息检索互操作方面使用较多的协议是 Z39.50——信息检索应用服务定义和协议规范（Information Retrieval Application Service Definition and Protocol Specification）。Z39.50 协议比 OAI 协议复杂得多，功能也强大得多，在实施配置时也困难得多。OAI-PMH 的实现过程则很简单，数据提供者只需要经过简

① 齐华伟，王军. 元数据收割协议 OAI-PMH. 情报科学，2005,23(3):414～420

单的编程和配置 Web 服务器便可对 OAI-PMH 的请求进行解析,并且返回 XML 编码的元数据。据 OAI 组织的说法,如果本来数据已经过很好的组织并且有相应的元数据记录,配置工作甚至可以在一两天内完成。OAI 协议的另一个突出特点是采用了 HTTP 及 XML 开放标准,这使得 OAI 可以和 Internet 相结合,从而利用 Internet 这个世界上最大的信息平台。

数字信息资源的互操作标准也是实现数字信息长期存取不可缺少的关键技术,主要对应于数字信息资源生命周期中的组织与检索阶段。

(4) 数字信息资源的用户接口标准规范

在网络环境下,Web 浏览器成为公众获取数字信息资源的主要接口技术,但是随着数字技术的发展和用户个性化的需要,越来越多的终端设备被用来获取数字信息,除了个人计算机外,数字电视、移动电话等都成为信息传输的渠道。

计算机在数字信息资源的发展历程中一直扮演着重要角色。摩尔定律表明计算机的更新速度越来越快,性能越来越优,价格却越来越低,因此,计算机逐渐成为当前公众获取数字信息的最主要终端设备。通过计算机来获取数字信息需要支持以下定义的标准(表 5.3)。

表 5.3　通过计算机获取数字信息支持的标准

内容	规范
超文本交换格式	被浏览器(如 IE,Netscape,Firefox 等)支持的 HTML、XHTML 功能以及可互操作的扩展功能
文献文档类型	RichText 的. rtf 文档、纯文档的. txt 文档、超文本的. htm 文档、文本图像的. pdf 文档、Word 的. doc 文档、莲花公司的. nsf 文档
电子报表文档类型	超文本信息用. htm 文档,格式化文档用. csv 文档
显示文档类型	超文本信息用. htm 文档
字符集和字母集	UNICODE、ISO/IEC 10646 - 1:2000/UTF - 16
静态图像信息交换规范	JPEG(. jpg)/ISO10918、GIF(. gif)、PNG(. png),无失真图像用. tif 文档、高压缩比文件用 Enhanced Compressed Wavelet(. ecw)

数字电视 DTV(Digital Television)是指电视信号的处理、传输、发射和接收过程中使用数字信号的电视系统和电视设备。在信息时代,数字电视的应用更在于数字信息的内容服务,为用户在瞬息万变的生活中随时了解周围发生的一切提供了一个新的渠道。在英国的电子政务互操作框架 e-GIF 中规定了通过 DTV 接入互联网数字信息时的标准(见表 5.4)①。这些标准对于通过数字电视终端获取数字资源是必

---

① Office of e-Envoy, UK Cabinet Office. E-Government Interoperability Framework. Version 4. 1, October 31, 2002. http：//www. e-envoy. gov. uk/oee/oee. nsf/sections/framework-egif4/MYMfile/egif4. htm. [2006 - 8 - 15]

要的技术支持。

表 5.4　通过数字电视获取数字信息支持的标准

内容	规范
超文本交换格式	HTMLv3.2
文献文档	纯文本类用.txt 文档,超文本书献用.htm 文档
电子报表文档	.htm 文档
显示文档	.htm 文档
字符集与字母集	UNICODE、ISO/IEC 10646-1:2000/UTF-16
静态图像信息的交换标准	压缩图像专家组(.jpg)/ISO10918,图像交换格式(.gif),便携网络图像(.png)
脚本语言	ECMA262 脚本语言

随着移动通信技术的发展,通过手机、个人信息助理(PDA)等方式获取信息越来越普及。在 e-GIF 中也规定了移动通讯方式信息获取规范(见表 5.5)。

表 5.5　通过手机、PDA 等获得数字信息支持的标准

终端	内容	规范
手机	WAP 规范	WAP Forum 规范
	超文本交换格式	HTML v3.2
	文献文档类型	.txt 文档,.htm 文档
	电子报表文档类型	.htm 文档
游戏控制器	显示文档类型	.htm 文档
	字符集和字母集	UNICODE、ISO/IEC10646-1:2000/UFF-16
	静态图像信息的交换规范	JPEG(.jpg)/ISO10918、GIF(.gif)、PNG(.png)
	脚本语言	ECMA262 脚本语言
	超文本交换格式	HTML V3.2
	文献文档类型	.rtf 文档,.txt 文档,.htm 文档
个人信息助理	Spreadsheet 文档类型	.htm 文档
(PDA)和	显示文档类型	.htm 文档
其他设施	字符集和字母集	UNICODE、ISO/IEC10646-1:2000/UFF-16
	静态图像信息的交换规范	JPEG(.jpg)/ISO10918、GIF(.gif)、PNG(.png)
	脚本语言	ECMA262 脚本语言

数字信息资源的用户接口标准是连接用户与数字信息资源的桥梁,完成了将信息从生产者向使用者的传递。

总之,对于实现学术数字信息资源的存取来讲,数字信息资源的标准体系是解决存取过程中的开放性、互操作性及可扩展性的有效方法。由于数字信息资源的存取过程涉及的标准相当复杂,穷举所有的标准是不现实的。本书将这些标准分为创建格式标准、采集标准、互操作标准及用户接口标准,并且选择了有代表性的标准,这样做有助于理清数字信息资源存取中的标准问题,为实现公共存取战略中的标准建设环节提供指导。

2. 学术数字信息资源开放存取的实现途径

关于开放存取的实现途径,许多支持者有不同的研究结果,John Willinsky 提出了9 种实现模式:预印本模式(Eprint Archive)、双重模式存取(Dual Mode Access)、延迟开放存取模式(Delayed Open Access)、作者付费开放存取模式(Author-Fee Open Access)、半开放存取模式(Partial Open Access)、简易开放存取模式(Open Access Lite)、人均开放存取模式(Per Capita Open Access)以及合作式开放存取(Cooperative Open Access)。并且研究了这 9 种模式对当前学术出版系统的影响,他认为还没有证据证明哪种实现模式会更好①。研究发现,在《布达佩斯开放存取宣言》中提出的实现开放存取的两种途径即自我存档(Self-Archiving)和开放存取期刊(Open Access Journal)已经得到越来越多开放存取研究者的认同。

(1) 自我存档

英国学者 Stevan Harnad 称"自我存档"是通向开放存取的绿色通道②,由此可见,自我存档对实现开放存取的重要性。它是作者将自己的研究成果以电子全文形式存放在一个中心服务器或互联网网页上供用户免费利用的一种方式。允许用户阅读、下载、拷贝、传播、印刷、检索或对这些文章的全文进行链接、索引爬行,将数据传递给软件,即在尊重作者著作权基础上的任何其他法律许可的用途。使用者基本上没有财政、法律或技术上的许可障碍,唯一的约束是禁止复制销售,以及在这些领域的版权应该由作者进行完整性控制和使用者对版权适当的承认、引用。作者自我存档的形式有两种:预印本和后印本,预印本和后印本有时候统称为"e 印本"。

预印本是一种主要的信息资源和交流媒体,它是在作品还没有被同行评审或者编辑评议、修改前的一种论文手稿的影印本。大多数预印本都会向期刊投稿,但也有一些例外。作者之间交流预印本的方式有很长一段历史了,在网络出现以前,主要采用的是邮寄、传真方式。网络技术的发展,使得科学家之间可以采用电子邮件、FTP、Gopher

---

① Willinsky J. The Nine Flavours of Open Access ScholarlyPublishing. Q Journal of Postgraduate Medicine. 2003,(49):263~267

② Harnad S. Fast-Forward on the Green Road to Open Access:The Case against Mixing Up Green and Gold. Ariadne,2005,(42). http://www. ariadne. ac. uk/issue42/harnad/.[2006-8-15]

等多种方式来交流预印本。后印本是在作品正式出版后的一种文献形式,它可以与作品的最终版相同也可以是在正式出版后作者有关研究的最新进展。一般情况下,出版社拥有作品的版权,后印本是不允许作者随意传播的,但是在符合下述情况之一的后印本可以被公众获得:①作者没有将版权转让给出版商;②作者将版权转让给出版商,但是出版商允许作者在某些条件下传播作品;③作者对其作品作了某些修改。

出版商采取的自我存档的策略是多种多样的,Stevan Harnad 将其分为 4 个级别:"金色(提供对研究论文的开放存取)、绿色(允许作者对后印本的存档)、浅绿色(不反对作者对预印本存档)、灰色(以上都不允许)。"①

目前,在互联网上能够获取的自我存档的资源库主要有 4 种:

①作者的个人网页。这种形式通常是在一个简单的网页上链接一些 HTML、PDF、Word 等格式的论文。优点是有非常详细的内容,而且网页能够被搜索引擎标引,如果用户对检索的标题很清楚的话,就能很快找到所需内容。缺点是如果作者的生活环境发生变化(例如职业变换)或作者逝世了,会导致网站的消失。另一个问题是信息的质量难以控制。例如,Stevan Harnad 有关开放存取研究的网页:"OnlineResearchCommunication and Open Access"(http://www.ecs.soton.ac.uk/%7Eharnad/intpub.html)即为作者专门发布开放存取论文的个人网站。

②学科存档库。这种形式存放的是某一学科(或几个相近学科)相关的各种数字形式的研究成果。学科存档库是一个功能完善的系统,能够支持作者自我存档和元数据创造,按学科领域和关键词检索、浏览,并且能使用 OAI-PMH 协议实现搜索引擎对元数据的捕获。学科存档库的创办者通常是一些正规科研机构或者学术组织,因此在保证内容的稳定性和有效性方面值得肯定。但是也有一些是个人或者非正式组织创立的,在稳定性和有效性方面与作者个人网页面临类似的问题。学科存档库通常使用一些开放资源软件,如 ePrints。典型例子是:arXiv.org(http://arxiv.org)是一个计算机、数学、非线性科学、物理和计量生物学学科存档库。

③机构单元存档库。这种形式存放的是一个学术研究单元(如,一个系或者学院)的数字形式的科研成果。院系存档库可以是一些简单和类似的个人网页,也可以是开放资源软件,具备和学科存档库类似的形式。由于依靠的是一些科研机构,所以在内容稳定和有效性方面总体较高。典型例子有:Duke 法律系存档库(http://eprints.law.duke.edu)。

④机构仓储。机构仓储是比机构单元存档库覆盖更广、容量更大的资源库,存档的范围包括各种形式的数字信息(电子论文和学位论文、e 印本、会议报告、技术报告等)。通常是图书馆或几个图书馆合作建立机构仓储,因此在信息内容稳定和有效性方面有保障。机构仓储还需要数字保存技术来保证这些数字信息能被持续地存取和利用。所

① Suber,P. Open Access Overview:Focusing on Open Access to Peer-Reviewed Research Articles and Their Preprints. http://www.earlham.edu/~peters/fos/overview.htm.[2006-8-15]

以,机构仓储除了具有学科存档库和机构单元存档库的功能外,还存储更多形式的数字信息资源,并且具有保存数字信息资源的功能。例如,它还包括电子文献出版功能,如电子杂志的管理和会议论文管理。机构仓储也利用一些免费的开放资源软件,如Dspace,Eprints、Fedora 等。管理机构仓储的人员提供更广泛的服务,如文献存储、元数据描述、培训甚至用户支持。典型例子是麻省理工的 DSpace(http://dspace. mit. edu/index. jsp)。

上述 4 种自我存档策略并没有严格的界限,例如机构单元存档库有可能也是学科存档库。在实施中也并非只能选择其中一种,作者可能将其作品在个人网页、学科存档库、机构单元存档库、机构仓储上都存放。这样做可以增加被用户发现的机会。

(2) 开放存取期刊

这是另一种开放存取实现途径,Stevan Harnad 称其为通往开放存取的"金色大道"。开放存取期刊一般具有下述特点:①大多是学术性质的期刊;②具备和传统期刊类似的质量控制机制;③是数字形式的;④能够免费获取;⑤遵照类似创作共用的协议,允许作者拥有版权。

开放存取期刊有两个问题一直引发争议。第一,是否开放存取期刊必须采取同行评议作为质量控制机制。另一个有争议的问题是是否开放期刊必须遵守创作共用许可证,这个争议反映了一个深层次的根本问题,那就是开放存取期刊是仅仅就是开放存取还是在现有的常规版权制度下的某些特别使用权利呢。

归根结底,哪些期刊属于开放存取期刊没有统一的标准。Lund 大学图书馆出版的开放期刊目录中列出了免费的、可获取全文的、高质量的科学和学术期刊。到 2006 年11 月 28 日,共有 2 477 种开放期刊被收录,其中 737 种期刊能提供全文检索,121 972 篇全文能被获取。在其网站上列出了开放期刊的收录标准如下:(http://www. doaj. org/)

①覆盖范围

• 学科:覆盖了所有的科学领域。

• 资源类型:发表全文格式的研究论文或评论性论文的学术期刊。

• 可接受的资源内容:学术、政府、商业、非盈利的私营机构的资源都可被接受。

• 级别:所有期刊的目标群应该主要是研究者。

• 内容:期刊主要由研究论文构成,所有的内容都能以全文方式提供。

• 所有语言都可以。

②存取权限

• 所有的论文都能免费。

• 注册:允许用户免费在线注册。

• 开放存取。

③质量标准

质量控制:所有收录的期刊必须有质量控制体系,例如主编审稿系统或同行评议制度。

④期刊要求

所有的期刊都必须有一个国际上正式的 ISSN 编号。

开放存取期刊的出版机构主要有 3 种类型：原生开放存取期刊出版机构（Born-OA Publishers）、传统的出版机构（Conventional Publishers）以及非传统的出版机构（Non-traditional Publishers）

①原生开放存取期刊出版机构：2000 年 BioMed 中心创办了开放存取期刊，标志着一种新的期刊形式诞生了，这便是称为"原生开放出版"。这种数字经济形式的非赢利出版机构建立的唯一目的是发行开放存取期刊，遵照创作共用权限许可证的规定，作者拥有版权。这些出版机构的资金来源有多种途径，包括广告收入、作者付费（由作者的科研项目基金资助）、图书馆会员资格注册费（会员能够以免费的形式在图书馆发表论文）以及附属服务费用（打印费）等等。典型例子为科学公共图书馆（http://www.plos.org）。

②传统的出版机构：随着开放存取运动的发展，一些传统的商业出版机构和非赢利出版商开展了开放存取出版项目。例如，Springer 数据库公司的开放存取选择项目（Springer Open Choice Program）允许作者支付 3 000 美元就可以将其作品纳入开放存取范围，作者的作品既以印刷形式又以数字形式出版，采取的也是类似于创作共用的非商业许可协议。作者可以自由地将其作品存档，同时也能通过 Springer 公司提供的链接被公众获取。每年，Springer 公司调整图书馆订购期刊的价格，和开放出版的论文数目对应（例如，如果在过去 12 个月内有更多的论文被开放存取，那么收费就要降低）。由于 Springer 公司是采取作者自愿的做法，除非所有的作者都选择开放存取方式，否则 Springer 公司将是包括开放存取期刊和受限访问期刊的混合体。

③非传统的出版机构：20 世纪 80 年代后期和 90 年代初，互联网的发展出现由专业研究机构或自愿组织创办的数字形式的学术期刊，如 Ejournal、PostModern Culture 等等。这些期刊不是为了获取商业利润，因此是一些公益性质的期刊。尽管这些期刊允许作者拥有版权，但是对于非商业使用时作出自由版权的陈述。这种公益期刊盛行了十几年，现在许多已经停办了或者转向商业运营。在互联网迅速发展的 20 世纪 90 年代中期以后，这种模式演变成为开放资源管理和出版系统，进一步简化和加快了数字期刊的流水出版。现在，各种学院、研究机构和其他组织都出版数字期刊，其中许多都符合严格的开放存取定义，这些新兴出版机构的共同特点是借助于数字技术和工具，我们将其称为"非传统的出版机构"，其中大多是非赢利出版机构。典型例子是：SCRIPT 出版的法律技术期刊（http://www.law.ed.ac.uk/ahrb/script%2Ded/index.asp）。

开放存取期刊和自我存档库最为主要的区别是：自我存档库的运行成本要比 OA 期刊低廉，用户使用方便，是更为严格意义上的"开放存取"。在存储对象方面，相对于 OA 期刊，自我存档库不仅存放学术论文，还存放其他各种学术研究资料，包括实验数据和技术报告等。在资源检索方面,OA 期刊更多地诉诸传统的文摘索引服务,争取被学科领域的权威文摘索引数据库收取,而自我存档库的资源检索主要是通过搜索引擎来实现的。自我存档的一个主要问题是没有类似 OA 期刊同行评议的质量控制机制,因此对于学术数字信息资源来说,只要能解决信息质量控制问题,自我存档库为较好的实现形式。

随着网络技术的发展,对数字信息资源还存在其他实现途径,如博客、讨论群、论坛、聚合新闻、对等式档案共享网络等,读者可以通过网络,利用各种检索工具,非常方便快捷地检索到所需要的全文信息。OA 期刊和自我存档库则由于经济而又实用的优势日益被学术界认同并得到相当广泛的应用,成为了目前实现开放存取出版的两种主要途径。

3. 基于 OAI-PMH 的数字信息开放存取体系框架

对分布在网络上不同资源存档库中的数字信息资源,为了能实现开放存取,首先要解决的技术问题是用户的访问不受到系统平台、应用程序、学科领域、国界及语言的限制。这方面的解决方案也称为元数据的互操作。在解决这个问题上,开放存取相关组织和机构在 1999 年圣达菲召开的一次电子出版界研讨会上,决定执行 OAI(Open Archive Initiative)计划。2001 年 1 月,工作小组发布了 OAI-PMH 协议(Open Archives Initiative Metadata Harvesting Project),提供了一个基于元数据收集的独立于具体应用的互操作框架,为网络上元数据的互操作问题提供了一种可行的解决方案。该方案在开放存取中的应用框架见图 5.3。

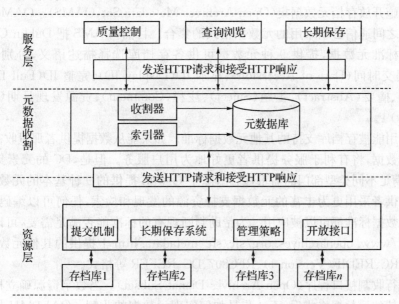

图 5.3 基于 OAI-PMH 的数字信息开放存取体系框架

这是一个 3 层的互操作结构,最底层是资源层,实现的是数据提供者的角色;最上层是服务层,实现的是服务提供者的角色;中间层是利用 OAI-PMH 协议的元数据收割层。数据提供者和服务提供者是基于 OAI-PMH 开放存取系统中最关键的部分。

(1) 数据提供者依据拥有的数字资源库,创建相应的元数据,为终端用户提供服务,同时为元数据的收割提供接口。数字资源库是分布在网络中的各种数据单元,在开放存取中指的是前文提到的网页、学科存档库、机构仓储甚至同行评议库。因此,一个数据层包括的主要组件为:一个数据提交机制、一个长期保存系统、一套实现数据提交和长期保存功能的管理策略以及一个开放的接口。特别是开放接口对于第三方发现、表示和分析数据尤为重要,因为许多资源库都有各自独立的界面,但要实现开放存取,必须解决不同界面的互操作性,因此需要一个开放的接口模块。

数字资源要实现被用户开放存取,按照以下步骤进行:

①选择一个唯一的存档库标识符。标识符表明了数字资源预存放的资源库名称,对于保证数字资源的唯一性至关重要,检验是否是合法的标识符可以查看网站 http://www.openarchives.org/sfc/ sfcarchives.htm 上现有的标识符。

②在存档库中为数字对象使用一个唯一的记录标识。确定数字资源的唯一性除了要有一个唯一的存档标识符外,还需要一个唯一的记录标识,两者构成了一个完整的标识系统。例如,Spa 大学的一个开放存取资源库中的一条记录的完整标识为:BESPA-MEDICINE /19991104/012,表明存放在 BESPA 存档库中一条标识为 MEDICINE/19991104/012 的记录。存档库标识和记录标识对实现元数据的收割是很重要的角色,在某些场合,也是获取原文的一个关键线索。

③实施开放存档元数据集(Open Archives Metadata Set,OAMS)。OAMS 是分布式存档库之间通信必须采用的元数据格式的集合。目前,OAMS 把 Dublin Core 作为互操作的标准元数据,提供 9 种元数据可供各存档库选择描述语义,分别为:标题(title)、提交时间(Date of Accession)、显示 ID(Display ID)、完整 ID(Full ID)、作者(Author)、摘要(Abstract)、主题(Suject)、注释(Comment)、资源发现日期(Date for Discovery)①。

④采用能被存档库支持的其他元数据标准。如果能从数据提供者那里收割到更为丰富的元数据,将有利于服务提供者更好地为用户服务。但是,DC 的元素集数量有限,不能满足不同类型部门的需求,因此,除了 OAMS 提供的 9 种基本的元数据外,鼓励数据提供者采用更为丰富的元数据支持资源的发现和检索,任何可以编码成 XML 格式的元数据标准都可以被应用。为帮助判断现有的标准能否满足需要,可以参看网站 http://www.openarchives.org/sfc/sfc_metadata.htm 上提供的其他元数据标准,包括 MARC、REDIF(Version 1)、RFC807、DC、REFER 等格式。

⑤执行收割接口程序(Open Archives Dienst Subset)。当数字资源确立标识和创建能被支持的元数据格式后,下一步是如何实现元数据的收割。OAI-PMH 推荐所有

---

① http://www.openarchives.org/sfc/sfc_oams.htm

的存档库采用相同的收割接口模块。这该模块应用的是 OASDP(Open Archives Subset of the Dienst Protocol)这个基于 http 的协议。开放文档子集 OAS 定义了一个通信过程,以及通信应答时的语法结构,允许服务提供者从开放文档中选择收割元数据。通信过程分为三步:a. 可从存档库那里获得的信息,包括记录在存档库中的逻辑分类、支持收割请求的元数据格式。OASDP 定义请求如何传递以及存档库响应请求的语法结构,但不规定合法的元数据请求响应格式。包括 MARC、REDIF(Version 1)、RFC807、DC、REFER、OAMS 在内的元数据格式都可以使用。数字资源在存档库中的逻辑分类没有统一的标准,但是要求能被 OASDP 识别,因此推荐采用按照主题和作者所在单位分类。b. 能被请求收割的记录的标识符列表。在 OADS 中定义了请求的语法包括:存档库中所有记录的标识符列表,在某一分类下记录标识符列表,在一定时间之后能被获取的记录标识符列表,以及一定时间之后能被获取的某分类下能获取的记录标识符列表。OADS 也定义了标识符列表返回的方式。c. 根据前两步给定的标识符列表和支持的元数据格式,发送元数据收割请求。OADS 定义了一个收割请求的语法,在协议中,元数据的交换是采用 XML 格式,对元数据的收割请求存档库必须按照相应的交换格式返回应答。

⑥让开放文档向导 OAI 知道哪些资源是公开的。这是数据提供者的最后一步,按照圣达菲协定,数据提供者下载模块,填写相应的信息,并发送邮件给 OAI 组织告知模块 URL 地址,OAI 组织就能将存档库加入 OAI 计划,数据提供者的资源就能被服务提供者发现。

(2) 服务提供者通过元搜索引擎从元数据库中查找元数据,在元数据搜寻基础上建立中心数据仓库,为用户提供增值服务。同时,它本身也可作为数据提供者被其他服务提供者搜寻。这些增值服务包括搜索引擎功能、索引服务、长期保存及同行评议等。服务提供者在开放存取系统中要求满足以下条件:

①保持记录标识的一致性。当服务提供者根据开放存档资源提供增值服务时必须保证原始的完整标识的一致性,从而能指出记录的原始来源。

②符合数据提供者规定的使用权限。数据提供者在其存档资源库中给出的存取权限,服务提供者必须遵守。

③通知 OAI,确认自己在开放存档数据基础上开发了新的服务。OAI 和数据提供者要获悉服务提供者收割的元数据以及对元数据的利用情况。为了简化操作,OAI 组织提供了一个模块,服务提供者只需填写后把 URL 地址发送过来。如此一来,OAI 便知道加入开放存档的服务提供者信息。

(3) 元数据收割层,是联系数据提供者和服务提供者的中间纽带。通过收割器和索引器将数据提供者的元数据下载到元数据库中,形成记录。这些记录可以是描述全文内容的元数据,提供查找全文的线索,也可以是存储全文的全文库。在后一种情形中,也必须有描述全文的元数据记录。Van de Sompel 等人设计了一个使用 OAI-PMH 技术的全文获取系统,其中收割的对象不仅包括元数据,而且还包括原始内容等复杂的对象①。

在开放存取系统中采用 OAI-PMH 协议具有以下优点：其一，OAI-PMH 提供了一种新的学术沟通与交流模式，既可以保护版权，又可以促进信息的交流与共享。其二，从实现上来看，采用的是 Internet 中最常用的 http 协议作为基础平台，抛弃了以前实现互操作时所使用的那些复杂的分布式计算技术、组件技术等，大大降低了开发的难度，易于实现。其三，OAI-PMH 将参与互操作的各方分为存档库（充当 DP 角色）与信息服务商（充当 SP 角色），DP 可以向网络中所有或部分 SP 开放其服务，SP 也可以从网络中所有或部分的 DP 中获取元数据，具有开放、灵活的特点。其四，采用 HTTP 及 XML 开放型标准，使得 OAI 服务很容易与 Internet 相结合，从而利用 Internet 这个世界上最大的信息平台进行信息的交互与共享；另一方面，由于 OAI-PMH 采用 XML 来描述信息，它具有规范、严格、自解释的特点，有利于信息的处理利用，并可以方便地进行二次开发②。

数据提供者、服务提供者以及元数据收割层之间采用了基于 HTTP 协议的请求和响应方式及 XML 格式的发送内容，这使得该技术可以和目前的 Web 方式很好结合，具有很好的开放性和适用性，用户可以在使用 OAI 协议的开放存取资源中查到文献，而不需要知道开放存取资源的种类、存储位置及内容范围。OAI-PMH 已经在许多开放存取系统中得到广泛应用，像英国南开普敦大学开发的 Eprints、美国麻省理工大学图书馆与惠普公司联合开发的 Dspace、欧洲核研究理事会开发的 CDSware、康奈尔大学等开发的 Fedora 等，都是基于 OAI-PMH 的开放存取系统。

4. 数字唯一标识符技术

基于 OAI-PMH 的数字信息开放存取体系为建设开放存取的资源库提供了实施的技术框架。在这个系统中，我们看到，要实现数字信息资源的开放存取，需要一个唯一而完整的标识系统（包括存档资源库标识和记录标识），才能保证信息存取的准确有效性。我们将实现这一功能的技术称为数字资源唯一标识技术。下面，将对当前的主要数字资源唯一标识技术进行简要介绍，并重点探讨开放存取中使用的 DOI 技术（Digital Object Identifier 数字对象标识符）。

当前的互联网缺乏一种管理层次，用户在上网浏览信息时经常发现几天之前存在的一个网页的 URL 地址已经改变了，这对数字信息资源的存取是个不利因素。名称和标识符是数字信息资源的基础建构块，其命名架构或标识符分配原则要事先拟定。名称用于标识数字对象，注册数字对象中的知识产权、记录所有权的变化，在引用、检索和对象链接中不可缺少。数字信息的命名必须是唯一的且能够永久保持，才能够实现数字信息资源的长期存取。这便是数字对象唯一标识符成为当前研究热点的原因。

---

① Van de Somple, H. , Bekaert, J. , Liu, X. , Balakireva, L. and Schwander, T. aDORe: a modular, standards-based digital object repository. The Computer Journal,2000,48(5):514～535

② 董慧,丁波涛. OAI-PMH 协议初探. 图书情报知识,2004,(6):70～73

1993 年互联网工程任务组（Internet Engineering Task Force，IETF）在 RFC（Request for Comments）1630 文档中首先提出了统一资源标识符（Universal Resource Identifier，URI）的概念，作为目前因特网中统一的标识符体系，同时也是因特网中数字对象标识符的基准框架。

随后，在这种背景下，相关联盟或协会、组织制定的，应用于某个领域的标识符不断得到发展。目前已经提出了 PURL（Persistent URL 永久性统一资源地址），SICI（Serial Item and Contribution Identifier，期刊物件和文章标识符），PII（Publisher Item Identifier，出版物对象标识符）等方法，但在开放存取中采用最多的是数字对象标识符（Digital Object Identifier，DOI）标记技术①。

DOI 是互联网上重要的基础设施和名称管理机制，最初是针对互联网环境下如何对知识产权进行有效管理而产生的，AAP（美国出版协会）针对互联网上数字出版物的权益保护而于 1998 年创立非盈利性组织 IDF（International Doi Foundation），IDF 在 CNRI（Corporation for National Research Initiatives）的配合下，于 2000 年 12 月颁布了"开放式电子图书标准方案（Open E-book Standard Project）"。这个新标准制定了一套基于国际数字对象标识基金会数字对象标识（DOI）的编号方式系统，它是建立在现有的许多被广泛应用的标准之上的一套被国际上广泛认可的、理想的系统，适用于通过网络服务发现和识别数字内容，目前已经被 ISO 吸纳（ISO TC46/SC9）②。

DOI 系统主要提供持久、互操作、可扩展、有效并动态更新的名称服务，类似于 DNS 的管理系统，对数字资产的传播和利用提供基础框架。它主要分 4 个部分：一套详细的命名语法（Name Syntax）、一套解析机制（Name Resolution）、一个包括数据字典的数据模型（Data Model）和一套实施 DOI 的政策管理机制③。

①DOI 命名语法。

DOI 的语法结构是：<DOI>=<DIR>.<REG>/<DSS>

DOI 包括前缀和后缀，中间通过 ASCII 字符"/"来分开，对长度没有限制。前缀是组织注册 DOI 名称的唯一标识，也称命名授权（Naming Authority）。前缀中又以小圆点分为两部分，<DIR>为 DOI 的特定代码，其值为 10，用以将 DOI 与其他应用 Handle System 技术的系统区分开。<REG>（Registrant's Code）是 DOI 注册代理机构的代码，由 DOI 的管理机构 IDF 负责分配，由 4 位阿拉伯数字组成。后缀<DSS>（DOI Suffix String）由出版机构提供，规则不限，只要在相同的前缀中具有唯一性即可，是一个唯一的本地名称（Local Name），一般是吸收组织中现有的标识格式。例如

① Langston M，Tyler，J. Linking to journal articles in an online teaching environment：the Persistent Link，DOI，and OpenURL. Internet and Higher Education，2004，(7)：51～58

② Carol A. Risher，William R. Rosenblatt. The Digital Object Identifier-an Electronic Publishing Tool For The Entire Information Community. Serials Review，1998，24(3/4)：12～20

③ The International DOI Foundation. The Doi System Introductory Overview. http://www.doi.org.［2006-9-14］

10.1045/january2003-paskin,前缀表示的是"10"下的命名授权,1014 表示出版机构 D-Lib Magazine 的代码,后缀表示 D-Lib Magazine 下的一个数字对象。

②DOI 命名解析。解析指的是计算机按照某种协议向某个网络服务递交数字对象的唯一标识符,发出解析请求,该网络服务接收该请求后按照某种约定来调出与该唯一标识符所标识对象相关的一个和多个相关信息,之后将这些相关信息返回给请求者的整个过程。解析机制是实现标识符的可操作性和互操作性的基础。不能够实现解析的标识符仅仅能起到标识对象的作用,在具有极大资源量的互联网环境中,若不能由计算机及网络自动化完成实体间关系的关联就意味着该标识符几乎没有价值。因此,建立一个强大而适用的解析机制并在其上形成解析系统对于一个运用在互联网环境下的数字对象唯一标识符系统来说是非常重要的。

DOI 的解析机制是 Handle System,为用户提供了对数字资源的永久性访问。出版商在为每项资源注册 DOI 时,要同时向 Handle System 主机提交资源的 DOI 名称和网址(URL)。出版商负责对 DOI 数据的维护,当资源地址发生改变,如网络期刊文章从现刊目录转到存档目录时,出版商应通知 Handle System 主机作相应的改变,以确保链接的有效性。当用户点击资源的 DOI 索取信息时,用户的请求被传送到 Handle System 服务器上,Handle System 服务器将 DOI 解析为 URL 返回给用户终端,使用户实现对资源的访问。这一切都在后台进行,对用户来讲,无需理会资源地址的任何更动,面对的始终是同一个 DOI。因此,理论上 DOI 提供的资源链接具有永久有效性①。

③DOI 数据模型。DOI 系统数据模型包括一个数据字典和一个实施框架,共同提供了一种工具来定义 DOI 命名规范(通过数据字典)以及 DOI 命名之间的相互关系(通过群机制和应用文档来将 DOI 命名和共同属性联系起来),从而能够提供语义互操作,使得在一个环境中使用的信息能够被移植到另一个环境中。

DOI 系统使用的是一个建立在本体论基础之上的互操作数据字典。这个数据字典建立的目的是最大限度地实现元数据集之间的互操作。实施框架允许术语按照 DOI 系统应用文档中规定的某种方式分类,以便某些 DOI 命名类别能被应用软件识别。这样一来,提供了 handle 解析机制和结构化数据集成的方法。DOI 命名不需要使用数据模型,但是必须意识到:任何 DOI 命名都要求互操作性(例如,能使用注册代理以外的服务),要服从 DOI 系统的元数据策略。

数据字典是计算机系统中使用的术语定义的集合。一些数据字典是结构化的,术语之间是等级或其他关系。这种结构化的数据字典是来源于本体论的思想,本体论模型包括一个带有逻辑数据模型的数据字典,提供一个一致的逻辑视图。它和传统的分类知识表示方法不同,不需要遵循一个严格的父/子等级关系(一个子术语有可能继承来自多个父辈术语的涵义)而有可能有更复杂的关系。

---

① 何朝晖. DOI:数字资源的"条形码". 图书馆工作与研究,2003,(5):29~31

一个可互操作的数据字典包含来自不同计算机系统或元数据模式的术语,显示了术语之间的正式关系。互操作数据字典建立的目的是支持不同系统的术语通用。

④DOI 系统实施。DOI 系统的实施主要是依靠 IDF 制定政策、标准、技术规范。IDF 是 DOI 系统的主管单位,目的是把所有的数字出版物都用一个数字对象标识符加以标识,在这个基础上对其进行 Metadata 检索,然后进行数字版权的管理,使出版者可以更加放心地把有版权的东西放在互联网上,另一方面能够把这些版权绑定在 DOI 命名中,使其更为安全。

DOI 系统能满足许多应用领域标识和解析服务的需求。但是,在不同的应用领域,要根据环境的特别需要搭建不同的社会和技术平台。例如要标识什么对象,两个事物被认为是同一事物的依据是什么,这些问题都是在不同的应用场合必须要考虑的底层问题。注册代理机构 RA 即为解决这些问题的角色,它类似于互联网域名分配机构,有权利接收 DOI 前缀及标示符的注册请求,负责注册和维护 DOI 以及与 DOI 所标识对象相关的元数据等信息。通过向 IDF 缴纳特许费等相关费用而成为 RA,同时将从 IDF 那里批量获得的 DOI"零售"给最终用户和组织。除了提供 DOI 前缀外,它还可以提供诸如 DOI 号码的分配、DOI 号码的解析、批量折扣、使用折扣、分步骤折扣以及任何形式的增值服务,目前 RA 已经发展成为一种有效的商业盈利模式。

对于实现学术数字信息资源的公共存取来讲,建立数字信息资源的唯一标识符系统是一项重要的基础性设施。从当前国外应用 DOI 的现状来看:首先,以 IDF 推行的 DOI 系统在国际上已经获得一定的用户群,特别是电子数据库提供商,包括 Elsevier,Springer Link,Blackwell,John wiley 等多家出版商正在逐渐采用 DOI 来标识自己的内容实体,显示了 DOI 良好的发展态势,曾经有人预言 5 年内 DOI 将在互联网上普及。其次,DOI 的应用范围正在逐步从现有的出版领域,扩展到电子政务、电子商务中,但是目前尚缺乏重量级的应用,特别是 DOI 要证明它不但可以胜任复杂的数字权益管理,还可以承担其他互联网的名称服务的能力,目前成功的案例尚不多。因此,建立数字信息资源的 DOI 发展战略对于学术数字信息资源公共存取战略规划甚为重要。

5. 搜索引擎与开放存取系统的结合

研究表明,用户通过网络来获取资源,首先选择通过 Google 等搜索引擎进行大范围搜索,其次考虑利用专业的学术数据库,最后才会去翻阅学术期刊。这种顺序已经形成了一种社会习惯,因而在搜索引擎和学术数据库出现的几率越高,被关注和阅读的可能性也就越大。但是,通过搜索引擎获取的信息资源大部分质量得不到保障,很难令用户满意。开放存取期刊和自我存档库为专业化的学术信息资源的保存和传递提供了载体,如何从分布的、异构的开放存取仓储中收割高质量、高浓度的学术信息,为终端用户服务,成为当前搜索引擎努力的方向。一方面,著名搜索引擎开通了学术搜索功能,例如 Google 学术搜索(Google Scholar)。另一方面,针对开放存取期刊和仓储,开发专门的搜索引擎,最著名的是 OAIster。

(1) Google Scholar①、②

Google Scholar 是 Google 公司于 2004 年 12 月推出的一项新的搜索服务,利用 Google Scholar 不仅仅从 Google 收集的上百亿个网页面中筛选出具有学术价值的内容,而且最主要的方式是通过与传统资源出版商的合作来获取足够的有学术价值的文献资源。目前,Google 公司与许多科学和学术出版商进行了合作,如 ACM、Nature、IEEE、OCLC。这种合作使用户能够从学术出版者、专业团体、预印本库、大学范围内以及从网络上获得学术文献,包括来自所有研究领域的同行评审论文、学位论文、图书、预印本、摘要和技术报告。

Google Scholar 在全球范围内收集学术资源,首先选择的是各国的学术资源出版商的数据库。通过与数据库商合作,由数据库商设立专门的服务器或在普通服务器上开设专用通道,Google 通过网页采集机器人自动收集元数据,并自动即时地加入 Google Scholar 实现服务。如果合作伙伴的资源发生变化或删除,Google 能在 1 个月左右的时间内进行修改。对检索结果的排序,Google 按相关度排序,考虑全文、作者、出版物及被引情况。采取自动分析与抽取引文的方法,因此也包括那些本身不在网上的图书或其他出版物中的论文。内容从医学、物理学到经济学、计算机科学等横跨多个学术领域。Google Scholar 拥有比较严格的选题标准,进入 Scholar 的网页必须是学术相关内容,否则就只能进入普通 Google。对期刊而言,Google Scholar 也有一套自成体系的判断标准,娱乐性期刊和大众读物也很难进入到 Scholar 体系③。

用户可以在世界上任何一台上网的机器上方便地使用到 Google Scholar 的全部功能。Scholar 提供了丰富多样的检索方式,包括简单检索、限定检索、高级检索、逻辑表达式检索等等。并且,Scholar 自有的被引链接,能让人们在引文溯源的天地里自由翱翔,而它用于引文计算的基础数据跨越了世界上最主要的数据库,随着时间的延伸,它的引文系统将变得无比强大。Google Scholar 的结果输出基本上都包括标题、作者、出版物名、出版年/期、摘要等内容,较之普通 Google 的数据随意性有很大的进步。而且提供作者和出处的规则也表达了对作者和出版者的尊重。从任何角度观察它,Scholar 都是只专注于学术搜索的工具。

世界各国的数据库商和出版商都开始重视 Google 这一新生势力对未来学术界带来的巨大影响。2004 年 12 月 13 日,Google 公司宣布,将与美国纽约公共图书馆以及哈佛大学、斯坦福大学、密歇根大学和英国牛津大学的图书馆合作,将这些著名图书馆的馆藏图书扫描制作成电子版放到网上供读者阅读。伴随着 Google Scholar 的发展和逐渐成熟,Google 在世界学术领域的地位与日俱增,但我们还是要客观分析一下它存

① Wleklinski, J. M. Studying Google Scholar: Wall to wall coverage? Online Information Review,2005,29(2):22～26

② Jacso,P.. Google Scholar: The pros and the cons. Online Information Review,(2005),29(2):208～214

③ 毛力. GOOGLE SCHOLAR 的出现与期刊评价. http://www. d-library. com. cn/info/info_literature_bq_detail. jsp? id=307. [2006-9-14]

在的问题①。

一是 Google Scholar 链接的都是数据库提供者和出版者提供服务的网页,本身并不提供原文服务,读者需要向资源出版者索要原文。不同出版者对 Google Scholar 的开放程度不同,导致许多有重要价值的学术文献仍不能被广大用户获得 。

二是 Google Scholar 覆盖的资源数量毕竟有限。Google 现在索引页面总量已超过 80 亿张,但估计还不到已知页面总量的 5%,对 Internet 信息的深度挖掘才刚开始。例如 OCLC Open WorldCat 中已有 5 700 万条记录,但 Google 只索引了其中的 200 万条。所以相对于各数据库提供商的自带搜索引擎来讲,Google Scholar 的效果不甚理想。

三是 Google Sholar 是否要走向以营利为目的的商业化道路尚不清楚。虽然 Google Scholar 总设计师 Amurag Acharya 称,"开展 Google Scholar"的目标是"使用户更方便地查找信息内容,实现开放存取"。当前处在试用推广阶段是免费服务的,但是 Google 公司毕竟不是公益机构,每一项服务的推出都必须能使公司赢利。Google Scholar 能否一直免费下去尚不可知,但可以肯定的是,Google 公司决不会错过任何可以获利的机会。

(2) OAIster

Google Scholar 的推出为搜索引擎与开放存取的结合展示了一个良好的开端,另一方面,专门针对开放存取资源的开放搜索引擎的研制也在进行,OAIster(http://www. oaister. org)和 Citebase(http://citebase. eprints. org/cgi-bin/search)是杰出代表。本书主要介绍 OAIster。

OAIster 是 Michgan 大学图书馆开展的数字图书馆产品服务(digital library production service,DLPS)的一部分,得到了 Andrew W. Mellon Foundation 基金的资助。主要研究利用 OAI-PMH 协议从各种数字对象资源库中收割数字对象元数据,为终端用户提供一个集成的检索界面,从而实现对互联网上各种机构资源库内容的检索。截至 2006 年 11 月 29 日,OAIster 已经从全球 712 个机构资源库中收割了 900 多万条记录。图 5.4 是 OAIster 的检索界面。

具体来讲,OAIster 能为终端用户提供以下服务②:

①揭示"隐藏网站"中的数字资源。许多数字资源常处于隐蔽状态,因为普通的搜索引擎如 Google、Altavista 难以穿过机构资源库的 CGI(通用网关接口)而发现这部分资源③。

②能直接提供实际的信息。终端用户需要的不仅仅是描述信息的元数据,更需要包含实际内容的信息,例如在网上提供一副凡高的作品比用一些词汇描述凡高作品

① 张文彦. Google Sholar 与图书馆的未来. 中国信息导报,2005,(9):38～41

② Kat Hagedorn. OAIster:a "no dead ends"OAI service provider. library Hi Tech,2003,21(2):170～181

③ Bergman,M. K. T the Deep Web:"Surfacing Hidden Value". the Journal of Electronic Publishing,2001,7(8):124～135

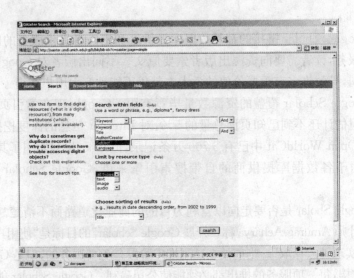

图 5.4　OAIster 检索界面

的特征更受用户欢迎。

③能为终端用户提供"一站式"检索。OAIster 是提供电子图书、电子期刊、录音、图片及电影等数字化资料"一站式"检索的门户网站,被美国图书馆协会评为 2003 年度最佳免费参考网站。提供关键词、题名、创作者、主题或资源类型检索。检索结果含资源描述和该资源链接。标引对象包括国会图书馆美国记忆计划、各类预印本及电子本书献服务器、电子学位论文,能满足用户宽主题、多学科的信息检索需求。

④易于发现和查看信息。OAIster 包括一个能对数字对象分类的中间件以及一个基于 SGML/XML 的搜索引擎 XPAT。前者能将收割来的元数据转化为标准格式,后者能提供布尔检索和字段限制检索功能。

OAIster 是用 JAVA 语言编写的,其工作原理见图 5.5,可分为如下过程:

第一步,自动收割各个机构资源库中的元数据。对于符合 OAI 标准规范的 DC 记录可利用 UIUC(University of Illinois at Urbana-Champaign,是另一个由 Andrew W. Mellon Foundation 赞助的项目,主要研究文化遗产中元数据的收割)项目开发的收割器来完成收割任务。对非 OAI 的 DC 记录直接存入记录库。

第二步,分析记录库中的元数据的元素,选择包含合法 URL 地址的 DC 标识符作为转换对象。所有指示实际数字对象的 DC 元数据记录才是系统解析的对象。

第三步,利用 XSLT 转换工具将过滤后的 DC 记录映射成系统的标准著录格式(Bibliographic Class)。因为不同记录采用的 DC 可能不一致,无法被搜索引擎识别,所以这一步对于为终端用户提供一个统一的界面尤为重要。

第四步,利用 XPAT 搜索引擎服务。

OAIster 为开放存取搜索引擎的研究提供了借鉴,公众对其表示了极大的热情。但是从用户的反馈来看,这个搜索引擎不是一个性能很好的搜索引擎,存在诸如以下的

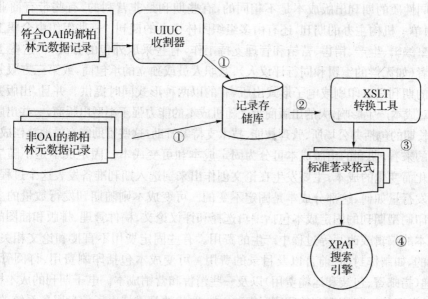

图 5.5　OAIster 工作原理

问题:结果排序与用户的相关性有待优化、要求用户限制输出记录数目、不能提供对某机构的单独检索、检索结果中重复记录没有删除等等。OAIster 已经意识到这些问题,并在着手改进。

　　总之,信息技术进步和网络基础设施的发展为数字信息资源的开放存取创造了条件,而且在技术和网络的推动下,开放存取将走得更深远。

5.3.4　学术数字信息资源存取的经济机制

　　学术信息的存取在过去 20 多年来都是采用基于订阅方式的(Subscription-based Model)。传统观念认为,学术出版者是学术信息的集成者和传播者,图书馆则作为信息资源的管理者和保存者,为学术信息的流通提供便利。然而,经济、市场和技术的变化使得这种模式成为阻碍学术信息广泛利用的主要因素,图书馆越来越难以承受订阅价格过高带来的压力,学术成果的创作者希望能最大范围地传播自己的成果,读者则希望获得最多的相关文献。在这种压力下,许多学术期刊开始朝开放存取模式转变。开放存取的先决条件是所有的信息资源必须以数字形式存在,而当前的学术期刊大部分是印刷形式,少量的是数字形式,因此在向开放存取转变时要面临不同的经济问题,首先要解决的问题是学术信息出版的成本结构问题。

　　1. 学术信息出版的成本结构

　　数字信息资源的创作是需要成本的,特别是学术型数字资源是科研工作者智力劳动的成果,凝聚于其中的成本不仅包括各种有形的物力、财力的投入,还包括人类的心血和智慧。鉴于学术期刊是学术信息存载的主要媒体,本书主要探究学术期刊的出版成本。

不同性质的期刊出版成本是不相同的，有些期刊是非营利的，有些带有商业性质的，有由单一机构主办的期刊，还有由多组织团体主办的期刊。一些组织由全职工作人员来从事编辑、生产、销售、营销和管理支持工作，有些采取外包的方式，将这些工作交给志愿者(如无偿的编辑和同行评议人)、兼职人员或独立的承包商，或第三方服务提供商。有的期刊只以印刷或电子形式出版，有的以两种形式同时提供。并且，出版方的规模也会对成本产生影响，大的出版商承受随机成本的能力强于小型出版商，一些出版方还能获得长期的包括办公场所、管理技能、技术支持等赞助，这些赞助能有效地补偿成本。

总的来看，期刊的出版成本可分为固定成本和可变成本。固定成本是不随生产数量的变化而变化的成本，主要发生在论文创作出来到选入期刊准备发表这个过程，无论期刊的发行量如何，这部分成本是固定不变的。可变成本则随期刊发行数量的变化而变化。印刷型期刊的固定成本包括编辑选择和评议论文、稿件管理、排版和插图的处理以及副本的编辑或改写等过程中产生的费用。有些固定费用不直接和论文相关，但也是必需的，如制作封面、前言以及目录的费用。可变成本包括印刷费用、订阅管理、授权、传递(指邮寄、包装和运输费用)以及一些销售和营销成本。电子期刊的成本模式类似，但是没有传统印刷期刊的印刷、传递成本，取代的是维持电子信息服务系统的成本。电子期刊通常比印刷期刊的成本要低。

固定成本中有一种称为第一份副本成本的成本形式是研究成本结构的重点。第一份副本成本是指从论文创作出来到被期刊发表形成第一份副本的过程中产生的成本。它包括前面讲的固定成本：如编辑选择和评议论文，稿件管理，排版和插图的处理，以及副本的编辑或改写等过程中产生的费用。尽管插图处理和副本编辑的质量会有所不同，但这部分费用所占的比重较轻，主要是编辑成本和同行评议成本。不同期刊的退稿率不同带来第一副本成本的不同，高退稿率直接导致第一副本成本的增加。

Dryburgh通过对国外7个主要出版商的期刊进行研究，总结了各种固定成本和可变成本在期刊出版过程中所占的比重，见表5.6所示[①]：

表 5.6　期刊的成本结构

成本因素	所占比重
1 评审	22%
2 编排和印刷(从录用到第一份副本出来)	33%
3 订阅管理	7%
4 生产和分发(包括邮寄)	23%
5 销售和营销	13%
6 宣传	2%

① Dryburgh A. The Costs of Learned Journal and Book Publishing. A Benchmarking Study for ALPSP. ALPSP, 2002, (9):221~229

　　研究表明,表中第1、2、6项成本因素大多属于固定成本,在所有成本中占57%,一些市场营销成本(第5项)也是固定成本。所有的固定成本约占60%。

　　上述研究是针对传统的基于订阅方式的学术信息获取模式而开展的,随着开放存取运动的兴起,有关作者付费的学术出版模式的成本问题逐渐引起了学者们的注意。

　　2003年9月,Wellcome Trust 发表了"科学研究出版的经济分析"(Economic Analysis of Scientific Research Publishing)的调查报告,研究了科学信息出版的复杂市场问题,通过翔实的数据和事实论证,Trust 得出结论科学研究应该采取开放存取的方式[1]。为了能进一步证明开放存取出版的可行性,Trust 继续研究了在学术信息出版过程中的成本结构问题[2],比较了当前基于订阅方式的学术信息出版模式和开放存取中基于作者付费的出版模式的成本差异问题。通过第二份报告再一次证明了开放存取是取代订阅模式的可行方式,开放存取能以较传统订阅模式低得多的成本提供更高质量、经同行审议的科研信息。

　　在证明这个结论时,Trust 调查了大量出版机构的高层管理人员,并结合其他人对出版成本的研究结论,估算了订阅方式和作者付费方式的成本结构见表5.7所示(单位:美元)。

表5.7　两种模式的成本结构比较

成本元素	基于订阅付费的期刊成本		基于作者付费的期刊成本	
	一流期刊	中等期刊	一流期刊	中等期刊
每篇论文的第一份副本成本	1 500	750	1 500	750
每篇论文的固定成本	1 650	825	1 850	925
每篇论文的可变成本	1 100	600	100	100
每篇论文的总成本	2 750	1 425	1 950	1 025
估计的投稿费			175	175
总计投稿费			1 400(假设每8篇论文录用1篇)	350(假设每2篇论文录用1篇)
估计每篇论文出版费			550	675

关于表格数据的说明:

(1) 数据取得是调查对象的平均值。

(2) 期刊在生产过程中的活动不同直接带来成本的不同,特别是质量高低不同的

---

① Wellcome Trust. An economic analysis of scientific research publishing. http://www. wellcome. ac. uk/en/images/SciResPublishing3_7448. pdf. [2006 - 9 - 15]

② Wellcome Trust. Costs and business models in scientific research publishing. Cambridgeshire:SQW Limited Enterprise House Vision Park Histon,2004

期刊的成本是有很大差异的,有些国际著名期刊的拒稿率达到 90%,这些期刊的成本是很高的。因此在数据估算时,将期刊分为一流期刊和中等期刊,并设想每种类型期刊的出版成本基本上是相同的。划分为一流期刊和中等期刊的标准是退稿率,一流期刊的退稿率达 80%～90%,中等期刊的退稿率为 40%～50%。

这个表格说明了以下内容:

(1) 总体来看,基于作者付费的模式产生的总成本(1 950/1 025)要低于基于订阅方式产生的总成本(2 750/1 425)。这可能因为前者不需花费费用在授权认证或其他限制存取科研信息的措施方面。

(2) 开放存取中固定成本(1 825/925)要高于订阅方式的固定成本(1 650/825),可变成本(100/100)要低于订阅方式的可变成本(1 100/600)。

(3) 在开放存取中采用的是作者付费模式,如果只采取收取作者投稿费和出版费的方式来弥补成本是远不够的。

开放存取的主要经济模式是由作者付费出版,读者免费使用学术信息,成本结构和订阅方式相似。固定成本和论文的接受与管理相关,可变成本和信息的传递有关。因为开放存取不需要为印刷、版权管理及其实施消耗费用,但也带来了新的成本增加,这些成本主要来源于数字信息出版技能的开发过程中,包括:

①网站设计和技术开发,包括建立用户接口,文件或数据库结构,存取认证系统,备份系统等。

②授权和实施一套编辑"预印"工作流系统。

③建立内容格式和元数据框架。

④网站主机托管和数字信息的存储。

另外,如果出版商采取不同的商业模式(在后文有详细论述),也会给开放存取带来成本的复杂性问题。

总之,数字信息资源的开放存取依托网络技术,相比传统印刷信息资源而言,它的出版和传播成本已经大大降低了,增加了它的竞争优势。特别是在信息技术的带动下,开放存取增加的新的成本要素结构会越来越低,这直接促进了开放存取的发展。但是,开放存取并非没有成本,前文中提到的开放存取的两种实现途径 OA 期刊和 OA 仓储都需要一定的费用来维持其顺利开展,一些其他必要的支出(如同行评议)仍需要成本的投入。为保障开放存取中以较低价格或免费方式存取数字信息资源目标的实现,如何解决网络出版的经费问题是开放存取战略实现的又一核心问题。下一节将探讨有关开放存取的成本补偿机制。

2. 开放存取的成本补偿机制

我们看到,以实现学术信息公共存取为目标的开放存取运动并不意味着实施起来不需要成本。虽然相对于传统的印刷型信息资源的成本已经大大降低了,但却带来了其他成本的产生,因此探讨开放存取的成本补偿机制是实施开放存取战略的关键问题。在 BOAI 中将开放存取的成本补偿机制总结为自我收入(Self-generated Income)和内外赞助（Internal and External Subsides）两大途径，其中自我收入又包括作者付费出版、印刷版销售、广告收入、提供相关产品、提供增值收费服务等方式，内外赞助则包括各研究机构、基金会、政府以及私人赞助等。在开放存取中可以根据实际需要应用适宜的模式。

（1）作者付费出版

这是补偿开放存取运营成本的最主要商业模式，同电视广播和收音广播有着极其相似的地方：由那些希望发布内容者（作者或其资金代理机构）事先支付生产成本或者争取其他组织的资助，以供用户免费使用。如 PLoS 和 BioMed Central 就主要采用这种形式维持期刊出版的费用。

对作者收取出版费是源于下面问题的考虑。首先，作为科研的重要组成部分，研究论文的出版可以保证研究成果的广泛传播和利用。因此，作者和其所在科研机构是论文出版的最直接受益者，理应付出一定费用。其次，与商业期刊不同，学术期刊的阅读对象主要是科研人员，所以在传统出版模式下，学术期刊的订阅者主要是研究型图书馆和其他教学、研究机构，而这些机构的订阅经费也是受相关机构和项目赞助的。从这个角度来说，收取作者出版费用并不意味着增加作者的经济负担，而是对已有费用进行更为合理的分配和使用。

不同期刊对作者付费的标准不同，如 AIP 的 3 种开放期刊规定每篇论文收费 2 000 美元，Spring 的开放期刊收取 3 000 美元，美国科学公共图书馆 PLoS 为 1 500 美元，英国生物医学出版中心 BioMedCenter 每篇 500～525 美元。这种由作者付费的模式在实施中带来很多问题：作者是否支付得起？对无法支付出版费的科研者是否公平？开放存取是否会导致研究机构支付比订购期刊更多的费用？特别在人文社会科学领域，一直以来都没有作者付费出版的传统，相比自然科学研究可获得的项目或课题资助少得多。开放存取产生的原因之一是减缓期刊定价过高而带来的订购期刊压力，作为期刊的订购者和使用者同时也往往是期刊内容的创作者，如果科研工作者们发布自己成果的费用过高，阻碍了贫穷者的创作热情，那么就违反了开放存取的初衷。

因此，作者付费模式在现实运行中并不严格要求。许多期刊对于发展中国家的作者或没有课题经费的作者，采取适当的减免措施。比如，PLoS 对这些存在经济困难的作者承诺适当降低甚至不需要出版费。开放社会机构（Open Society Institute）基金会则宣布了一项新的赞助计划，来自发展中国家的科研人员可以向其申请资金用于在 PLoS 期刊上的发表费用。同时，在收取作者出版费的具体形式上也存在着很大的灵活性。比如，由于 PLoS 收到英国联合信息系统委员会（Joint Information Systems Committee，简称 JISC）的一项拨款，因此，Plos 对来自英国研究人员的前 40 篇论文只收取 50％ 的出版费。又如美国昆虫协会（the Enthmological Society of America）采用开放存取和限制存取（Restricted Access）相结合的模式，使原有基于订阅模式的期刊可以平稳过渡为完全开放存取的期刊。

为促进作者付费模式的顺利开展，以下工作是需要开展的：

①向作者宣传开放存取的意义。开放存取能使作者的研究成果被更多人发现和引用,提高了作者在学术界的影响力。对于不能承担出版费用的期刊,仍可选择部分传统期刊出版方式。

②引导科研人员建立将出版费纳入科研基金计划中,并向资助单位证明支持科研出版是其例行公事。

③评估其他成本补偿机制的效果。有些补偿机制,如印刷版和授权访问,与开放存取的宗旨相违背,是基于订阅模式的主要收入方式,应该尽量降低在成本补偿中所占的比重。其他的成本补偿机制,如广告收入,可以相应地增加其比重。

(2) 印刷版销售

这是基于订阅模式的传统学术信息传播中常采用的一种经济机制。在某些学科,特别是人文社会科学,没有作者付费出版传统时,推行作者付费出版模式会遇到许多阻碍。这时,印刷版销售可以作为一种过渡的成本补偿机制。

从某种角度来讲,印刷版销售模式是与开放存取的要求相违背的。印刷形式的学术信息的出版通常要滞后数字化形式的学术信息几个月,但对于习惯订阅印刷型学术期刊的机构来说,这种付费的方式早已被接受了。因此,他们也乐于在开放存取中购买印刷形式的学术信息。但从开放存取的长远发展来看,这种渠道获得的收入要尽量减少其比重。

(3) 广告收入

这是开放存取中大力推行的一种经济补偿机制。在过去的印刷型期刊中,刊登广告是很普遍的现象,没有理由在网络环境下不充分利用网络广告的巨大影响力来发现和锁定目标消费群。特别是对于学术信息资源网站来说,其用户都是专业领域的特定人群,通过网络广告更易达到宣传的效果。网络广告是指在互联网的站点上发布的以数字代码为载体的各种经营性广告,是由确定的广告主以付费方式运用网络媒体劝说公众的一种信息传播活动[①]。

网络广告的最主要形式是旗帜广告(banners),计费模式主要有两种方法。

第一种方法为CPM(Cost Per thousand iMpression,即每千次印象费用),即网上广告产生每1 000个广告印象数的费用,按照广告投放次数而非投放时间长度收费。通常以广告所在页面的访问量为依据,例如,对每条旗帜广告收取1万元的费用,并保证达到50万次的印象数,则CPM就是20元。CPM模式对于OA网站来说比较容易,它所要考虑的只是显示1 000次广告条,无需关注点击率,无需统计多少百分比的访问对此广告产生兴趣。但对于广告客户来说,一方面,他获得了1 000次品牌推广的机会,但是因为他不能确定究竟有多少人真正注意了这条广告,所以向开放存取网站支付广告费无疑具有一定程度的风险。

第二种方法为CPA(Cost per acquisition,即每获取成本)模式,广告客户为了规避

① 娄卓男. 论网络广告的定价方式. 现代情报,2003,23(6):158～159

广告费用风险,只有网络用户点击了旗帜广告并进行在线交易后,才根据提供给广告客户有效访问者信息的记录数量来收取费用。如果访问者通过旗帜进入广告客户的网站后并没有发生任何有效的行为,对于广告客户来说,这样的访问是无效的,付出的费用并没有产生实际的效果,为了实现最大化投资效益,只有在客户填写并提交了交易表单,广告客户才会向网站支付广告费用。CPA 模式因为能获得更大的投资回报率,且能更好地管理广告成本,因而受到广告客户的欢迎。但从开放存取网站的发行人来看,毕竟 OA 网站的主要目的是为了科学研究,而不是与广告商打交道,CPM 模式实施简单,收入有保障,因此,OA 网站发行人更倾向于选择第一种模式。

在开放存取中,如何通过网络广告获得更多收入呢,以下是需要考虑的问题。

①用户接受能力:几乎没有人会宣称喜欢广告的,但是调查发现,在科研领域,读者们对与其科研相关的广告信息(例如实验设备)还是表现出某种兴趣和一定程度的欢迎,事实上,用户还是支持开放出版中的广告。

②双重广告包发布:如果开放存取期刊以印刷版和电子格式形式发行,那么可以考虑在印刷版和电子版中都发布广告,对于过去有过传统印刷广告体验的客户来说,能够吸引其转向采用网络广告。

③广告营销能力:广告营销管理是非常重要的环节,需要大量的成本投入。如果开放存取网站没有足够的人力、物力的支持,那么依靠广告收入来补偿运营成本有可能不仅没有收入,反而会带来更多的成本。但是,如果开放存取期刊在过去曾采用过广告商业模式,例如印刷期刊中采用广告,那么基于网络的广告收入模式将会继续发挥成本补偿效应。

④网站流量统计:如果广告计费模式采用的是 CPM 方式,那么广告客户需要有关网站流量情况的准确信息。现有的独立第三方互联网访问流量统计服务可以提供此项功能,但是对大多数网站发行方来说,费用太高而难以负担。比较可行的措施是由网站和广告客户进行协商,用网站服务器端的流量数据作为网站访问情况的衡量指标。

⑤开放存取期刊的读者群、发行量以及网页的印象次数。即注册成为开放存取期刊网站的用户数以及网站的印象次数。

⑥成本效益分析。学术期刊的一个特点是拥有较为固定的特定用户,例如用户都属于某个学科、某个地理范围、某个科研机构等等。应根据广告的目的,选择合适的网站,以最小的投入达到最大的收益。

⑦用户信息:指成为开放存取期刊在线或离线用户的个人档案。

⑧主要广告客户:通过宣传过去主要的广告客户案例来建立开放期刊的声誉,从而吸引更多的广告客户的注意力。

开放存取中的广告收入虽然不像广播电视中的广告那样是主要的收入来源,只占到开放存取所有收入总额的 5%～20%。但是,许多开放存取期刊出版者相信它是一种值得一试的成本补偿机制。有一些开放存取期刊出版方从期刊的主题和专业性考虑,对某些与读者关系不大的广告采取不接受的做法。因此,出版者必须预先建立明确的广告挑选标准。

（4）合作式赞助

合作式赞助是指企业赞助一些开放存取项目的运营费用，作为交换条件，在开放存取网站或其他公共渠道为企业作宣传。和网络广告相似，通常采用旗帜的方式显示企业形象标识或特征信息，但是也有一些不同之处。

首先，合作赞助可以获得更多的赞助资金。赞助开放存取期刊比广告形式具有更大的市场价值，因为赞助商可以从开放存取期刊的声誉中获益，期刊出版者也可以通过此方式获得更多的收入。

其次，合作赞助需较少的人力投入。赞助机制一旦建立起来，就不需要消耗更多的资源了。因为一方面，一个开放存取项目的赞助商通常是一二个，数目太多会降低对赞助商的吸引力。另一方面，赞助合同通常都详细地规定了各种细节问题，减少了许多麻烦发生。但是，赞助关系也会造成期刊对赞助商的依赖性增加。

第三，赞助模式形成较为稳定的关系。一般来讲，许多开放存取期刊都有固定的赞助机构。例如，学术科研团体创办的开放期刊，可能得到某些相关企业的长期赞助，大学发行的开放期刊可能获得一些固定企业基金的赞助。

最后，从用户接受来看，用户很少被无关广告信息困扰，更不会排斥赞助行为。

赞助模式通常也会和其他商业模式配合开展。例如，一个企业赞助商可以提供基金资助没有科研经费的作者发表研究成果，或者承诺购买开放存取期刊的服务或产品。无论采取何种资助模式，具有较大影响力和市场地位的期刊对潜在的赞助商来讲都是极具吸引力的。

接受赞助的期刊为保证期刊的公正性和质量需要一定的策略。为了判定是否接受企业赞助，必须遵守以下原则：

①保证期刊的编辑控制机制的完整性，避免赞助商干扰期刊内容评议。赞助商不能干预期刊的编辑控制工作，此部分权利仍掌握在期刊编辑部手中，这一点必须清楚明确地写进赞助合同中。

②保护和保持期刊的非商业及非营利性质。学术期刊的主要使命是发表有价值的科研成果，促进学术信息的交流和传播，而不应成为宣传赞助商产品或服务的商业运作平台。因此必须坚持科学办刊宗旨。

③选择赞助商赞助时最好是针对期刊整体而不是对其中的一两篇论文。这样做的好处是避免给公众留下赞助商只是针对某些既定的对象赞助，从而也保证了学术期刊在公众心目中的公平形象。

作为对赞助的交换条件，开放存取期刊可用文字、图像方式向赞助商致谢，也可以在网站上展示赞助商的商标名称或形象标识符，还可以打出赞助商产品的名称等方式来作为回报。

（5）离线出版模式（以光盘或者印刷形式）

开放存取期刊的印刷形式的副产品或者光盘形式的全年论文集也能给开放存取期

刊带来收入,同时也满足了部分用户对离线出版物的需要。具体可以采用下述策略:

①每年末出版年度累积版

为了满足个人或团体用户对有价值的信息存档和参考便利的需要,可以提供印刷版本聚合每年以数字形式发表的科研信息。数字信息的多样性也带来印刷版与原生数字信息的一致性问题,对于文字信息,可以完全镜像,对于大型数据库、声音、视频、三维信息则不能复制下来。印刷版也不可能覆盖所有的数字信息,那么,以光盘形式出现的年度论文集可以让用户选择哪些论文需要印刷。

对于这些离线出版物的定价有些开放存取出版商采取的是基于成本的定价,例如英国几何学和拓扑学出版社出版的《几何学和拓扑学》期刊,每年出版一次印刷版本,其价格根据页数确定,成本为每页 0.03 美元,定价仅为每页 0.10 美元。有些出版商则期望能获得利润来部分地补偿其他运营费用。如果采取后者,则需要对市场的供需规律作出准确的预测才能取得好的效果。

②对在线出版内容的补充版本

有些情况下,网络形式的出版物不能满足习惯于传统的印刷版读物的用户的需求,如果能同时提供印刷版本,作为网络版本的补充,并包含一些网络版本没有的内容,那么也会获得收入。这些补充的内容可以是通讯方式、社论、招聘信息、大事记以及其他对科研团体有用的信息。实际上,现在已经形成了一个惯例,网络只提供学术信息内容,而其他一切相关信息都以印刷形式出版。在这种情况下,出版者仍需要一定的印刷版本的生产能力。

(6) 增值付费服务

开放存取出版方还可以提供多种形式的增值付费服务来获得收入。例如:

①通报服务(Alert Service)

指通过对期刊的主题索引,建立用户的研究兴趣档案,当期刊刊登了用户感兴趣的论文时,向用户发送电子邮件通知。

②个性化服务

除了能够个性化通知外,期刊出版方还可以由用户自定义期刊界面和交互方式。

开展各种形式的数字信息增值服务都可能有市场潜力和利润空间,也是普遍受开放存取期刊推崇的成本补偿机制。但在实施这种模式的时候要切记在提供增值付费服务的同时也会产生成本,有必要考虑成本效益率。

(7) 电子商务

对大型的开放存取出版机构和专业社会团体来讲,其拥有的大量学术信息资源可以作为其开展数字信息产品或服务的基础。电子商务已经广泛渗透到经济生活的各个方面,开放存取数字出版物也可以按照电子商务的模式来运营。

例如,一个社会团体出版商,可以采取提供信息产品、开展扩展学习项目(如继续教育、职业认证等)等类似的电子商务形式。在线期刊网站可作为大学出版社寻找销售图书的市场渠道的一个极好的途径,或者有助于社团扩大会员注册人数。

制定合适的电子商务计划虽然耗时,但是会降低后续工作的风险。对于销售的有形商品不需要库存,而是直接按照客户的要求定制销售。特别对于网站来说,只是作为商品交易的中介而非产品制造商。维持电子商务运营的成本也是相当低的,主要是建立电子商务基本构架的固定成本。电子商务功能会增加开放存取期刊网站的运行复杂性,可以采取技术外包的方式来降低开发难度,例如对信用卡安全认证可以交给专业化的服务企业负责。

开放存取期刊开展电子商务是否是一项可行的商业模式呢?这决定于一系列的因素,包括提供获得利润的产品和服务的范围,以及组织作为商品或服务供应者愿意承担的义务和责任的意愿。很多情况下,对于开展电子商务引起了争论:一些开放存取期刊的支持者和参与者认为这种模式过于商业化而违背了开放存取的宗旨。选择和期刊读者兴趣相关的产品或服务,以及这种商业模式暂时只是在实验阶段开展可以部分地解决这些争议。很难预测电子商务会带来什么样的经济问题,如果开放存取期刊打算开展电子商务,必须谨慎地思考各方面的影响因素,并对收支进行规划。

除了开放存取出版商自产收入来弥补运营成本外,获得外部的赞助也是一个必要的辅助措施。可获取的外部赞助形式主要有下面几种:

(1)基金赠与

基金是指专门用于某种特定目的并进行独立核算的资金。基金的来源有很多种,但对于开放存取来讲,可能的来源包括:

①个人基金:这是一种非营利、非政府组织的基金方式,由个人捐赠,并指定可信任人或机构管理。许多个人基金都用于资助教育、社会发展、宗教等公益活动。显然,开放存取中选择个人基金最重要的标准是以公益性为宗旨,支持本学科领域的学术交流活动。

②企业基金:指来源于营利性质的企业机构、私有的、由企业支持的基金项目。在处理企业基金项目时,要和前面的赞助模式一样,保证期刊的公正性。

获取基金可能是一项费时的工作,但是在许多事实中,基金被认为是一个能补偿向开放存取转变所需成本的一个有效途径。在 Lund Directory of Open Access Journals 中就有 10% 的期刊是靠基金的支持运营的。如果学术期刊是由大学或者非营利的研究机构创办的,那么这些机构可能已经拥有许多基金来源了,并且具有管理基金的经验,争取它们的资助将更有助于建立期刊的基金管理。

(2)机构捐献或资助

有些时候,期刊的主要负责人属于某个学术研究机构,那么该研究机构可以以正式或非正式的方式来支持期刊的开放存取运营。开放存取期刊也可以借助出版来给科研机构带来声誉。这些捐献或资助通常不是直接以资金的方式而是以其他形式来实现。例如,开放存取信息需要经过数字化过程转化成数字形式,大学图书馆可以充分利用其人力资源来帮助标引和建立元数据框架,以及文本格式的规范化工作。这方面,Arizona 大学的"the Journal of Insect Science",Kent 州立大学的"Electronict Transactions on Numerical Analysis"以及 Idaho 大学的"Electronic Green Journal"在发展过程中都获得各自大学图书馆的大量资助。

（3）政府资助

争取政府资助也是一个重要的成本补偿机制。不同国家政府对开放存取的资助力度不同，但是，政府资助都倾向于支持一些项目的开展和特别领域的研究而不是开放存取所关注的信息的传播。因此，出版者应该密切关注政府资助的各种机会。特别是参与到大规模、长期项目中的大学或研究人员更应积极地和政府部门协商，获得各种研究基金资助。例如，美国开展了科学数据公共行动，获得了大量的政府资金，这个行动计划和开放存取有许多共同点，开放存取也可以借助这个机会获得发展资金[①]。

（4）馈赠和募款

来自个人的小额馈赠虽然增加了募款的成本，但是仍不失为一种很好的成本补偿机制。这种形式是否重要取决于期刊的资助模式。很少有出版商每年都把募款作为补偿成本的方式，一些期刊吸引了大量的资金来源，包括个人、博物馆、大学、艺术馆、企业以及基金组织。如"Nineteenth-Century Art Worldwide"期刊就接受了来自个人、机构的捐款和馈赠[②]。

募款作为一种经济机制能够为期刊带来收入，现在已经有为数不少的期刊开展了募款行动，募款的渠道可以是社会团体、机构或基金组织等。一些独立创办的期刊也提高了募款的比重，例如"the Journal of American popular culture"期刊推出的铜牌、银牌、金牌3种等级的募款[③]。当开展募款时，要重视募款的管理工作，并且要对捐赠单位表示谢意。

（5）非现金资助

除了提供资金支持外，还有提供人力、办公场所、基础设备、软件支持等资助。实际上，超过一半的开放存取期刊接受大学不同程度的贡献以及几乎1/5地接受了专业学术机构的捐献[④]。例如，从大学和科研机构可以获得人力支持、办公场所以及设备的使用，从企业可以获得免费使用软件的授权。随着开放存取运动的发展，这种经济补偿机制有逐渐增加的趋势。

（6）合作伙伴关系

具有共同目标的组织建立合作伙伴关系，发挥各自的优点，弥补缺点，也是一种很有效的成本补偿机制。各种开放存取出版商之间可以建立合作伙伴关系，能充分利用双方的资源共同推动开放存取的发展。例如，社会性团体和大学学术机构就可以建立很好的合作关系，来推动学术交流进程。像 Texas A&M 大学海洋学系创办的"古生物

---

① Warren E. Leary. Measure calls for Wider Access to Federally Financed Research. The New York Times, 2003 - 06 - 26(3)

② The Association of Historians of Nineteenth-Century Art. sponsorship. [2006 - 11 - 12]

③ The Institute for the Study of American Popular Culture. Endowment Fund. http://www.americanpopularculture.com/journal/endowment_fund.htm. [2006 - 11 - 16]

④ Lund 大学开放存取目录. http://www.doaj.org

学电子杂志"(Palaentologia Electronica),就是由 8 个和古生物学相关的社会团体支持的。社会团体能提出学科研究的热点,并且拥有专业化的期刊编辑出版技能。大学图书馆(或图书馆联盟)能提供辅助性资源,例如网络构架和技术路线,以及提高在市场中的地位和名誉。

在某些学科,学术期刊向开放存取转变时如果能与在线出版服务商建立伙伴关系将会是一个很好的策略。无论这些在线出版服务商是营利的还是非营利的,都能以免费或者较低的价格提供开放存取出版服务。作为回报,他们也可以从开放存取的内容服务中获取可观的利润。通常,这些在线出版商会综合利用收取论文处理费模式和在线广告模式来产生收入流。例如,在生命科学和医学领域,几家商业公司提供开放存取出版业务,要求期刊的编辑只需负责论文内容的编审工作,而不用关注技术和经济问题。目前,采取这种机制的大部分是自然科学学科,对于人文社会学科也同样可以开展工作。

对上述各种开放存取的经济补偿机制,用一个表格将其归纳,见附录 A。

5.3.5 学术数字信息资源存取的社会环境

2003 年可以说是开放存取年,许多著名的期刊把 OA 列作 2003 年重大新闻(事件)之一。《美国科学人》(The Scientists)把它列为"2003 年科学事件的 5 大事之一"(top five science stories of 2003),《自然》杂志把它列为"2003 年主要的 5 大事之一"(five major science stories from 2003),《科学》杂志把它列为"2003 年度具有突破性的 7 大事之一及 2004 年应关注的领域"("sevenbreakthroughs ofthe year"and"areas to watch in 2004")。但是,除了媒体对 OA 的大力渲染外,OA 是否真的做到深入人心,与之相关的各个利益团体是否真的认同开放存取的理念,接受并加入开放存取组织中去呢,这是一个涉及开放存取社会发展环境的问题。从有关研究来看,OA 运动的前景还不很明朗,许多国家及机构都在持观望态度。英国议会科学及技术委员会经过 5 个月的调查后在 2004 年 7 月 21 日发表了关于 OA 的报告,认为"作者付费"OA 是"确实可行的",但还需要"进一步的试验"①。一些大学官员担忧如把原本是图书馆经费挪作"作者出版费"后,会进一步缩减图书馆的经费。若经费充足,美国研究图书馆联盟(ARL)负责人玛丽凯思(MaryCase)也并不赞成 OA 运动②。不少人对"OA 运动"更是抱有怀疑,认为该运动只是白日梦(Pipedream)。他们认为由作者支付的出版费难以应付学术期刊运作所需的费用。有专家认为,PLoS 大大低估出版高质量的期刊所需的费用,高质量的期刊就意味着高达 90% 的退稿率,每出版一篇文献所需编辑费用远远高于 1 500 美元。若采用"作者支付"的出版模式,《科学》杂志每篇文献所需的出版费为 1 万美元,《自然》所需的费用远远超过 1 500 美元,《新英格兰医学杂志》为 1 500 美

---

① Declan Butler. Britain decides'open aCCeSS'is still an open is sue. http://rolos. nature. corn/news/2004 / 040719/pf/430390b_pf. html. [2006‐9‐15]

② David Malak. Scientific publishing:Opening the Books on Open Acces. Science,2003,302(24):550~554

元的几倍。期刊收费若改为"作者付费"模式,出版商从订购费获利转向从出版费获利,为了获利只能降低稿件录用标准,为赢得出版市场,期刊会以作者为重点而不是以读者所需为重点了①。

影响开放存取被社会接受的另一个因素是开放存取的信息资源的质量问题。当前,对于开放存取的内容的质量控制主要沿用传统学术期刊出版形成的专家评审和同行评议制度。比如,BioMed Central 期刊刊登的所有研究论文都要经过同行严格评议。SPARC 则通过与著名的学会、协会以及大学出版社合作,直接吸收优秀的编辑和专家对出版物进行评估。在提高出版物质量的同时也提高了期刊的影响力和被认可程度。虽然在质量方面,许多开放存取的支持者一直在尽力地改善,但是高水平的开放期刊仍不多见,如此一来,研究者不会放弃在顶级期刊上发表论文所带来的种种好处而选择新兴的免费的开放期刊。

1. 开放存取的社会接受度调查:针对科研人员的调查报告

对于开放存取,科研人员的态度到底是怎样的呢? 2004—2005 年, UCL (University College London)的 CIBER(Centre for Information Behaviour and the Evaluation of Research)研究小组在互联网上发布了一个调查问卷②,探讨研究者对待开放存取的态度和行为。共有 4 000 余名不同国籍、不同学科和不同年龄的研究者对调查问卷作了反馈,这些研究者在过去的 18 个月内都曾在 ISI 数据库收录的期刊中发表过论文。调查围绕以下问题展开③:

(1) 开放存取的接受度受哪些因素影响

调查结果发现开放存取还是一个新兴的事物,只有 1/10 的研究者回答曾在开放存取期刊上发表过作品。但是,将近一半(46%)的研究者说尽管没有在其上发表作品,但他们知道这种形式。

研究者的地理位置对于其是否在 OA 期刊上发表作品影响深刻。居住在南美(31%)和亚洲(29%)的研究者称最有可能在 OA 期刊上发表作品,而来自非洲(11%)、西欧(15%)和北美(17%)的研究者最不可能在 OA 期刊上发表作品。

如果研究者有过在互联网上发表作品的经历,那么更有可能愿意在开放存取期刊上发表作品。研究者如果曾建立过个人网页,链接个人学术成果让他人访问的话,愿意在 OA 期刊上发表作品的人数将是没有上述行为的人数的 1.5 倍。

在开放存取运动进展缓慢的国家的研究者普遍对开放存取持消极或否定的态度。澳大利亚、北美、西欧等国的研究者们认为开放存取出版是昙花一现的事物,没有发展

---

① Declan Butler. Scientific publishing:Who will pay for open access? Nature,2003,425(09):554~555

② David Nicholas, Paul Huntingon, Ian Rowlands, Hamid R., Jamali M. Open Access Publishing:An International Survey of Author Attitudes and Practices. Available at http://www.ucl.ac.uk/ciber/documents. [2006-9-20]

③ David Nicholas, Ian Rowlands. Open Access Publishing:The Evidence from the Authors. the Journal of Academic Librarianship,2005,31(3):179~181

的优势。而来自开放存取开展较多的国家却持积极的态度对待开放存取,认为这是一项有意义的运动。即使是在这些国家也有不同情况,在南美,研究者们关注开放存取的人数最多(近1/3),并且积极参与到开放存取运动中,在东欧,研究者们也积极关注开放存取,但是有许多研究者却并没有参与到开放存取运动中,而是抱着漠不关心的态度。

(2) 研究者对开放存取的了解程度

研究者基本上对开放存取不甚了解,只有5％的研究者宣称对开放存取非常了解,14％称了解,大部分(48％)研究者称只懂得少量开放存取的知识,还有将近1/3的人几乎都不知道何为开放存取。不同年龄、地区和学科的研究者表现出对开放存取知识掌握的不同。年龄大的研究者几乎都没有听说过开放存取;了解开放存取的研究者中,来自东欧和南美的人数是来自澳大利亚、北美和西欧人数的2倍;经济、社会科学、环境和地球科学的学者更有可能不了解开放存取,而生物学(30％)、神经系统科学(27％)、数学(22％)和材料科学(22％)的学者掌握更多的有关开放存取的知识。调查还发现一个事实,发表论文越多的科学家也是推动开放存取发展的主要力量,越是多产的研究者知道越多的有关开放存取的知识。

在大部分研究者的头脑中,开放存取期刊的最明显特点是能够免费存取,至于其他的特点则不清楚。但是,也有29％的研究者知道开放存取期刊必须是数字形式的,27％的研究者了解开放期刊需要良好的标引系统,因为良好的标引有助于研究成果被公众获取。

在开放存取运动开展较少的地区(如澳大利亚、北美和西欧),开放存取常常和免费存取(Free Access)联系起来,在这些地区,科研人员出版作品的方式还是以传统形式为主,年轻一些的研究者更有可能认同开放存取=免费存取。

令人惊讶的结果是几乎没有人将开放存取与付费模式联系起来,在近3/4的被调查者中,26％的人认为开放存取与付费模式有微弱关系,而47％的人认为开放存取与作者付费出版没有任何关系。

(3) 开放存取期刊的出版费用

对于开放存取期刊采取的作者付费出版模式,有一半的被调查者称他们不愿意为出版作品而付费,13％的人对作者付费模式提出尖锐批评。作为读者,研究者赞同开放存取的理念(因为可以自由地获取信息),但是对于作者付费却持否定态度。若被调查者不了解什么是开放存取时,不愿意为出版付费的人数更达到2倍。居住在亚洲、非洲、东欧和南美的研究者赞同作者付费模式的人数是来自澳大利亚、美国、西欧研究者人数的2倍。在互联网上有过免费让公众获取其作品的研究者有1/3同意作者付费出版。年轻的男性研究者比老年的研究者更愿意采用作者付费模式。

导致这种结果的原因可能是被调查者理解作者付费模式是说要作者为出版作品而自己付费,这种经济上的压力是科研工作者无法承担的。也即对研究者来说,制约其接受开放存取的一个重要因素是探讨合适的付费模式,而不是由作者本人承担出版费用的责任。因此,关于其他付费模式的探讨也是研究者们关心的问题。被调查者提出了政府资助、科研基金支持、广告收入等一系列措施。

（4）开放存取的未来走向

开放存取将朝什么方向发展,大多数人认为开放存取可缓解图书馆经费压力,这也解释了为什么图书馆是开放存取运动的积极支持者。然而,有趣的是,大多数人（78%）同意开放存取会带来印刷形式的信息消失,而且会使得作品出版更为容易,超过一半的人（55%）相信退稿率将越来越低。这也是导致开放存取被一些科研人员反对的主要原因。

这项研究还调查了开放存取对于存档的影响、对论文质量的影响、对作者出版服务的影响以及对科研成果被公众获取等问题的公众意见。调查结果为不同年龄阶段、地区、学科领域的研究者对开放存取的未来发展持明显不同的观点。例如,37%的亚洲研究者和29%的非洲研究者们相信开放存取会促进出版物质量更好,相比之下,只有3%的澳大利亚、8%的北美和10%的西欧研究者们持有此看法。2/3的亚洲研究者和59%的东欧研究者认为开放存取会提高出版机构对作者的服务质量,这个数据在澳大利亚和北美分别只有33%和40%。来自非洲（91%）和亚洲（83%）的大部分作者认为开放存取使其科研成果更易于获取,东欧和北美分别有76%和79%的人这么认为。

2. 不同的视角

Blackwell出版公司Robinson从出版商的角度,发表了关于开放存取的不同见解,争论的中心主要围绕以下几个问题[1]。

（1）开放存取是否能解决图书馆经费危机

过去图书馆一直是开放存取的积极支持者,因为他们将开放存取看做是解决图书馆经费危机的一个有效办法。他们认为随着发表的论文数量越来越多,期刊价格越来越高,图书馆已经没有足够的资金来购买所有的期刊了。

但出版商却不这么想,他们认为图书馆的经费危机主要不是购买期刊引起的,而是管理过程中引起的,即使所有的期刊都免费了,图书馆经费危机仍有可能在10年内爆发。而且,调查发现,人们获取信息并不一定要去图书馆,图书馆在所有12种获取信息途径中只排在第11位[2]。

（2）限制存取是否会阻碍科学研究

开放存取的支持者认为只有让科学信息自由传播才能促进科学研究。调查也发现,90%的科研人员认为便利的信息存取会有效地促进科学的研究,97%的科研人员同意数字图书馆平台大大节省了科研人员查找论文的时间[3]。

---

① Robinson A. Open access: the view of a commercial publisher. J Thromb Haemost, 2006, (4): 1454~1460

② Odlysko AM. Competition and cooperation: libraries and publishers in the transition to electronic scholarly journals. JSch Pub, 1999, (30): 163~185

③ Rowlands I, Nicholas D. New Journal Publishing Models: an International Survey of Senior Researchers. A CIBER report for the Publisher's Association and the International Association of STM Publishers. http://www. ucl. ac. uk/ciber/pa_stm_final_report. pdf. 〔2006-9-15〕

但是,如果限制存取是否会阻碍科学研究呢?调查中,要求科研人员列出能提高研究效率的因素时,在 16 个因素中,能便利地存取信息这个因素仅仅处于第 12 位。在科研人员看来,更多的基金支持、得力的研究助手以及自由的研究空间是更能提高科研效率的因素。

(3) 对开放存取期刊的看法

通过调查发现:52%的开放存取期刊并没有真正地完全依赖作者付费模式,而是更多地依靠其他收入来源,如广告或赞助;多于 40%的开放存取期刊不能补偿其运营成本;与非开放存取期刊相比,开放存取期刊的投稿率低得多,但是稿件录用率却超过了 50%,高于非开放存取期刊;开放存取期刊中只有 72%的论文被评审过(而传统期刊几乎达到 100%),而且开放存取期刊主要是靠内部的编辑人员来同行评议。

在一些传统出版商看来,作者付费出版的模式将可能带来论文评审标准的退步:如果出版高质量的论文作者所付的费用并不能补偿成本,那么为何不多出版一些低质量的论文呢?而且这种作者付费出版模式区别对待有项目基金资助的作者和没有资金支持的作者,同样的也区别对待低收入国家和高收入国家的作者,但是当没有更好的可补偿的商业模式时,这种做法是否会坚持下去呢?

(4) 对学科或机构资源库的看法

许多机构都要求作者在其论文正式发表后的 6~12 个月内将论文存入存档库中,但是,调查发现,实际情况很不乐观。例如 NIH 报道在过去的 8 个月内,所有投稿的 43 000 篇论文中只有不到 4%(1 636 篇)的论文被主动地放入 PubMed Central 中,这个数字不包括其中正式发表的 5 400 篇论文,这些论文已经自动地放入 PubMed Central 中了。造成这种现象的原因并不是作者没有意识到要将论文存放到存档库,85%的作者都承认知道 NIH 有这一项政策,但是,缺少的是动力和激励[1]、[2]。

在对作者和读者调查时发现,相比开放存取期刊,对机构资源库的了解更少些。只有 13%的人宣称知道"一些"或"很多"关于机构资源库的知识,几乎 87%的人一点也不知道。而且也只有 35%的被调查者宣称机构资源库有可能改变当前的期刊系统,相比之下,57%的人相信作者付费模式会改变当前的期刊系统。这些数据反映出对机构资源库的影响力,人们还不是很明朗。

相比之下,传统的出版商却认为从长远来看机构资源库的影响远远超过了开放存取期刊。设想如果所有的论文都存放在机构资源库中被免费获取,那么传统的由图书馆订阅期刊的历史将结束。如 Wellcome Trust 所言"如果能建立开放存档库,那么基于订阅的模式将终结,在不远的将来,需要重点建立高效的开放文档库,而期刊出版商

[1] National Institutes of Health. Report on the NIH Public Access Policy. http://publicaccess. nih. gov/Final_Report_20060201. pdf. [2006-9-20]

[2] Publishing Research Consortium. NIH Author Postings:a Study to Understand Knowledge of, and Compliance with, NIH Public Access Policy. Publishing Research Consortium. http://www. publishingresearch. org. uk/. [2006-9-20]

所要面临的问题不是是否提供开放存取,而是如何定位其期刊,以便在未来开放存取期刊、开放资源库以及以廉价的文献传递服务成主流的世界中继续保持其重要角色。"①

3. 几点结论

从国外的调查研究中,我们至少可以得出以下几点结论:

(1)开放存取在许多研究者心目中还是一个新鲜事物,对开放存取的发展前景,人们还处于模糊认识的阶段。

·(2)开放存取期刊和开放存取仓储这两种实现途径,谁更有用,人们还是没法证实。作者付费出版有可能会给没有经费支持的作者带来压力,但是自我存档却没有质量控制机制。由此可知,经费问题和质量控制问题是影响开放存取发展的两大瓶颈。

(3)尽管如此,大多数科研人员仍对开放存取对科学交流带来的影响表示肯定,认为开放存取将在推动科学信息传播、扩大自己研究成果的影响力方面发挥积极作用。

---

① Wellcome Trust. Costs and business models in scientific research publishing. Cambridgeshire:SQW Limited Enterprise House Vision Park Histon,2004

6 我国学术数字信息资源存取内部条件分析

6.1 我国学术数字信息资源建设和存取现状

6.1.1 我国数字信息资源的发展概况

最主要的数字信息资源是分布在互联网上的网络信息资源,也是人们利用最多的信息资源。2006 年,受国务院信息化工作办公室委托,中国互联网络信息中心发布了《2005 年中国互联网络信息资源数量调查报告》,总体上揭示了我国网络信息资源的发展概况①。

1. 域名情况

截止到 2005 年 12 月 31 日,全国域名总数为 2 592 410 个。域名总数在 2004 年增加了 66.5 万个,在 2005 年增加了 74 万个。但由于基数的增大,其增长率有所下降。

其中,CN 域名总数为 1 096 924 个,年增长率达到 154%。CN 域名已经成为亚洲最大的国家顶级域名,在全球所有国家顶级域名中的排名从年初的第 13 位上升到第 6 位。这也说明 CN 域名已经成为我国新增域名的绝对主流,并成为用户注册域名时的首选域名。

2. 网站情况

截止到 2005 年 12 月 31 日,全国网站总数约为 694 200 个,一年内净增加 25 300 个。

将网站按照主体性质不同分为政府网站、企业网站、商业网站、教育科研网站、个人网站、其他公益性网站以及其他网站等。

调查结果显示,企业网站所占的比例最大,占网站总体的 60.4%;其次为个人网

---

① 中国互联网络信息中心. 2005 年中国互联网络信息资源数量调查报告. http://www. maowei. com/download/2006/20060516. pdf. [2006 - 09 - 15]

站,占 21.9％;第三是教育科研类网站,占 5.1％;随后依次为政府网站占 4.4％,其他公益性网站占 3.8％,商业网站占 3.5％,其他网站占 0.9％。

3. 网页情况

截止到 2005 年 12 月 31 日,全国网页总数约有 24.0 亿个。一年内增长 17.5 亿个,年增长率高达 269％,其中,动态网页的增长量占总增长量的 71.6％。网页增加可能与网民的增加、Web 2.0 的发展促进了网民自由创作、互联网得到更广泛的重视等因素有关。

随着网页总数的急剧增加,网页字节数也同样出现剧增,一年内增长 46 763 GB,年增长率达到 227.7％。这充分反映出我国网络信息资源的快速增长。

从网页内容来看,多媒体网页是网络信息资源的主要形式,其中图像占 98.75％,音频占 1.13％,视频占 0.11％。

4. 在线数据库情况

截止到 2005 年 12 月,全国在线数据库的总量为 295 400 个。

6.1.2 我国学术数据库引进和自建情况

一方面,国外著名大型数据库已大部分被我国科研单位采购和引进。国外数据库的成功引进缓解了我国高校外文文献长期短缺,无从获取或获取迟缓的问题,对高校科研和教学起到了极大的推动作用。目前,国内图书馆数据库主要是 CALIS 组织的集团采购。截止 2005 年年底,以 CALIS 为牵头单位的集团采购模式为我国高校引进了 216 个数据库,全国共有 790 个高校和科研机构、3 371 个馆次参加了集团采购①。这些数据库包括 EBSCO、SpringerLink、书生之家、超星图书馆等国内外知名学术数据库。

数字技术也推动了学术数字信息资源建设。1996 年,经国家新闻出版署批准,由教育部主管,清华大学光盘出版社建成了我国第一部涵盖各类学术期刊的大规模集成化全文数据库《中国学术期刊(光盘版)》,随后发展成中国知识基础设施工程(CNKI)。其中收录了公开出版发行的重要期刊 5 300 余种,1994 年以来的全文文献 720 余万篇,除此以外,还包括报纸、博硕士论文、重要会议论文等多种来源,内容范围覆盖理工、农业、医药卫生、文史哲、政治军事与法律、教育与社会科学综合、电子技术与信息科学、经济与管理等各个领域。该数据库代表了我国学术期刊事业发展的水平,是反映我国各领域学术研究成果的国家支柱信息资源之一。表 6.1 列出了从 CNKI 中获得的有关我国学术数字信息资源的建设情况。

除了 CNKI 作为主要的学术数字信息资源建设单位外,重庆维普资讯公司创建的《中文科技期刊数据库》以及万方数据股份有限公司的《万方数据资源系统》,被称为国内三大学术论文数据库。

---

① 向林芳.高校图书馆数据库的采购.图书馆学研究,2006,(3):63～65

表 6.1　从 CNKI 中获得的有关我国学术数字信息资源的建设情况①

资源类型	数据库名称	收录量	说明
期刊	中国期刊全文数据库	7 486 种期刊，1 670 万篇全文文献(1994 年至今)	中国国内 7 486 种综合期刊与专业特色期刊的全文
博硕士论文	中国优秀博硕士学位论文全文数据库	27 万多篇(1999年至今)	全国 305 家博士培养单位的优秀博/硕士学位论文
会议论文	中国重要会议论文全文数据库	38 万多篇(2000年至今)	国家二级以上学会、协会举办的重要学术会议，高校重要学术会议，在国内召开的国际会议上发表的文献
报纸	中国重要报纸全文数据库	493 万多篇(2000年至今)	国内公开发行的约 1 000 种重要报纸，从 2006 年起每年精选 120 余万篇文献
图书	中国图书全文数据库	24 万册(1949 年至今)	国内外部分景点专著，以对科学技术和社会文化进步有重要贡献的原著、经典专著、名家撰写的教材为核心，包括工具书、教科书、理论技术专著、科普作品、古籍善本、经典文学艺术作品、译著、青少年读物等
年鉴	中国年鉴全文数据库	800 种(1912 年至今)	包括基本国情、政治军事、法制、经济、农业、工业、社会科学工作与成果、科技工作与成果、教育、文化体育、医疗卫生

　　《中文科技期刊数据库》包含了 1989 年至今的 9 000 余种期刊刊载的 1 250 余万篇文献,并以每年 250 万篇的速度递增。涵盖自然科学、工程技术、农业、医药卫生、经济、教育和图书情报等学科。所有文献被分为 8 个专辑:社会科学、自然科学、工程技术、农业科学、医药卫生、经济管理、教育科学和图书情报,8 大专辑又细分为 36 个专题。《中文科技期刊数据库》分为全文版、文摘版以及引文版,分别提供全文服务、文摘浏览和引文查询服务,广泛应用于高校、信息研究机构、科研院所、公司企业、医疗机构等领域。

　　万方数据资源系统(ChinaInfo)是以中国科技信息研究所(万方数据集团公司)全部信息资源为依托建立起来的,它是以科技信息为主,集经济、金融、社会、人文信息为一体的网络化信息服务系统。该系统分科技信息系统、数字化期刊和企业服务系统三部分,面向不同的用户群提供信息服务。科技信息子系统为广大科技工作者、高校师生、公共图书馆、科研机构及政府管理部门服务,主要文献资源有:学位论文、会议论文、科技成果、专利技术、中外标准、政策法规、科技文献、论文统计、机构名人等近百种数据库资源,信息总量达上千万条,每年数据更新几十万条以上(注:该子系统只能查看摘

　　① 注释:年鉴是系统汇集上一年度重要的文献信息,逐年连续出版的资料性工具书。其收录范围是以上一年度为主,把有关的资料文献尽可能全面收集,着重反映一年来的新动态、新经验、新成果。

要,查看全文则需与信息服务部联系索取原文)。数字化期刊子系统以收录期刊为主,所有期刊按理、工、农、医、人文划分为5大类70多个类目约3 500种科技期刊,期刊论文的全文全部上网。企业服务系统是查询工商信息的网络平台,以近20万家重要企业及其产品信息为基础,全面介绍中国企业生产现状、技术实力和发展前景。同时针对企业特点,提供以专业信息为主体,包括行业动态、产业研究为内容的完整知识系统。主要栏目有:企业产品、企业技术、企业报告、行业知识。

除了学术论文作为主要的学术数字信息资源建设外,我国还有许多其他形式的学术资源需要数字化。在《万方数据资源系统》中,有中国科技成果数据库、中国发明专利数据库、中国外观设计专利数据库等资源,表明科技成果基本上完成了网络版的转化工作。值得一提的是,我国逐渐重视特色资源的建设,各种公益性的数字化古籍资源越来越多,在汉字字符集处理、古籍原文输入、古籍研究支持系统的开发等技术领域取得了进展,开展了古籍检索工具的数字化、古籍书目数据库建立、类书资源数字化、普及性作品的多媒体化以及计算机古籍整理通用系统的研制开发等项工作①。

总之,我国学术数字信息资源的建设尚处在积极探索阶段,但是对数字信息资源越来越认同,再加上我国拥有丰富的文化遗产、雄厚的人才实力和丰硕的科研成果,我国的学术数字信息资源定会在全球占据重要地位。

6.1.3 我国学术数字信息资源存取方式

网上的学术数字信息一方面是以各种数据库形式存在的,另一方面是以各种网页的形式分散于各个网站上的。对于我国用户来讲,可以利用的数据库既包括引进的国外数据库,也包括国内自建的数据库。

我国用户访问国外数据库常用的是以下方式②:

1. 专线访问 即利用数据库出版商提供的免费专线直接访问远程服务器。一般而言,对于全文数据库采取直接访问是比较好的方式,因为全文数据库的数据库容量比较大,如建立镜像站点,则需要大量设备。但对于用户而言,采取直接访问存在国际网络通讯费的问题。目前,我国许多机构在引进数据库中采取与数据库出版商协商,让对方提供租用专线(如 Digital Island)的方式,承担国际网络通讯费用。如 ProQuest Information and Learning 公司(原 UMI 公司)就采取这种方式,国内用户可以通过专线直接访问美国 ProQuest 系统中的 ABI(商业信息数据库)、ARL(学术研究图书馆)等数据库,而无需设置出国代理和承担相应的国际网络通讯费用。

2. 通过国际网访问 即利用数据库出版商提供常规的 Internet 数据库访问服务直接访问,需支付国际通讯流量费。这种方式通常不值得提倡,但由于存在各种原因,对某些国际数据库的访问也采用这种模式。图书馆一般设置代理服务器专门用于提供

---

① 李国新. 中国古籍资源数字化的进展与任务. 大学图书馆学报,2002,(1);21~27

② 年心博客. CALIS 的集团采购. http://openaccess. bokee. com/222048. html. [2006-9-12]

检索国外的联机数据库及电子期刊,并承担相应的国际网络通讯费用;而图书馆用户则需要设置图书馆提供的代理访问远程服务器。如目前 LexisNexis 数据库出版商和 RSC(英国皇家化学学会)提供的服务方式就属于这种形式,校园网内用户往往通过图书馆代理访问这些数据库。

3. 本地镜像访问　即通过数据库出版商授权,建立镜像服务器或本地存储服务器,用户进行本地访问。建立镜像服务器的方式在许多大学图书馆数字资源使用中比较常见,主要应用于二次文献数据库,如文摘索引类数据库。镜像站点可以根据实际需要建立一个或多个。如 CALIS 分别为 IOP(英国皇家物理学会出版的电子期刊)、Nature Online(Nature 在线电子期刊)等数据库或电子期刊建立了本地镜像站,而 PQDD(ProQuest 学位论文全文版)则分别建立了 CALIS 本地镜像站和上海交通大学镜像站。同时,有些出版商或服务商只提供本地存储(Local Storage)服务,即在 CALIS 设立本服务器,自己只提供裸数据(Raw Data),由集团系统自行解决系统问题,如 Kluwer 学术出版社。目前该本地存储服务器设在文理中心,因此用户访问也无需支付国际网通讯费。

国内自主开发的数据库由于不需支付国际通讯费,相比之下,用户使用要方便得多,可以通过购买光盘、购买访问账号、登陆主站以及建立镜像访问站点等形式存取信息。

网页形式存在的网络信息也是广泛利用的学术信息资源的主要来源。对这种类型学术信息,用户一般通过搜索引擎检索,获得所需信息的指示线索,如果能够免费提供全文,则可以直接打开链接,若不提供全文服务,则还需要通过支付一定费用才能获取所需信息。

现有许多著名的搜索引擎如 Google 推出了 Google Scholar 专门针对学术信息资源搜索服务的产品。为了能方便更多读者在更快时间内从数字图书馆找到资料,2005年末,国家图书馆在国内率先与 Google Scholar 合作,用户通过 Google Scholar 可以免费获取国家图书馆 8 000 余万页电子文献,包括国图自建数字资源中最具特色的金石拓片 2.5 万幅、馆藏西夏书籍 5 000 多种、敦煌文献 10 万余种、民国期刊 600 万种,以及 2 000 多种、125 万个双页面的地方文献等①。

6.2　开放存取运动在我国的发展历程及研究进展

6.2.1　我国参与开放存取运动的历程

2004 年 5 月,中国科学院院长路甬祥院士、中国国家自然科学基金委员会主任陈宜瑜院士代表中国科学院和中国国家自然科学基金会签署了《柏林宣言》,表明中国科学界和科研资助机构支持开放存取的原则立场。为学习世界各国开放存取的经验,推动科技

①　国家图书馆. http://www.nlc.gov.cn/

信息开放存取在中国的开展,为中国政府部门和相关机构提供相关战略政策的建议,由中国科学院和IAP(国际科学院组织)主办的"科学信息开放获取战略与政策国际研讨会"于2005年6月22～24日在北京中国科学院文献情报中心召开。这次会议意在"促进政府和有关机构科学获取政策的制订,唤起国内业界对开放存取的认识和参与,积极融入国际开放存取的潮流中,更广泛、更自由地共享科研成果这一人类的共同财富"。

在实践方面,一系列开放存取网站相继建立。例如,我国的第一个开放存取仓库奇迹文库为中文论文开放存取提供一个平台。中国科技论文在线提供国内优秀学者论文、在线发表论文、各种科技期刊论文(各种大学学报与科技期刊)全文,此外,还提供对国外免费数据库的链接。中国预印本服务系统提供国内科研工作者自由提交学术性科技文章。还有针对学科的门户网站,如北京大学生物信息中心、北大法律信息网等也都提供各种专业学术资源。

6.2.2 我国开放存取理论研究进展

伴随着融入世界开放存取运动热潮的脚步,我国学术界对开放存取的理论研究也逐渐兴起。通过选取重庆维普资讯有限公司研制的《中文科技期刊数据库》和清华大学开发的《中国期刊网专题全文数据库》,输入检索词"开放获取"、"开放存取"、"开放共享"、"开放使用"、"公开获取"、"开放式出版"等检索词。截止到2006年6月,分别收录论文81篇、42篇,经筛选,共获得83篇有关开放存取的研究论文。采用文献统计方法,得出了我国学者对开放存取研究的特点。

从统计结果看,《图书情报工作》最早于2004年刊登了我国学者乔冬梅的论文——《国外学术交流开放存取发展综述》,同年在《中国图书馆学报》上刊登了《一种全新的学术出版模式:开放存取出版模式探析》,从此揭开了对开放存取研究的序幕。随后,在2005—2006年期间,相关的论文数量逐渐增多。经统计,在上述两大数据库中,2005年收录关于开放存取的论文达24篇,2006年上半年则达到60篇。从数据可以看出,2006年以来,开放存取的研究逐渐成为学术界的热点问题之一,发表的论文几乎呈倍数增长。

在研究论文数量急剧增长的同时,研究的主题也呈现出一定的特点。图6.1统计了83篇研究论文主题分布的数量特征。

从主题分布数量特征我们可得出如下结论:

(1) 研究主题多样化,涉及了有关开放存取的一系列法律、技术、经济和社会问题。表明我国学者对开放存取的兴趣正浓。

(2) 研究的主题相对较为集中,例如对开放存取的概念、特征的介绍、国内外研究概况以及对图书馆和出版界的影响等方面占较大比重。对开放存取的知识产权、质量控制以及商业模式等内容的研究则较少。表明我国对开放存取的研究尚处在初步阶段,研究的热点是宣传开放存取的理念,探讨开放存取对社会的影响和挑战,以及对国内外发展现状的述评。

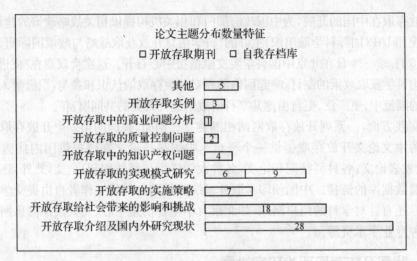

图 6.1　论文主题分布数量特征

（3）研究停留在较浅的理论层面，缺乏有突破性的成果。从统计来看，现有的论文大多是从《柏林宣言》、《布达佩斯开放存取先导计划》等国际组织文件中提出的开放存取的两种实施模式出发，介绍国外有代表性的实际项目或者提出我国开放存取的实现策略，缺少能促进我国开放存取项目开展的实质性成果。表明我国开放存取的未来尚有一段艰难的路程。

总之，从对开放存取的研究来看，我国学者基本上对开放存取抱积极的态度和肯定的观念，认识到开放存取将掀起一场新的学术信息交流模式，将会给长期以来困扰学术界的科研信息存取困难现象带来新的解决方案。但是由于世界上开放存取运动刚刚兴起，我国的研究也不可避免要面临许多挑战，因此，在我国推行以开放存取为理念的学术信息公共存取战略需要解决更多实际问题。

6.3　我国数字信息资源标准规范建设进展

我国标准的编制一般由标准主管部门或行政主管部门提出，企业参与较少。标准化协会（学会）或其他相关学术团体一般隶属于政府机构，主要参与标准的编制、审查、复查、培训等。标准的批准发布、出版发行、实施监督由政府部门具体负责。因此，我国标准规范体制具有"政府主导"的特点[①]。在推广和应用国际通行的数字信息标准规范的同时，我国数字信息资源标准规范建设也在不断探索中获得发展[②]。

---

① 沈玉兰，张爱霞. 国际标准规范开放建设现状与发展研究报告. 科技部科技基础性工作专项资金重大项目《我国数字图书馆标准规范建设》资助，2003. http://cdls. nstl. gov. cn/cdls. [2006 – 9 – 15]

② 国务院信息化工作办公室. 中国信息化发展报告 2006. http://www. china. com. cn/chinese/PI-c/1254023. htm. [2006 – 9 – 12]

在电子政务标准方面,有关管理机制已经建立,电子政务标准体系建设一期工程任务基本完成。截至 2005 年 12 月底,我国已正式发布《电子政务主题词表编制规则》、《电子政务业务流程设计方法通用规范》等 7 项国家标准,完成了《电子政务标准化总体规划及实施方案》等 9 份研究报告;形成了《电子政务系统总体设计要求》等 25 份国家标准草案,开发了 4 套标准辅助工具。这些标准为政务信息系统间的业务协同、信息共享、网络与信息安全提供了基础的技术支撑。

在信息安全标准方面,我国已发布了《信息技术—安全技术—公钥基础设施在线证书状态协议》、《信息技术—安全技术—公钥基础设施证书管理协议》等 11 项重要的国家信息安全基础标准,初步形成了包括基础标准、技术标准、管理标准和测评标准在内的信息安全标准体系框架。有关机构认真开展重要标准制定和基础性研究工作,完成了 20 项国家标准的报批稿,开展了 28 项信息安全标准的立项准备工作和 22 项信息安全标准化基础性研究工作,初步解决了我国信息安全标准不足的问题。有关机构积极开展了可信计算标准、生物特征识别标准、信息安全风险评估标准等项目的研究工作。

在教育信息化标准方面,我国已构筑了现代远程教育技术标准体系,推出了 40 余项标准,启动了标准化测评认证工作,为异构系统的互连互通和教育信息资源整合共享奠定了基础。《学校管理信息标准》正式发布,并在大多数省市建立了《学校管理信息标准》的应用示范区。《教育行政部门管理信息标准》、《中国教育卡标准》和《教育管理软件设计规范》等的研究制定工作正在积极推进。

在公共卫生信息化领域,我国已编制完成了《公共卫生基本数据集元素标准化的基本原则与方法》。围绕数据元的基本概念、规范表达、提取、分类、命名、值域以及目录编制等数据元标准化内容进行了规范化、系统化研究。

在电子商务领域,2005 年我国正式发布了《用于行政、商业和运输业电子数据交换—基于 EDI(FACT)报文实施指南的 XML schema(XSD)生成规则》等 5 项国家标准。

特别在数字图书馆建设中,我国将数字信息资源标准建设作为一项长期任务。

1997 年,国家图书馆联合上海图书馆、深圳图书馆等 6 家图书馆开展了"中国试验型数字图书馆"项目的标准规范研究。1999 年,中国高等教育文献保障系统(CALIS)开始与部分高校共同开展元数据标准的研究,以后又逐步增加存档标准、数字加工标准等内容。中国科学院国家图书馆项目也联合了 CALIS 和上海图书馆共同开展分布环境下信息系统开放描述标准规范的研究,试图全面描述开放环境中数字资源建设与服务的标准规范体系以及其应用战略。2000 年,国家数字图书馆成立了在文化部立项的"中文元数据标准"课题组,制定真正适应于中文及中文文献材料特点的元数据标准。此外,关于学位论文、古籍善本、地理信息等资源类型的专门元数据格式也在建设之中。

2002 年 10 月,由国家科技图书文献中心牵头,联合国家图书馆、国家科学数字图书馆、高等教育文献保障系统等机构,共同承担了国家科技部课题"我国数字图书馆标准与规范建设"课题,吸引了将近 20 个单位参与项目的研发和建设。这次项目取得的成果是提出了我国数字图书馆标准规范总体框架,数字资源加工规范,基本元数据规范,专门元数据规范,唯一标识符与应用机制,数字资源检索与应用标准,元数据开放登记系统,数字图书馆标准规范开放建设机制等①。

截至 2005 年底,我国已完成《国家数字图书馆标准规范体系》、《数字图书馆标准规范体系框架》、《数字图书馆标准规范汇总表》、《元数据标准规范研究报告》(包括 DC 图书馆应用纲要(DC—Lib)调研报告、元数据对象描述模型(MODS)调研报告、元数据编码和传输标准(METS)调研报告、MARC 21—Dublin Core 映射表、Dublin Core—MARC21 映射表、CNMARC—Dublin Core 映射表、Dublin Core—CNMARC 映射表)、《元数据框架与专门元数据研究报告》、《结构元数据与管理元数据研究报告》、《国家数字图书馆资源模型调研报告》等。

信息资源的开发利用是实现信息化建设的核心任务,而标准化则是实现信息资源开发和高效利用的基础。我国数字信息标准化工作虽然开展了一些工作,取得了一定成绩,但也存在需要解决的问题②:

首先,在元数据标准应用方面,虽然国际通用的 DC 元数据集已被各图书情报机构和信息服务部门接受和实行,但各单位在具体应用方案上又不尽相同:有用 DC 的 12 个核心元素和限定词的,也有用 14 个、15 个、16 个等等,甚至近 80 个非核心元素,各单位对每一个元素的理解也各不相同,因而中文元数据的定义必然影响到使用时的标准化问题。

其次,在标准规范建设方面,各自为政,重复研究现象严重。从前面我国开展的项目研究可以看出,许多单位都关注数字信息资源的标准化建设问题,但是处于分散、封闭状态,各个系统独立进行研究,缺乏开放交流,造成了低水平重复建设,使得数字信息标准的应用力度和范围受到限制。

第三,在已研发的数字信息资源标准中,缺乏共享和互操作性。例如,中国期刊网开发的数字信息格式为 .caj,维普数据库开发的是 .vip 格式,还有超星图书馆、阿帕比数字图书馆等采用的都是各自的数字格式,带来的问题是在利用不同的数字信息时要使用不同的阅读器,各个数据库之间不能共享资源。

第四,我国数字信息资源标准的制定和研究大多是由政府机构、大学图书馆和科研单位来完成的,作为开发数字信息资源、发展数字产业最前沿的企业却参与不了标准的制定。这种排除最相关人员参与标准制定的组织机制一方面使得标准的适用性受到影响,另一方面也失去了推广标准应用的支持力量。

上述问题已经严重影响到我国数字信息资源的建设、应用和发展,制定出科学的数字信息资源标准战略已成为迫在眉睫的任务。在这方面,我国已经开展了部分工作,2004 年由中国科学院牵头,联合数十家图书馆开展了《我国数字图书馆标准规范发展战略》的研究,从发展目标、基本原则、发展策略、发展任务、近期建设任务等角度系统地

---

① 中国数字图书馆标准规范建设. http://cdls. nstl. gov. cn/2003/Whole/About. html. [2006 - 9 - 15]
② 张晓林,肖珑等. 我国数字图书馆标准与规范的建设框架. 图书情报工作,2003,(4):7~12

制定了我国数字图书馆标准规范的发展战略①。

6.4 我国数字信息资源存取的相关政策

2001年8月重新组建了国家信息化领导小组,加强了对全国信息化工作的领导。国家信息化领导小组重组以来,先后召开了5次会议,审议通过了《国民经济和社会发展第十个五年计划信息化重点专项规划》、《我国电子政务建设指导意见》、《振兴软件产业行动纲要(2002年至2005年)》、《关于加强信息安全保障工作的意见》、《关于加强信息资源开发利用工作的若干意见》、《关于加快电子商务发展的若干意见》、《国家信息化发展战略(2006—2020年)》等一系列指导性文件,对国家信息化发展做出了全面部署,为未来信息化发展提供了明确指导。数字信息资源一直是我国信息化建设的战略重点,国家颁布的一系列信息化政策也为数字信息资源的开发利用创造了良好的政策环境,其中有不少文件提到了数字信息资源问题。

例如,2005年10月,党的十六届五中全会通过了《中共中央关于制定国民经济和社会发展第十一个五年规划的建议》,明确了"十一五"期间我国信息化建设的主要任务和方向。其中指出:重点培育数字化音视频,加强信息资源开发和共享,推进信息技术普及和应用。2005年11月,国家信息化领导小组第五次会议审议并原则通过《国家信息化发展战略(2006—2020年)》,这是对我国国家信息化战略思想的系统阐述,是我国现代化建设战略框架的重要组成部分。其中提到:完善知识产权保护制度,大力发展以数字化、网络化为主要特征的现代信息服务业,促进信息资源的开发利用。

在这些文件中,多次体现了"信息资源公共服务"的观点。例如在《国家信息化发展战略(2006—2020年)》中提到的战略重点之一是"改善公共文化信息服务。鼓励新闻出版、广播影视、文学艺术等行业加快信息化步伐,提高文化产品质量,增强文化产品供给能力。加快文化信息资源整合,加强公益性文化信息基础设施建设,完善公共文化信息服务体系,将文化产品送到千家万户,丰富基层群众文化生活"。又如,在中共中央办公厅、国务院办公厅《关于加强信息资源开发利用工作的若干意见》中提到,要增强信息资源的公益性服务能力和促进信息资源公益性开发利用的有序发展。"加强农业、科技、教育、文化、卫生、社会保障和宣传等领域的信息资源开发利用。加大向农村、欠发达地区和社会困难群体提供公益性信息服务的力度。推广人民群众需要的公益性信息服务典型经验。""明晰公益性与商业性信息服务界限,确定公益性信息机构认定标准并规范其服务行为,形成合理的定价机制。妥善处理发展公益性信息服务和保护知识产权的关系。"

我国是社会主义国家,社会主义价值观决定了在信息服务领域,国家提倡的是公民

---

① 张晓林等. 数字图书馆标准规范的发展趋势. 科技部科技基础性工作专项资金重大项目《我国数字图书馆标准规范建设》资助,2003. http://cdls. nstl. gov. cn/cdls. [2006-9-15]

享有自由获取信息的权利。我国宪法第四十六条、第四十七条也明文规定："中华人民共和国公民有受教育的权利和义务","中华人民共和国公民有进行科学研究、文学艺术创作和其他文化活动的自由。国家对于从事教育、科学、技术、文学、艺术和其他文化事业的公民的有益于人民的创造性工作,给以鼓励和帮助",这种理念对于推行信息资源的公共获取创造了有利的政策环境和指导思想。但是从我国的政策来看,公共服务的内容是以政府信息公开和政务信息共享为主,从政策高度规定要"加快推进政府信息公开,制定政府信息公开条例,编制政府信息公开目录。充分利用政府门户网站、重点新闻网站、报刊、广播、电视等媒体以及档案馆、图书馆、文化馆等场所,为公众获取政府信息提供便利"①。学术信息资源的公共获取实践落后于政府信息公开实践,没有专门强调学术信息资源的公开应如何实施,这是学术信息资源发展需面对的问题。

6.5 我国数字信息资源存取的法律建设

6.5.1 我国有关数字信息资源的相关法律

2005 年 4 月 1 日,我国正式实施了《中华人民共和国电子签名法》,根据法律授权,有关部门制定的《电子认证服务管理办法》和《电子认证服务密码管理办法》也同步实施。《电子签名法》通过确立电子签名法律效力、规范电子签名行为,有效地保障了网上信息传输的安全可靠性。

2005 年 4 月 30 日,信息产业部和国家版权局联合颁布了《互联网著作权行政保护办法》,完善了互联网环境下著作权保护制度,加强了信息网络传播权的行政保护。《著作权集体管理条例》也于 2005 年 3 月 1 日正式实施。2005 年 9 月 25 日,国务院新闻办公室、信息产业部联合发布《互联网新闻信息服务管理规定》,对互联网新闻信息服务活动进行了规范,有利于促进互联网新闻信息服务健康、有序发展。北京、吉林、安徽、云南等地也制定和颁布了互联网环境下保护知识产权的条例和管理办法。

信息安全、政府信息公开、未成年人网络行为保护等立法工作继续推进,个人信息保护立法研究工作已经启动。在信息安全立法方面,对信息安全相关法规、规章特别是各类政策性文件进行了深化梳理,并组织有关部门和法学研究机构对 12 个相关专题进行研究,起草了《信息安全条例(草案)》。未成年人网络保护立法课题研究已经完成,并提交相关部门。《个人信息侵权及保护技术研究报告》已经完成,对相关技术的发展趋势进行了展望。

2005 年 3 月 24 日,《中共中央办公厅、国务院办公厅关于进一步推行政务公开的意见》明确了推行政务公开的指导思想、基本原则和工作目标,并对进一步推行政务公

---

① 中共中央办公厅.《关于加强信息资源开发利用工作的若干意见》.中办发[2004]34 号. http://www.cnisn.com. cn/news/info_show. jsp? newsId=14799. accessed[2006 - 9 - 15]

开的主要任务、重点内容和形式做出了明确部署。到 2005 年年底,中央政府部门共制定了 30 部政务(府)信息公开的法规文件。各地方结合本地的实际情况和需要,从政府信息公开起步,积极探索信息化法规建设的新路子。据不完全统计,截至 2005 年年底,75 家地方党政部门制订颁发了政务(府)信息公开的法规文件。《政府信息公开条例》已被列为国务院 2006 年一类立法计划[①]。

6.5.2　创作共用协议在我国的发展

"创作共用协议"是开放存取运动中倡导的数字资源知识产权机制,这一术语在我国更常见的用语为"知识共享"。这个根据美国法律体系写成的协议在其他国应用时可能无法完美地切合各国的法律。因此,"创作共用协议"的本地化是各国都在开展的工作。目前,创作共用组织已经与近 70 个国家和地区建立了合作关系,有 29 个国家已经有了本土版的创作共用许可协议(截至 2006 年 11 月)。

我国的这一工作是由中国人民大学及 CNBlog. org 负责的。目前项目取得的最新进展是 2006 年 3 月 29 日至 30 日,在中国人民大学法学院、IET 基金会、北京大学法学院和中国开放式教育资源共享协会共同主办的"简体中文版知识共享协议发布会暨数字化时代的知识产权与知识共享国际会议"上,正式发布了知识共享中国大陆版许可协议 2.5 版。该版本是在翻译英文版的通用许可协议基础上,根据中国著作法律的有关规定,对英文版的相关内容进行修改、补充或者删除。新版标准许可协议简体中文版发布在创作共享组织网站(http://creativecommons. org/worldwide/cn/)上,主要做的工作是根据英文通用版的 4 种授权选择的组合方式,结合我国实际情况,组合出 6 种常见的作品授权。这些组合方式构成了从"松"到"紧"的授权限制,使作品的创造者能更加灵活便利地选择。表 6.2 列出了 6 种授权组合方式。

表 6.2　知识共享中国大陆版许可协议 2.5 版

授权	符号	授权行为	约束条件
署名	(BY:)	复制、发行、展览、表演、放映、广播或通过信息网络传播本作品;创作演绎作品;对本作品进行商业性使用	必须按照作者或者许可人指定的方式对作品署名
署名-禁止演绎	(BY:) (=)	复制、发行、展览、表演、放映、广播或通过信息网络传播本作品;对本作品进行商业性使用	必须按照作者或者许可人指定的方式对作品进行署名;不得修改、转换或者以本作品为基础进行创作

---

① 国务院信息化工作办公室. 中国信息化发展报告 2006. [2006 - 6 - 24]. http://www. china. com. cn/chinese/PI-c/1254023. htm. accessed. [2006 - 9 - 15]

续表 6.2

授权	符号	授权行为	约束条件
署名-禁止演绎-非商业用途	(BY:) (=) (S)	复制、发行、展览、表演、放映、广播或通过信息网络传播本作品	必须按照作者或者许可人指定的方式对作品进行署名; 不得修改、转换或者以本作品为基础进行创作; 不得将本作品用于商业目的
署名-非商业用途	(BY:) (S)	复制、发行、展览、表演、放映、广播或通过信息网络传播本作品; 创作演绎作品	必须按照作者或者许可人指定的方式对作品进行署名; 不得将本作品用于商业目的
署名-非商业用途-相同方式共享	(BY:) (S) (◉)	复制、发行、展览、表演、放映、广播或通过信息网络传播本作品; 创作演绎作品	必须按照作者或者许可人指定的方式对作品进行署名; 不得将本作品用于商业目的; 如果改变、转换本作品或者以本作品为基础进行创作,您只能采用与本协议相同的许可协议发布基于本作品的演绎作品
署名-相同方式共享	(BY:) (◉)	复制、发行、展览、表演、放映、广播或通过信息网络传播本作品; 创作演绎作品; 对本作品进行商业性使用	必须按照作者或者许可人指定的方式对作品进行署名; 如果改变、转换本作品或者以本作品为基础进行创作,您只能采用与本协议相同的许可协议发布基于本作品的演绎作品

  在推动创作共用协议本土化研究的同时,国内对"创作共用"的关注也逐渐兴起。目前在 Google 中搜索中文"创作共用",已经可以看到超过 386 000 条结果,而且中文"创作共用"站点(http://www. creativecommons. cn/)也在 Google PageRank 中获得了 5/10 的评级,说明这种思想已经渐渐深入人心。但是,应用"创作共用"的国内网站却不多见,大部分是一些比较前卫的 Blog 采纳这种协议,如 Yupoo(http://blog. yupoo. com),中文作品采用这种版权协议的很少看到。

  相关的法律建设也进展缓慢。2006 年初最高人民法院公布了涉及计算机网络著作权纠纷案件的司法解释,规定已在报刊上刊登或者在网络上传播的作品,除著作权人声明或者报社、期刊社、网络服务提供者受著作权人委托声明不得转载、摘编的以外,在网络进行转载、摘编并按有关规定支付报酬、注明出处,不构成侵权。这些规定已经有部分涉及"创作共用"的应用原则,但是具体的规定还是不甚了了。

  由此可以看出,创作共用协议在中国的推广和应用尚有一段很长的历程。如何解决互联网上信息需求与供给之间的矛盾,是我国在进行信息化建设中需要考虑的。从信息资源的角度来讲,就是要合理地解决信息资源的创作者和使用者之间的利益问题,在这方面,创作共用协议的出现是一个很有前途的解决方案。

6.6 我国实施开放存取的技术进展

6.6.1 我国数字信息资源文献标识技术的研究进展

相比国外多数全文数据库均开始采用 DOI 号码作为文章的唯一标识符方案,我国的中文数据库还普遍处于自定义唯一标识符阶段。例如中文科技期刊采取自定义内部链接号方式,方正电子图书库采用的是 ISSN 号和中图分类号的方式。这在一定程度上阻碍了全文数据库之间的互操作,给图书馆管理自己的数字馆藏带来麻烦,因为很多图书馆可能同时购买多个中文数据库,这样会出现基本的查重问题及文摘和全文链接等问题。以下是国内两个主要出版商的全文唯一标识符方案①。

《中国学术期刊(光盘版)》(CAJ-CD)是我国第一部以电子期刊方式连续出版的大型集成化学术期刊全文数据库。1998 年 12 月 24 日,新闻出版署发布了"关于印发《中国学术期刊(光盘版)检索与评价数据规范(试行)》的通知"(新出音【1999】17 号),从1999 年 2 月 1 日起在全国近 3 500 种入编期刊中试行。其中涉及唯一标识的是"文章编号",由期刊的国际标准刊号、出版年、期次号及文章的篇首页码和页数等 5 段共 20 位数字组成。其结构为:国际标准刊号(ISSN)(期刊的出版年)期刊的期次-文章首页所在的期刊页码-文章页数。

重庆维普全文数据库目前采用的文章标识方式是自定义的流水号方式,但是2003—2004 年度同中国医科院信息中心合作推出了仿照 SICI 编码定义的唯一标识符CSICI。其基本定义如下:连续出版物标识段＋文献内容标识段＋控制段。

其中,连续出版物标识段:＜ISSN＞＋＜日期＞＋＜卷期＞

　　　文献内容标识段:＜首页码＞＋＜题名缩写＞

　　　控制段:＜CSI＞＋＜DPI＞＋＜MFI＞＋＜VN＞＋＜校验码＞

CSI(Code Structure Identifier)＝结构编码

DPI(Derivative Part Identifier)＝文献类型衍生部分标识

MFI(Medium Format Identifiers)＝载体/格式标识

VN(Version Number)＝版本号

ISSN(出版日期)卷期＜首页码:标题＞CSI DPI MFI SVN 校验码

作为开放存取中主要采用的数字资源唯一标识技术 DOI 在国内的研究和应用尚处在初步发展阶段,成功应用的案例尚不多见。为了推动其在我国的应用,中科院开展了"我国数字图书馆标准规范建设之数字资源唯一标识符应用规范"的课题研究,提出了在我国应用和部署 DOI 的 3 种方案:

---

① 毛军,倪金松. 中国数字资源唯一标识符发展战略. 科技部科技基础性工作专项资金重大项目资助,2003
http://cdls. nstl. gov. cn/2003/Whole/TecReports. html. 〔2006 - 9 - 15〕

方案 1：图书馆联盟注册成为 RA

RA 的角色类似于互联网域名分配机构，它有权利接收 DOI 前缀及标识符的注册请求，负责注册和维护 DOI 以及与 DOI 所标识对象相关的元数据等信息。通过向 IDF 缴纳特许费等相关费用而成为 RA，同时将从 IDF 那里批量获得的 DOI"零售"给最终用户和组织。在中国国内推广 DOI 的应用，可以考虑国内几家大的图书馆如国家图书馆、中科院图书馆等等联合注册成为 RA，获得一个命名授权前缀，在中国范围内注册使用 DOI。

方案 2：向现有的 RA 注册使用 DOI 服务

我国数字图书馆可考虑向已有的 RA（如 CrossRef）注册使用 DOI。CrossRef 是引文链接的服务骨干，提供合作方式的参考文献链接服务，用户点击文献的引文就被直接链接到相关的全文。目前已有 500 多家出版机构申请加入 CrossRef，但还没有中国出版机构加入。中国的出版机构可以申请加入 CrossRef 获得其提供的 DOI 服务。

方案 3：建立我国的 DOI 系统

即建立国内的 Handle 注册中心——Global Handle Registry(GHR)及下级的区域 Handle 服务——Local Handle Service(LHS)，为了同 IDF GHR 保持兼容，可以在开发唯一标识符系统软件时遵循开放的 Handle System 协议和规范即可。该方案由于涉及 GHR 等标识符系统基础设施的建立，初期需要一定的研发经费及开发时间，但是从长远的角度来看，有利于全国唯一标识符系统的统一管理和独立运行。其长远的成本要远远小于前两个方案。Handle System 本身的协议和规范都是开放的，如同 TCP/IP 协议，可在其基础上开发应用程序，可以自行建立符合该标准并和 IDF 的 DOI 系统兼容的唯一标识符系统。

DOI 在我国的实施和发展还有很多需要解决的问题，包括建立与 DOI 系统相适应的政策管理机制和组织机构，解决实施 DOI 面临的经济问题，如何与现有的标识技术兼容，无障碍标识符等等。

6.6.2 我国在开放存取期刊和机构资源库建设方面的进展

开放存取在我国还是一个新生的事物，相对于国外蓬勃发展的开放存取期刊和机构资源库建设，我国的实践发展尚处于初级阶段。根据调查和其他学者的了解[1]，国内目前有 15 种学术期刊基本符合开放存取期刊的基本特征，这 15 种期刊名称为：《中国药理学报》、《国际网上化学学报》、《植物学报》、《中华医学杂志》、《动物学研究》、《中国昆虫科学》、《中国化学快报》、《细胞研究》、《植物生态学报》、《植物分类学报》、《生物多样性》、《植物学通报》、《中国图书馆员》、《亚太科学教育论坛》、《国际教育改革杂志》。截止 2006 年 4 月，被 DOAJ 收录的有 9 种中国期刊：《植物分类学报》、《国际网上化学学报》、《中华医学杂志》、《中国图书馆员》、《动物学研究》、《亚太科学教育论坛》、《细胞

---

① 李麟，初景利. 开放存取出版模式及发展策略. 中国科技期刊研究，2006，17(3)：341～347

研究》《生物多样性》《国际教育改革杂志》。另外还有 2 种是在中国台湾省出版的,为《中国物理学刊》(Chinese Journal of Physics (Taipei))、《台湾数学期刊》(Taiwanese Journal of Mathematics)。这些期刊大部分都要求作者付费出版,有个别期刊只要求作者支付审稿费即可。在版权归属方面,有的期刊赞成版权归作者,有的赞成归编辑部,还有的通过签订协议解决版权问题,情况不一。

从我国开放存取期刊的发展现状可知,一方面,我国具备开放存取特征的期刊数量不是很多,相比我国每年多达数千种学术期刊的数量,只有十几种开放存取期刊,其比重是微乎其微的。另一方面,已出现的开放存取期刊大部分属于理工科领域,人文社会科学方面的开放存取期刊只有 3 种,这也是我国开放存取运动发展需要注意的一个问题。究其原因,主要是运行经费和质量控制这两个因素阻碍了我国开放存取期刊的发展。特别是我国科学研究中,对理工科的支持力度远大于人文社会科学的研究,理工科项目基金来源广泛、数量较多,无形中为向开放存取转换提供了有力支持。再者,广大科研人员还是比较重视科研成果的质量,一流的期刊必然要有一批优秀的主编、编委和同行审议人员为其论文的发表把好质量控制关,如果开放存取期刊没有好的质量控制手段,必然影响其在科研人员心目中的影响力,如此反复,也没有多少期刊愿意朝开放存取道路转变了。

相比之下,开放存取资源库却已有较大的发展。在开放存取资源库中较有代表性的实践成果有奇迹电子文库、中国科技论文在线以及香港科技大学 OA 仓储等(更多的实践请参看附录 B)。下面对这三者简要介绍:

奇迹电子文库(http://www.qiji.cn/):由一群年轻的中国科学、教育与技术工作者创办,非赢利性质的网络服务项目,是我国最早推行开放存取理念的数字资源库。其目的是为中国研究者提供免费、方便、稳定的 eprint 平台,并宣传提倡开放共享理念,使奇迹文库成为科研人员、学生及公众交流研究、传播科学的公益平台。目前奇迹电子文库设有数学、物理学、化学、材料科学、生命科学和计算机科学等分类,主要收录中文科研文章、综述、学位论文、讲义及专著(或其章节)的预印本,同时也收录作者以英文或其他语言写作的资料。主要经费全部来自个人捐赠。

中国预印本服务系统(http://prep.istic.ac.cn/):是由中国科学技术信息研究所与国家科技图书文献中心联合建设的以提供预印本书献资源服务为主要目的的实时学术交流系统,是国家科学技术部科技条件基础平台面上项目的研究成果。该系统由国内预印本服务子系统和国外预印本门户(SINDAP)子系统构成。国内预印本服务子系统主要收藏的是国内科技工作者自由提交的预印本书章,可以实现二次文献检索、浏览全文、发表评论等功能。国外预印本门户(SINDAP)子系统是由中国科学技术信息研究所与丹麦技术知识中心合作开发完成的,它实现了全球预印本书献资源的一站式检索。通过 SINDAP 子系统,用户只需输入检索式一次即可对全球知名的 16 个预印本系统进行检索,并可获得相应系统提供的预印本全文。

以上介绍的两个例子是学科范围的开放仓储库,香港科技大学科研成果全文仓储

(http://repository.ust.hk/dspace,HKUST Institutional Repository)是由香港科技大学图书馆用 Dspace 软件开发的一个数字化学术成果存储与交流的机构专属知识库，收有由该校教学科研人员和博士生提交的论文（包括已发表和待发表）、会议论文、预印本、博士学位论文、研究与技术报告、工作论文和演示稿全文共 1 754 条。浏览方式有按院、系、机构（Communities & Collections）、按题名（Titles）、按作者（Authors）和提交时间（By Date）。检索途径有任意字段、作者、题名、关键词、文摘、标识符等。

我国的学科资源库和机构资源库的建设，呈现出以下特点：

一是在网站的体系设计和风格方面，多是参照、仿制国外开放存取资源库建设的实践。例如奇迹文库是参考国外预印本服务的模式 arXiv. org 和 eprints. org 建立的，香港科技大学 OA 资源库是利用 DSpace 软件运行的。这表明我国的 OA 资源库建设还是在国外的带动下开展，缺乏自主开发的开放存取软件。

二是缺少一些质量控制机制，过于随意。大多数国内的开放存取资源库都没有严格意义的审稿程序，通常只对论文进行简单的审核，不违反国家法律法规的要求就迅速发表。这样带来网上的信息质量良莠不齐。而国外的 OA 资源库已经逐步地将质量控制机制纳入了机构资源库和学科资源库来，例如 arXiv. org 已经对存入其中的预印本采取了同行评议。

三是我国的 OA 资源库在服务功能方面尚不太令人满意。以中国预印本服务系统为例，只能进行简单的分类检索和全文检索，类似于现在的搜索引擎，而不能提供更专业化、个性化、智能化的服务。

6.7 我国数字信息资源存取的经济机制

6.7.1 商业网站信息服务的收费情况

互联网上各种类型的网站是用户获取学术信息的主要来源。一般来讲，政府网站、公益性网站、个人网站都免费提供网民访问信息，商业网站则对部分内容采取收费的方式。商业网站提供的主要信息服务包括：网站/网页浏览、新闻、网上社区、网上购物、电子信箱、搜索引擎、主页空间、软件下载、网上教育、电子商务、在线游戏、邮件订阅等等。调查其收费情况如表 6.3。

从商业网站的收费情况来看，用户还是可以通过互联网免费访问绝大多数商业网站，获得各种各样的信息。但是在访问有关产品信息、商贸信息、企业信息、科技信息、金融财经信息、生活服务信息等信息需求时，有可能要支付一定的费用。这其中提到了科技信息，说明在我国还不能以完全公共形式获取学术信息。

表 6.3　商业网站各类信息收费情况的比例①

百分比	免费	收费	二者均有
新闻信息	100	/	/
产品信息	77.8	17.5	4.8
商贸信息	78.4	133.5	8.1
企业信息	81.3	18.8	/
科技信息	93.1	6.9	/
教育信息	100	/	/
军事信息	100	/	/
求职招聘信息	100	/	/
金融财经信息	88.9	11.1	/
房地产信息	83.3	/	16.7
汽车信息	100	/	/
休闲娱乐信息	100	/	/
生活服务信息	92.9	7.1	/
体育信息	100	/	/
医疗保健信息	100	/	/
文学艺术信息	100	/	/
旅游交通信息	100	/	/
交友征婚信息	100	/	/
其他	80	20	/

6.7.2　在线数据库的收费情况

2005 年互联网网络信息资源数量调查中专门调查了各类在线数据库的收费情况，如图 6.2 所示②。

从图 6.2 可以看出，几乎所有的在线数据库都采取了收费机制。这样做一方面是补偿数据库的成本，另一方面是促进数据库市场的健康发展。但是数据库生产商在收费的同时，也会免费提供某些服务功能，以刺激用户消费数据库。与学术信息相关的在

---

① 中国互联网络信息中心. 2005 年中国互联网络信息资源数量调查报告. http://www. maowei. com/download/2006/20060516. pdf. [2006－09－15]

② 中国互联网络信息中心. 2005 年中国互联网络信息资源数量调查报告. http://www. maowei. com/download/2006/20060516. pdf. [2006－09－15]

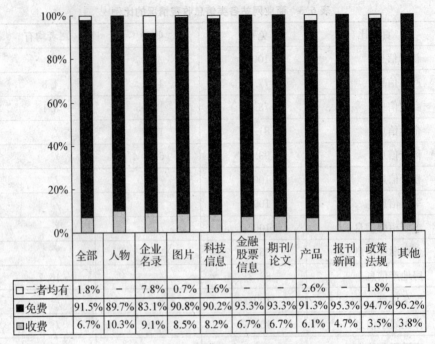

	全部	人物	企业名录	图片	科技信息	金融股票信息	期刊/论文	产品	报刊新闻	政策法规	其他
□二者均有	1.8%	—	7.8%	0.7%	1.6%	—	—	2.6%	—	1.8%	—
■免费	91.5%	89.7%	83.1%	90.8%	90.2%	93.3%	93.3%	91.3%	95.3%	94.7%	96.2%
□收费	6.7%	10.3%	9.1%	8.5%	8.2%	6.7%	6.7%	6.1%	4.7%	3.5%	3.8%

图 6.2 在线数据库收费情况

线数据库包括科技信息数据库和期刊论文数据库,其免费提供的比例分别达到了 90. 2%和 93.3%,这个数据表明了我国数据库市场还没有高度的商业化,人们还是普遍能接受学术信息公共提供和获取的观念。

6.7.3 主要学术数据库的收费模式

我国主要的学术数据库有清华大学、清华同方创建的国家知识基础设施(National Knowledge Infrastructure,CNKI)工程(即 CNKI 全文数据库),重庆维普公司的《中文科技期刊数据库》以及万方数据库。常见的收费模式有包库计费、流量计费、镜像访问。

包库计费是机构用户支付固定的费用,选订若干个学科类别的数据库产品,机构内用户能够在一定时期内以任意次数、任何流量、任何时段访问该子库的一种方式。包库模式只限机构内部人员使用,限制机构 IP 地址范围和登录并发人数。决定包库计费费用高低的除了用户选择使用的数据库数量外,选择服务方式也会有影响。对网络用户来讲,影响服务质量的关键因素是网络拥塞情况,而这可以由系统提供的并发数来控制,选择不同的并发数可以带来支付费用的变化。

以下是《中文科技期刊数据库(全文版)》的网上包库价格表(表 6.4)①。

---

① 维普资讯网.《中文科技期刊数据库(全文版)》的网上包库价格表. http://www.cqvip.com/productor/ zhongkanAll—2. htm. [2006－9－15]

表 6.4 《中文科技期刊数据库（全文版）》的网上包库价格表（单位：元/年）

专辑 / 服务方式			并发数：1～20 个		并发数：21～100 个	
全部专辑			68 000		88 000	
N 自然科学专辑	1	N 数理科学与化学	8 800	1 3 800	11 500	1 4 900
	2	O 化学		2 1 800		2 2 300
	3	P 天文和地球科学		3 2 500		3 3 200
	4	Q 生物科学		4 1 800		4 2 300
T 工程技术专辑	1	TB 一般工业技术	36 000	1 1 500	46 800	1 1 900
	2	TD 矿业工程		2 1 500		2 1 900
	3	TE 石油和天然气工业		3 1 500		3 1 900
	4	TF 冶金工业		4 1 500		4 1 900
	5	TG 金属学与金属工艺		5 2 800		5 3 600
	6	TH 机械和仪表工业		6 1 800		6 2 300
	7	TK 能源与动力工程		7 1 500		7 1 900
	8	TL 原子能技术		8 1 200		8 1 500
	9	TM 电器和电工技术		9 2 800		9 3 600
	10	TN 电子学和电信技术		10 3 800		10 4 900
	11	TP 自动化计算机技术		11 3 800		11 4 900
	12	TQ 化学工业		12 3 800		12 4 900
	13	TS 轻工业和手工业		13 2 800		13 3 600
	14	TU 建筑科学与工程		14 2 800		14 3 600
	15	TV 水利工程		15 1 200		15 1 500
	16	U 交通运输		16 2 800		16 3 600
	17	V 航空航天		17 1 200		17 1 500
	18	X 环境和安全科学		18 1 800		18 2 300
I 社会科学			—		—	
S 农业科学与工程			7 000		9 100	
R 医药卫生			13 800		17 900	
F 经济管理			8 800		11 500	
L 教育科学			2 800		3 600	
G 图书情报			1 500		1 900	

流量计费方式是指一个机构或个人开有备用金账户,用该账号登录数据库,不受学科类别的限制自由使用,每下载数据信息时有程序统计记录使用量,按照收费标准从账户中扣除相应的金额。这种方式不受数据库类型和 IP 地址限制,且通常数据库商都提供免费检索服务。计费方式可以按照论文的页数为计费单元,也可以按照论文的篇数为计费单元,不同的数据库产品的收费标准不同,用户要求提供的结果形式不同也会对支付费用产生影响,例如要求全文服务的费用高,而若只要求提供文摘或引文服务则费用要低得多。表 6.5 为维普信息资源系统网络流量计费服务的价格表。

表 6.5　维普信息资源系统网络流量计费服务价格表[①]

序号　数据库种类　预付款	中文科技期刊数据库				外文科技期刊数据库	中国科技经济新闻数据库
	全文（元/篇）	全文（元/页）	文摘（元/篇）	引文（元/篇）	文摘（元/篇）	文摘（元/篇）
1　□ 100 元以下	2.00	0.50	0.20	0.20	0.30	0.50
2　□ 100～499 元	1.80	0.45	0.18	0.18	0.28	0.46
3　□ 500～999 元	1.60	0.40	0.16	0.16	0.26	0.42
4　□ 1 000～4 999 元	1.40	0.35	0.14	0.14	0.24	0.38
5　□ 5 000～9 999 元	1.20	0.12	0.12	0.12	0.22	0.34
6　□ 10 000 元以上	1.00	0.25	0.10	0.10	0.20	0.30
单篇文章在线支付	2.00	0.50	—	—	—	—

维普信息资源系统全文下载按照"最少收费"原则,系统根据文献的页数智能选择计费标准——大于 4 页的文献按篇计费,小于 4 页的文献按页计费。

镜像访问是在大型机构特别是高校应用比较多的方式,分为本地镜像站点、分布式镜像站点及开放式镜像站点。本地镜像站点是指将数据库资源安装到用户单位内部的服务器上,在局域网内可以供内部人员使用。数据库的更新方式是定期从主站点服务器上通过互联网下载每周更新的全文、索引数据,追加到镜像服务器中,构成与主站资源同步更新的镜像站。分布式镜像站点是将数据库检索程序安装到用户单位内部的服务器上,全文数据通过网络调用,供内部人员使用。这种方式可以做到本地化的检索响应速度,数据更新是定期从主站点服务器上下载每周更新的索引数据,追加到检索服务器中,全文是通过网络调用,不需要做维护工作。对用户来讲,虽然全文是从网络上传递的,但是在使用上和本地拥有全套镜像没有什么差别。适合高校等大型使用单位,是建镜像站最经济高效的方式。开放式镜像站点方式是在上述两者基础上的一种改进,

---

[①] 维普资讯网. 维普信息资源系统网络流量计费服务价格表. http://www. cqvip. com/productor/liuliang. htm.〔2006 - 9 - 15〕

除了授权本单位在内部网上使用数据库资源外,还可以取得数据库商的授权对外开展经营收费服务的镜像站。镜像访问的计费方式和网上包库类似,具体的需要数据库买卖双方进行协商①。

6.7.4　影响我国学术信息开放存取的主要经济因素

我国的学术期刊在出版模式、社会资助环境以及运营资金等各个方面都不同于国外情况,这些方面的差异是影响我国学术信息公共存取发展的主要经济因素。

首先,我国学术期刊的出版模式不同于国外,给我国实施开放存取带来了有利条件。

开放存取运动的兴起原因之一是因为传统出版模式下学术出版物价格不断上涨,阻碍了学术信息的交流。国外期刊的出版多采用商业运营模式,大型出版集团对学术期刊垄断导致期刊价格上涨。以 ELSEVIER 出版集团为例,其刊物价格在 1986—2000 年期间上涨了 226%,而同时期的平均通货膨胀率是 62%②。而我国并不存在这种情况,学术出版社大多附属于政府机关、科研机构和大学等非营利机构,很少存在一个垄断出版的集团。这些出版社主要靠国家补贴和作者版面费维持运营。特别是收取版面费是我国期刊的惯例,由于版面费一般都有课题支持或所在机构给予报销,所以作者们普遍不反对期刊收取版面费。这就与开放存取的思想很相似了,从这个角度来看,我国的科研人员理应对作者付费模式更容易接受。

其次,学术期刊接受社会资助的来源较少,不利于开放存取发展。

由前文的分析,我们已经知道开放存取运营的一个重要经济机制是接受社会资助,尤其是以基金的形式资助。在美国有 5.6 万多家基金会,总资产近 5 000 亿美元,其中独立的私人基金会约占 85%,公司基金会约占 5%③。而在国内,私人基金会是凤毛麟角,社会捐赠也未形成风尚。新华社发布的一项统计结果显示,国内工商注册登记的企业超过 1 000 万家,但有过捐赠记录的不超过 10 万家,99% 的企业从来没有参与过捐赠④。

造成上述现象的深层次原因是多方面的,有政策的因素、法律的因素还有社会文化的因素,我们不去深究,但是我们可以明确的是,缺少多渠道的社会资助会阻碍我国学术期刊向开放存取道路前进。

第三,我国的许多科研机构都普遍存在资金不足问题,也会影响我国开放存取的

---

① 维普资讯网. 用户服务模式介绍. http://www.cqvip.com/serveCenter/moshijieshao.htm. [2006-9-15]
② 江杭生. 开放使用-学术出版界的战争. http://www biotech orgon/news/news/show.php? id=251 94. [2006-9-15]
③ 徐永光. 非公募基金会迎来春天. http://www.crcf.org.cn/news/findnews/shownews.asp? newsid=1381. [2006-9-15]
④ 新华网. 发改委专家:我国 99% 的企业从未参与过捐赠. http://news.xinhuanet.com/fortune/2005-11/14/content_3776253.htm. [2006-9-15]

发展。

我国是发展中国家，经济条件比较差，科研机构与科研人员在资金上比较拮据。科研机构与科研人员对作者付费模式虽然从理论上愿意接受，但是从实际操作上，如果要求付费的数额较高，会导致部分科研机构与科研人员承受不起，继而反对作者付费。美国公共图书馆（Public Library of Science，PLoS）创刊的两种期刊 PLoS Biology 和 PLoS Medicine 为每篇发表的文章收取 1 500 美元。而我国学者调查发现，国内科研人员能够接受的作者付费费用水平如表 6.6①。

表 6.6 国内科研人员能够接受的作者付费费用水平

费用(元)	2 000	1 000～1 999	500～999	300～499	100～299	<100	不知道
%	2.7	9.9	25.1	13.5	9.9	6.7	30.9

从表 6.6 可以看出，我国科研人员大部分能够接受的作者付费费用水平大致在 1 000 元以下，远远小于 PLoS 的收费标准，将作者付费作为开放期刊的重要经费来源在我国实施起来还是有一定难度。

"发展中国家"的身份还给我们带来了一个优势，那就是致力于开放存取运动的国际组织对发展中国家的一些照顾。例如，健康信息网络存取计划（HINARI，开放社会机构和世界卫生组织联合举办的大型出版项目）从 2002 年 1 月 31 日起，对人均国民生产总值低于 1 000 美元的国家提供免费在线订阅，对于人均国民生产总值低于 3 000 美元的中等水平国家给予一定优惠。这些条件为我国开放存取的发展提供了良好的机会②。

6.8 我国学者对开放存取的社会接受度

6.8.1 调查方法和样本特征

为了能更好地理解我国公众对开放存取这一新的学术交流模式的接受态度，探究开放存取发展的社会环境，笔者设计了一份针对科研学者的调查问卷（调查问卷见附录 C）。由于条件的限制，在选择调查样本时，笔者主要是以南京大学任职的各院系教师和在南京大学攻读博士学位的研究生为调查对象。采取以电子邮件和问卷调查为主的调查方法，在 2006 年 10 月至 12 月，分批次向近 180 位教师和博士研究生发送了电子邮件问卷和调查问卷，在收到 150 多份返回问卷以及返回的电子邮件后，经过初步的筛选，确定有 123 份有效问卷，作为我们开展分析的依据。表 6.7 是样本基本特征。

① 初景利，李麟. 中国科研工作者对开放获取的态度. Http://libraries. csdl. ac. cn/Meeting/MeetingID. asp? MeetingID=7&MeetingMenuID=51.［2006-9-15］

② 安玉洁. 开放存取在我国发展缓慢原因探析及对策研究. 数字图书馆论坛，2006，(8)：55～60

表 6.7　样本基本特征

年龄	≤35		35～45		≥45	
	61		50		12	
性别	男				女	
	72				51	
学科	自然科学				人文社会	
	75				48	

6.8.2　调查内容

调查主要围绕以下问题进行：

1. 选择何种期刊投稿的影响因素

在调查中共列出了 9 种可能影响学者选择投稿的期刊的影响因素,由被调查者对其重要性进行判断(调查结果见图 6.3),并进行数量转化。(非常重要="9",相当重要="7",不知道="5",不太重要="3",一点也不重要="1",见图 6.4)

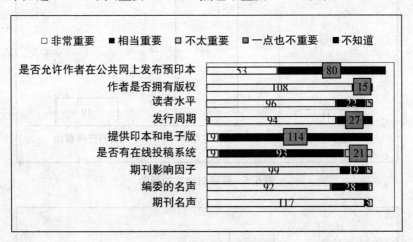

图 6.3　影响因素重要性

调查结果表明,在学者选择发表其研究成果的期刊时,期刊的名声、影响因子、读者水平以及编委的名声对学者的选择结果影响程度最大,学者们总是期望在质量较高的期刊上发表自己的论文。

调查结果还表明:我国学者对是否拥有其作品的版权、是否可以在网上发布预印版以及期刊出版方是否提供印本和电子版并不很在意。

2. 对同行评议的看法

从调查结果(图 6.5 和图 6.6)来看,绝大多数学者认为期刊编委的评语对论文质量的提高有一定帮助,非常赞同期刊论文审稿中的同行评议的做法。同时也要注意到一个问题：认为同行评议非常重要的占30％，但认为编委的评语对其有极大帮助的不到9％，这个现象反映了我国的同行评审的效果不够理想，在笔者看来主要原因是同行评审制度还不完善，在评审专家资格的选择方面还有待改进。

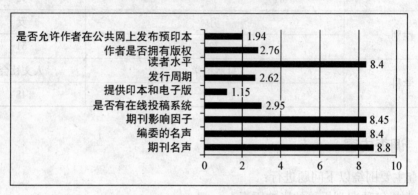

图6.4　重要程度量化

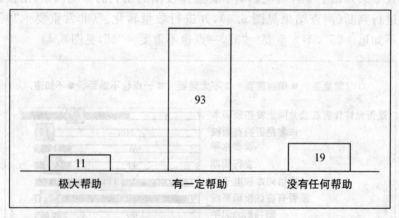

图6.5　评语对论文的帮助

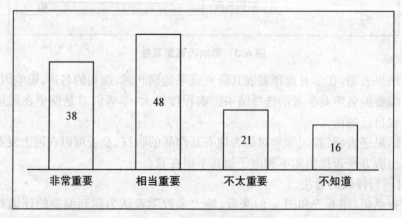

图6.6　同行评议重要性

3. 对开放存取相关知识的了解

调查结果(图 6.7 和图 6.8)表明,我国学者无论是对开放存取期刊还是开放存取资源库都不太了解,一点也不知道的人数比例达到 50% 以上。相比之下,对开放存取期刊了解的情况要略比开放存取资源库要好些,可能原因是开放存取期刊较早进入中国学者的视野,能较早被人们认识。而开放存取资源库这个术语的出现是近几年的事情,还较新鲜。

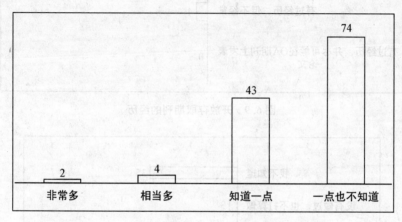

图 6.7　对开放存取期刊的了解

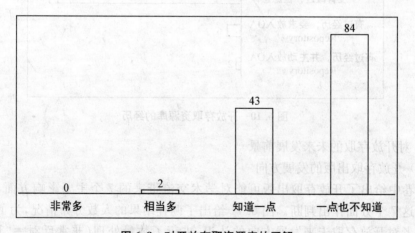

图 6.8　对开放存取资源库的了解

问卷还调查了我国学者在开放存取期刊上发表论文以及将作品存入开放存取资源库的经历。结果(图 6.9 和图 6.10)表明,大部分人都没有此类经历(分别占 43% 和 63%),还有相当部分的人不知道自己是否有过此类经历(分别占 53% 和 28%)。在读者看来,出现这种情形的可能原因是,学者们对哪些属于开放存取期刊、哪些是开放存取资源库并没有清晰的认识,所以无从判断。

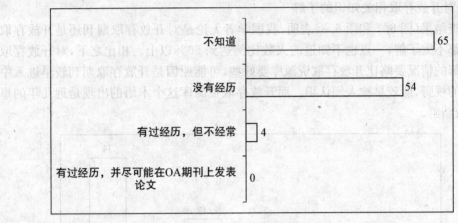

图 6.9　开放存取期刊的经历

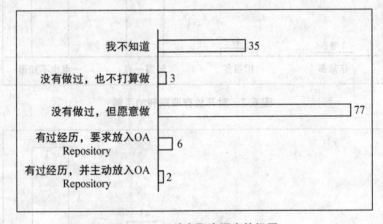

图 6.10　开放存取资源库的经历

4. 对开放存取的未来发展前景

（1）开放存取出版的发展方向

问卷中给出了开放存取出版可能对学术交流带来的 7 个主要影响方面，由被调查者对这 7 个方面作出判断。图 6.11 给出了调查结果的人数分布情况，为了更好地了解学者对开放存取未来发展方向的认识，进行了数量处理（非常反对＝"1"，有一点反对＝"3"，中立＝"5"，有一点赞同＝"7"，非常赞同＝"9"，不知道＝"0"），转化后见图 6.12。

调查结果表明：学者们都普遍认识到开放存取能够使读者更容易获取信息，也给当前的学术界造成了一定影响，例如，会减少退稿率，作者可以发表更多的论文。但是，对开放存取"给图书馆带来更大的经费压力"以及"开放存取有利于论文质量的提高"这两个问题表示反对，这表明，我国学者认为实施开放存取能减轻图书馆的经费紧张现状，但是也对可能导致科研质量的下滑表示担忧。

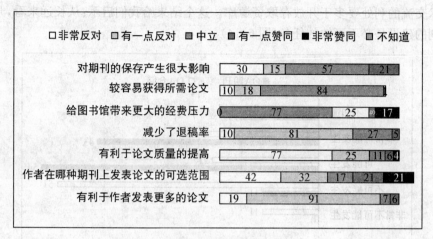

图 6.11　开放存取的发展方向（1）

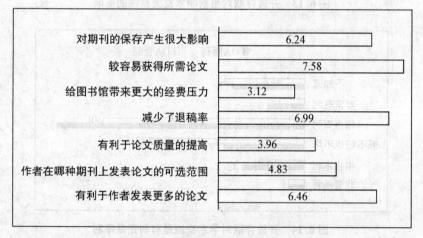

图 6.12　开放存取的发展方向（2）

（2）对开放出版的态度

调查结果（图 6.13）表明：开放存取对当前的学术交流系统产生影响是肯定的，很可能改变当前学术交流的模式。但是开放存取期刊和开放存取资源库各自的影响程度不同，开放存取期刊更能影响现在的学术信息交流模式。这个现象表明：在我国实施开放存取时，面对着一个已经适应了传统的学术交流环境的学术界，建立开放存取资源库相对于开放存取期刊来说，遇到的阻力和困难要少些。

大多数学者都认为开放存取的出现是相当有利的，只有 8％和 4％的学者认为开放存取资源库的出现是相当不利或非常不利，12％和 4％的学者认为开放存取期刊的出现是相当不利或非常不利。这反映出我国学者积极支持开放存取的强烈愿望。尽管许多学者都认为开放存取期刊对学术交流的影响力度超过了开放存取资源库，但是在面对"开放存取出现是有利还是不利"这个问题时，却有更多的学者认为开放存取期刊对于学术交流的利处要多于开放存取资源库。这个结果给我们启示:从长远来看,开放存取期刊的建设是必不可缺的任务(图6.14)。

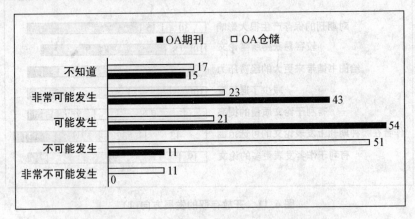

图6.13 开放存取对当前学术交流系统的影响

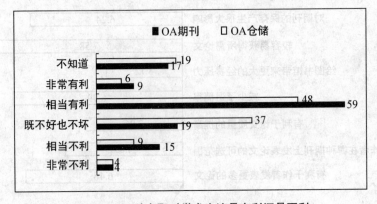

图6.14 开放存取对学术交流是有利还是不利

5. 其他相关问题

此外,我们还对我国学者的信息获取习惯、科研经费资助情况以及谁应该承担出版经费等问题进行了调查。

调查结果(图6.15)表明:人们获取信息最常用的方式是通过搜索引擎、访问期刊网站或者根据论文中的参考文献,最不常用的方式是个人订阅期刊和接受他人推荐。这个现象表明,网络是人们从事科学研究的基础设施,以及建立参考文献数据库的重要意义。同时还表明,传统的基于订阅方式的期刊运营越来越没有市场。

绝大部分被调查者都曾获得过经费资助,考虑到被调查者有部分是学生,还没有机会获得单位的资助,这个结果较为理想,说明我国科研机构还是很积极地支持科研人员的创作。但是从被资助的情况来看,经费不足是一个普遍现象(图6.16)。

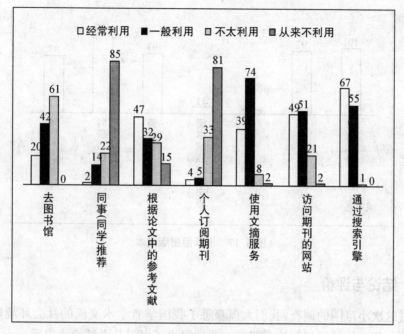

图 6.15　信息获取习惯

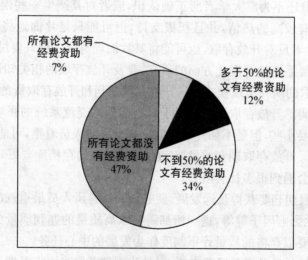

图 6.16　经费资助情况

　　调查表明(图 6.17)：在我国学者看来，昂贵的学术期刊的出版成本的最主要承担者是科研项目基金，此外，作者本身以及作者所属单位也应承担部分成本。最不能将这部分成本转嫁给读者和图书馆信息中心。这个结论说明：尽管开放存取在我国尚处于初级阶段，但是在我国已酝酿了很好的发展条件，这种主要靠科研基金、作者、作者所属单位来承担出版成本的想法与开放存取倡导的观点不谋而合。

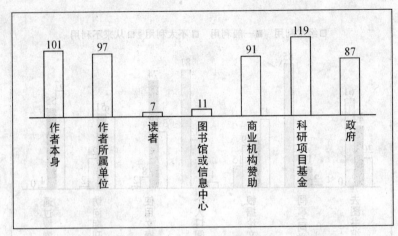

图 6.17　谁承担出版成本

6.8.3　结论与评价

通过这次小范围的调查,我们大概获悉了我国学者学术交流的社会环境以及对开放存取这一新事物的认识和接受程度。我们得出了以下几点结论或启示:

(1) 开放存取还不为广大学者所正确认识,或者对其产生一些误解。然大多数学者对开放存取抱有较高的热情,并且积极支持,但可能只是片面地将其理解成免费存取。相反,有些学者反对开放存取,也可能将其片面理解成一种只要付费就能出版成果的模式。未来需要系统地开展此方面的研究,普及开放存取的相关知识。

(2) 开放存取的两种实现模式——开放存取期刊和开放存取资源库都不同程度地存在一些发展障碍。开放存取资源库由于对当前学术交流系统的影响不是很大,遇到的社会阻力相对要小些,但是不如开放存取期刊受科研人员看重,可能原因是在质量控制方面尚无突破。开放存取期刊的发展潜力可能比机构存档库要好,但是传统的期刊向这种模式转变会遇到很多社会阻力。

(3) 开放存取期刊要获得长远发展,就必须关注科研人员最重视的因素。例如,期刊的名声、期刊的影响因子等等,这一切都需要以高质量的办刊质量为基础。因此,未来开放存取期刊要以严格的质量评审制度作为发展的中心任务。

(4) 虽然大部分学者都有经费支持,但是我国学者普遍面临经费不足的困难,在他们看来,期刊的出版成本应该是由科研项目作为主要承担者。但对于没有科研项目的学者来讲,这部分费用由谁承担必须要有解决的办法。经费问题是制约开放存取能否实现的一个瓶颈。

(5) 最后,还需要关注开放存取的基础设施建设。包括开放存取中知识产权保护机制、开放存取网络基础设施和技术等等。

从有关文献来看,也有其他学者开展了类似的研究。李麟与初景利等人于 2005

年 3 月至 5 月对中国科学院 16 个研究所的 223 名科研人员进行问卷调查和访谈,了解作为科技期刊的稿件来源的科研人员对开放存取这种新的学术出版方式的态度和意愿。调查发现,大多数科研人员对开放存取出版模式不太了解,但参与开放存取的意愿比较强烈,大多数科研人员不排斥使用开放存取资源。影响科研人员在开放存取期刊上发表文章的因素主要包括:期刊的发行速度、读者群范围、被引率、经费、考核评价体系的要求以及期刊的权威性和影响力①。与本次调查的结论大致相似,说明本次调查结论有一定的代表性。

---

① 李麟,初景利. 开放存取出版模式及发展策略. 中国科技期刊研究,2006,17(3):341~347

7 我国学术数字信息资源公共存取战略

7.1 我国学术数字信息资源公共存取的 SWOT 模型

7.1.1 SWOT 模型及其在战略规划中的应用

SWOT 模型是管理学中成熟的分析框架,就是将与研究对象密切相关的各种主要内部优势因素(Strength)、弱势因素(Weakness),外部的机会因素(Opportunity)和威胁因素(Threat),通过调查罗列出来,并依照一定的次序按矩阵形式排列起来,然后运用系统分析的思想,把各种因素相互匹配起来加以分析,从中得出一系列相应的结论(如对策等)。

SWOT 通过比较得出自身发展的内部环境的优势、劣势及外部发展的机会、威胁,最终用矩阵比较的方法得出发展策略的选择方案。一般而言,机会和威胁是由所处的外部环境所赋予的,而优势和劣势则是针对内部而言的。

SWOT 分析用定性的方法对内部条件及其目标与外部环境的动态平衡过程进行细致地分析,为企业发展、产业方向的选择提供了很好的技术支持,是一个应用广泛的分析模型。在许多战略规划中都可以看到 SWOT 分析模型应用的影子,例如我国学者在区域信息产业发展中,利用 SWOT 分析方法对南通信息产业进行研究,得出了电子信息产业发展的有效选择方案[①];还有学者研究了 SWOT 分析框架在知识产权战略分析中的应用[②]等等。这些应用通常是构建一个 SWOT 分析矩阵,根据分析矩阵,得出 4 种战略,即 SO 战略、WO 战略、ST 战略和 WT 战略,如表 7.1 所示:

---

① 杨玮等. SWOT 分析法在区域信息产业发展研究中的应用. 电子政务,2006,(4):76~81
② 贾晓辉等. SWOT 分析框架在知识产权战略分析中的应用——以 TD-SCDMA 为例. 电子知识产权分析,2006,(9):21~25

表 7.1　SWOT 战略矩阵

	内部优势（S）	内部劣势（W）
外部机会（O）	SO 战略（依靠内部优势，利用外部机会）	WO 战略（利用外部机会，克服内部劣势）
外部威胁（T）	ST 战略（依靠内部优势，回避外部威胁）	WT 战略（减少内部劣势，回避外部威胁）

7.1.2　学术数字信息资源公共存取战略中的 SWOT 分析模型

1. 优势

（1）我国信息化战略为数字信息资源的发展创造了契机

我国信息化建设始于 20 世纪 80 年代，一直得到我国政府的高度重视。邓小平同志早在 20 年前就指出："开发信息资源，服务四化建设。"江泽民同志多次强调："四个现代化，哪一化也离不开信息化。"胡锦涛同志在许多重要讲话中都要求，要大力推进国民经济和社会信息化。党的十五届五中全会决定，"把推进国民经济和社会信息化放在优先位置"，作为"覆盖现代化建设全局的战略举措"。党的十六大把大力推进信息化作为我国在新世纪头 20 年经济建设和改革的一项主要任务，要求"坚持以信息化带动工业化，以工业化促进信息化"。在党中央、国务院的带领下，经过各地区、各部门和各个方面的共同努力，我国信息化建设取得了重要进展，信息资源开发利用也借着信息化的春风取得了令人瞩目的成绩。

2006 年 3 月，国务院信息化工作办公室发布了《中国信息化发展报告 2006》，显示了在政务信息资源、公益信息资源以及市场信息资源等方面取得了较大的突破。其中，有不少成果都与科学研究紧密相关，可以用一组数据来说明。

第一，重大基础信息库的建设与应用取得了新进展。例如，2006 年 2 月，国家基础地理信息系统 1∶5 万数据库建设工程通过验收，1∶25 万海洋基础地理数据库进一步完善，国土资源综合统计基础数据库建成，民政部从 2005 年初全面启动"中国自然灾害灾情数据库"的建设。

第二，搭建国家科技基础条件平台。2005 年 7 月，科技部、国家发改委、财政部、教育部联合发布《"十一五"国家科技基础条件平台建设实施意见》，提出到 2010 年，搭建由研究实验基地和大型科学仪器设备共享平台、自然科技资源共享平台、科学数据共享平台、科技文献共享平台、成果转化公共服务平台和网络科技环境平台等六大平台为主体框架的国家科技基础条件平台，为各类科技创新活动提供良好环境，使全社会都能享受到科技进步的成果。

第三，专利信息资源开发利用取得进展。2005 年，在专利信息数据加工领域，为建设具有自主知识产权的《中国中药专利数据检索系统》（CTCMPD）中、英文版，进行了中药数据库标引和翻译；在专利信息系统建设方面，开发了"数据资源存储系统"和"生物序列数据库"，并对"中西药检索系统"进行了整合。在积极推进专利数据库开发的同时，2005 年 11 月，国家知识产权局联合新闻媒体构建了中国专利信息发布台，免费为专利发明人传播专利转让信息并提供维权咨询服务。

第四，国家数字图书馆资源建设工作取得新进展。截至2005年底，国家图书馆数字资源累计总量已逾120 TB，其中：全文影像数据10 400万页，音频数字化转换40多万首，视频数字化转换1.5万部；外购中文数据库30个，外文数据库102个，DIALOG国际联机数据库600多个，中文电子出版物2万余件，外文电子出版物1 000余件，音像制品10万余件，网络资源采集总量1 195 GB，新增西文善本数据33万余种7 000万页。

与此同时，互联网在我国也呈现出良好的发展态势。2005年底，cn域名已经成为亚洲最大的国家顶级域名，在全球所有国家顶级域名中的排名从年初的第13位上升到第6位。

我国数字信息资源建设在国家高瞻远瞩、审时度势的部署下，已经具有一定的规模。与国外相比，我国政府更多地从政府信息公开、为公众服务的目的建设国家基础数据库和重点业务应用系统，从而使得绝大多数数字信息资源掌握在政府部门或公益机构，为实施数字信息资源的公共存取战略创造了条件。

(2) 社会主义价值观和和谐社会目标为数字信息资源公共存取提供了思想武器

我国是社会主义国家，社会主义价值观决定了在信息服务领域，国家倡导的是公共服务的理念，这种理念对于推行数字信息资源的公共存取提供了有利的指导思想。

纵观我国社会主义主导价值观的发展，从社会主义集体主义价值观、为人民服务价值观、"三个代表"价值观到以人为本价值观都具有深刻的内涵，这些社会主导价值观随着时代的发展其内涵将进一步丰富和发展。在新的时期，"八荣八耻"社会主义荣辱观则是对社会主义社会价值观的新概括和新阐释。这些价值观与构建社会主义和谐社会的本质要求和价值追求是一致的，是我国构建社会主义和谐社会建设实践的重要指导方针。

和谐社会的实现离不开公共服务的发展。在中共十六届六中全会上，审议通过了《中共中央关于构建社会主义和谐社会若干重大问题的决定》，明确提出了"社会更加和谐"的奋斗目标。其中包括"基本公共服务体系更加完备，政府管理和服务水平有较大提高"。这表明，公共服务和公共管理的和谐，不仅是和谐社会的重要组成部分，也是构建和谐社会的必然要求。政府公共服务水平的高低和公共治理的和谐，直接影响整个和谐社会的建设。

尽管和谐社会理论中强调的是政府公共服务，但是这种思想已经渗透到科研信息领域。我国科学研究的特点是政府主导比重大，重大的研究课题和经费资助都是由政府部门规划的，因此，政府管理方式的改变对科研的影响不容忽视。在过去，国家的财力重点是在经济建设方面，对科研的扶持力度一直不够。随着和谐社会目标的提出，我国逐渐加大公用基础设施、公共文化设施、公共卫生设施、公共教育设施等方面的建设。国家对公共服务的重视和完善必然会推动科研领域公共服务的发展。

(3) 我国绝大多数网络信息资源提供免费存取

用户获取信息的主要方式是上互联网浏览各种类型的网站。一般说来，政府网站、公益性网站、个人网站都免费提供信息浏览服务，只有少数的商业网站提供付费信息服务。《2005年中国互联网络信息资源数量报告》结果表明，商业网站提供的信息服务中，新闻、教育、军事、休闲娱乐、医疗保健、文学艺术、旅游交通等类信息是100％免费服务，而产品、商贸、企业、科技、金融财经等类信息要付费存取，但是付费的比重并不高。以科技信息为例，需要付费的占6.9％，免费的高达93.1％。

用户往往不满足从互联网上获取的各种半结构化、非结构化的网页信息，对科研人员而言，各种收录高质量学术信息的在线数据库是从事科研最主要的信息来源。2005年互联网网络信息资源数量调查中专门调查了各类在线数据库的收费情况，结果表明：虽然几乎所有的在线数据库都采取了收费机制，但是收费所占的比重并不大，最高的是人物在线数据库收费比例也只有10.3％。与学术信息相关的在线数据库包括科技信息数据库和期刊论文数据库，其免费提供的比例分别达到90.2％和93.3％。

这份报告说明了我国信息内容提供商还是以免费提供网络信息资源的做法为主，相比美国、日本等高度商业化的信息市场，信息的商品化程度较低，完全以获取利润为目的的信息市场在我国尚未形成。这种信息市场格局为学术数字信息资源公共存取的实现减少了障碍，有利于数字出版商向免费提供学术出版物方式转变。

（4）开放存取运动在我国得到积极响应

开放存取运动兴起后就得到了我国科学界的认同。2004年5月，中国科学院和中国国家自然科学基金会签署了《柏林宣言》，表明中国科学界和科研资助机构支持开放获取的原则立场。随后，有关开放存取的论文数量每年呈倍数增长，"科学信息开放获取战略与政策国际研讨会"等一系列会议的召开，奇迹文库、中国科技论文在线系统等一系列项目建成运行反映出人们对开放存取这一新鲜事物的极大关注和支持。分析我国学者对开放存取认同的原因，在笔者看来可能有以下几个因素。

首先，开放存取倡导的读者免费获取科研信息的理念符合我国绝大多数科研人员的愿望和现实需要。科研人员也是科研信息的最大需求者，但是由于各方面原因，科研人员的信息需求往往也得不到很好的保障。其中，主要是因为许多科研机构的经费有限，不能提供足够的资金来购买科研人员需要的所有科研刊物。开放存取运动兴起后，其宣称的读者免费获取科研信息的观点代表了广大科研人员的心声，因此，以极大的热情投入其中自然成了众多科研人员的直接行动。

其次，我国的学术期刊出版机制比较能适应向开放存取转变。开放存取运动兴起原因之一是在传统出版模式下学术刊物价格飞涨，阻碍了学术的交流。我国的学术期刊大多附属于政府机关、科研机构和大学等非盈利性机构，主要靠国家补贴和作者版面费来维持运营，基本上还没有完全走上商业化道路。特别是收取版面费是我国学术期刊的惯常做法，科研人员早就习以为常了。因此，在开放存取中提出的作者付费出版模式只要没有超过作者的承受能力并没有遭到科研人员的强烈反对就可。

最后，开放存取能激发科研人员的创作动力。许多研究人员发表论文并不是为了获得经济利益，而是希望在尽可能大的范围内传播其研究成果，取得同行的认可，提高自己的学术地位。开放存取能让更多的人分享研究人员的成果,有利于研究人员提高知名度,从而产生继续创作的激情。

总之,我国学者基本上对开放存取抱积极乐观的态度,认识到开放存取将掀起一场新的学术信息交流模式,将会给长期以来困扰学术界的科研信息获取困难问题带来新的解决方案。

(5) 我国已经开展创作共用协议的本地化工作

"创作共用协议"是开放存取运动中倡导的知识产权保护机制,也是解决信息公共存取知识产权问题的一个有效措施。但是这个根据美国法律体系写的协议在其他国家应用时可能无法符合各国的实际情况,开展本地化的创作共用协议研究是各国面临的工作。我国在这方面已经取得较大的进展,成为率先发布本土版创作共用协议的 29 个国家之一。

我国的这项工作是由中国人民大学及 CNblog. org 负责的,目前最新版本是 2006 年 3 月份正式发布的知识共享中国大陆版许可协议 2.5 版。在该版中,结合我国实际情况,将标准版中的 4 种授权协议组合出 6 种常见的作品授权。这些组合方式构成了从"松"到"紧"的授权限制,给作品的创造者更加灵活便利的选择。

(6) 发展中国家的身份可获得一些特殊的照顾

发展中国家的身份还给我们带来一个优势,那就是致力于开放存取运动的国际组织对发展中国家的一些特殊照顾。如健康信息网络存取计划(HINARI)从 2002 年 1 月起,对人均国民生产总值低于 1 000 美元的国家提供免费在线订阅。开放社会机构(Open Society Institute)宣布了一项新的赞助计划,对来自发展中国家的科研人员可以向其申请资金用于在 PLoS 期刊上发表论文。其他还有一些资助机构如 Howard Hughes 医学研究所、惠康基金会(Wellcome Trust)、马普学会(Max Planck Institute)和法国科研中心(Centre National de La Recherche Scientifique)等都专拨经费用于在开放存取期刊上出版论文。其他乐意支付出版费的一些基金组织可以从 www.biomedcentral. com/info/about/apcfaq♯grants 上获知。

这些资助活动缓解了科研人员支付出版费用的压力,我国学者可以抓住这一机遇,多渠道获得资助,保证不受经济问题的影响而将文章发表在开放存取期刊上。

2. 劣势

(1) 数字信息资源的供给能力和需求存在很大的缺口

我国信息化发展总体水平与世界发达国家相比仍然存在较大差距,信息技术自主创新能力不足,信息技术应用水平落后于实际需求,信息安全问题仍比较突出,信息化法制建设需要进一步加快。所有这些差距都会给数字信息资源的发展带来不利影响,如中文学术数据库的数量仍远小于国外学术数据库,远不能适应网上日益增多的中文信息组织的需要;在国际上有影响的期刊数量不多,被国际上著名的期刊检索工具(SCI、SSCI、AHCI、EI 等)收录的我国期刊数目较少。中文出版商很少加入国际出版组织,英文出版物数量远远超过中文出版物。

　　而随着互联网在我国的迅速发展,对网络信息资源等数字信息的需求不断膨胀。中国互联网络信息中心的统计显示,到 2005 年底,我国网民总人数为 1.11 亿人,居世界第二位。上网计算机 4 950 万台。通过接入互联网上的计算机来获取信息资源成为人们最主要的信息利用手段,庞大的基数也预示着人们的信息需求量是巨大的。相比这么大的信息需求量,数字信息资源建设中存在的问题会直接导致国民对目前网络信息资源建设现状的不满,在未来加大开发利用数字信息资源的力度仍是发展目标之一。

　　(2) 开放存取的理论研究和实践探索仍处在初级阶段

　　相比美、英等发达国家的研究,我国开放存取进展明显落后。

　　从理论研究来看,2004 年以后才开始对开放存取的探讨。随后 2 年来,绝大多数学者还停留在对开放存取的介绍和国内外概况研究的初级阶段,缺少深度。直到 2006 年底,才有学者开始研究开放存取的质量评价、经济机制、版权、机构资源库建设等能推动开放存取发展的重要问题。整体上,我国学者对开放存取的研究仍停留在较浅的理论层面,研究的范围还没有突破《柏林宣言》、《布达佩斯开放存取先导计划》等国际上发布的文件中的概念框架,缺乏实质性成果。

　　从实践来看,开放期刊和机构资源库建设仍在探索阶段。开放存取期刊的数量有限,且以理工科领域的居多,人文社会科学领域的开放存取期刊极为少见。机构资源库虽然有较大的发展,但是存在规模小、功能简单、缺乏影响力、质量控制机制随意等问题,难以形成大的气候。

　　从长远来看,需要借助开放存取的力量,抓住我国开放存取运动的机遇,来实现我国数字信息资源公共存取战略。而我国目前对开放存取的理论研究和实践探索还处在初级阶段,势必影响到对数字信息公共存取道路的探索,当务之急,是加大对开放存取的研究。

　　(3) 数字信息资源的标准建设面临挑战

　　首先,从标准的建设模式来看,具有典型的"政府主导"特色。这种区别于西方国家浓厚的商业气息的标准制定模式虽能为我国标准建设带来益处,例如能从数字信息资源的长远目标和公众利益出发制定标准,能为标准的推行提供政策保障。但是,也存在诸多弊端,企业参与不了标准的制定过程,一方面会使得标准的适用性受到影响,另一方面会导致我国企业在信息产业中失去了主导地位。因此,要积极探讨适合我国国情的标准建设模式。

　　其次,从标准建设看尚有许多问题没有解决。我国在数字资源建设的同时却忽略了标准的研究应用。一是缺乏明确的统一标准建设原则、方向和规范程序,难以统筹规划各个相关标准,导致研究成果分散、孤立。二是没有从数字资源建设与服务的生命周期来全面认识标准的内容和层次,缺乏对标准开放性和互操作性的深入认识,缺乏对标识符体系、资源集合描述、知识组织体系描述和管理机制描述等方面的研究。三是在国际标准市场上缺少有力的席位。我国总是在国际标准制定完之后很长时间才开始制定国内相关标准,在国际标准处于讨论过程时,我们不能跟踪和参与国际标准的制定,总是在别人标准制定完毕并开始应用的情况下,才匆忙去引进。导致关键标准都被国外拥有,我国缺乏普遍接受和广泛应用的关键标准①。

第三,从标准的应用来看,效果不甚显著。各单位在标准的应用方面存在很大的随意性。以元数据标准的应用为例,不同部门采用的元数据标准多种多样,有采用 DC 元数据集的,有采用 MARC 的,还有采用 SGML 的。即使采用 DC,各单位在具体应用方案上又不尽相同:有用 DC 的 12 个核心元素和限定词的,也有用 14 个、15 个、16 个等等,对各元素的理解也不相同。这种大标准下的"小标准"现象使得标准的真正价值没有体现出来。

第四,从标准的管理机制来看,缺少协作协调机制。我国由于没有强有力的机构进行统筹规划,造成各自为政的局面。像国家图书馆利用其地位优势和技术优势,以图书馆联盟的形式向区域性、行业性和大学图书馆渗透;北京书生科技公司在行业中倡导中国数字图书馆标准化工程;国家质量监督检验检疫总局委托中国数字图书馆战略组制定相关技术标准等。标准层出不穷,缺乏协调机制,使得标准的应用力度和范围受到限制。

(4) 创作共用协议在我国的研究和应用有待推进

尽管我国已经正式颁布了知识共享中国大陆版许可协议 2.5 版,但是在理论研究和实际应用方面却进展缓慢。

从发表的论文情况来看,在《中文科技期刊数据库》和《中国期刊网专题全文数据库》中输入"创作共用协议"、"知识共享协议"等检索词,截至 2006 年底共收录论文 26 篇。整体情况不容乐观,反映我国在这一领域的研究基本上处于空白。

从社会关注情况来看,很多人还是第一次听说过国际上发布了这样一项协议,对我国已经颁布了本土化版本更是前所未闻。我国对创作共用协议的研究基本上还处在闭门造车的阶段,缺少向社会宣传。

从应用情况来看,除了少数前卫 blog 采纳这种协议外,应用"创作共用协议"的中文数字作品并不多见。许多数字信息出版机构仍把它看做是一个新鲜的事物,谨慎地使用。2006 年最高人民法院公布了涉及计算机网络著作权纠纷案件的司法解释,规定在网络进行转载、摘编并按有关规定支付报酬、注明出处,不构成侵权。这个规定带有"创作共用协议"的影子,但仍然没有直接采用创作共用协议。

未来我国更需要积极融入国际创作共用协议的研究队伍中,加大推行创作共用协议在我国的研究和应用力度,充分发挥这一协议在解决信息公共存取中知识产权保护问题方面的作用。

(5) 数字对象标识符技术尚没有被普遍接受

相比国外大型全文数据库出版商大多采用 DOI(Digital Object Identifier,数字对象标识)技术作为其数字内容和实体的唯一标识符方案,我国的中文数据库还普遍处于

---

① 赵培云. 如何搞好中国数字图书馆统一标准建设. 世界标准化与质量管理,2004,(3):48~49

自定义唯一标识符阶段。中文科技期刊数据库采用自定义内部链接号方式,方正电子图书库采用的是 ISSN 号和中图分类号的方式。这些自定义唯一标识符带有很大的随意性,而且在解决知识产权、跨系统互操作以及永久唯一性方面并没有发挥有效作用。相反,DOI 以其高度的灵活性和适用性能解决当前互联网上信息的知识产权、跨系统的互操作、永久唯一标识等问题,成为最具前景的技术热点之一。

我国是学术数字信息资源的生产大国,为了与世界先进水平接轨,我国应积极地与有关组织机构(如大学图书馆,文献情报机构等)合作,借鉴美国、日本等国的先进经验,积极地推进具有中国特色的 DOI 系统的研究与开发,推进适合中国国情的 DOI 实施模式和管理机制。提高在网络分布式环境下信息资源存取的有效性,最终达到资源共享的目的。

(6) 社会资助来源少,实现数字信息公共存取的资金短缺

在国外开放存取运动中,开放存取期刊数量之所以每年能够快速增加,其主要原因之一是国外有许多基金、社会组织、私人企业资助开放存取的发展。这些资助能够弥补开放存取期刊运营过程中产生的成本,保障开放存取项目的顺利开展。但是,在我国,期刊的发展大都靠的是政府和科研机构的扶持,国家不可能提供太多的资助,无法为开放存取发展所需要的资金提供充裕的保障。以我国第一个开放存取机构资源库奇迹文库为例,它是由一群中国年轻的科学、教育与技术工作者创办的非赢利服务网站,所有的资金都来自志愿者的主动捐献。

再者,开放存取倡导作者付费出版,这在发达国家并没有很大障碍,因为科研人员所在的科研机构资金雄厚,往往能够为科研人员的作品出版提供支持。但在我国,这是阻碍开放存取发展的一个因素,因为我国是发展中国家,经济条件比较差,科研机构与科研人员在资金上比较拮据。如果作者承受不起出版作品的费用,就会反对这种新的学术交流模式。

所以,为了实现学术数字信息资源的公共存取战略,未来一方面要建立重点开放存取项目和品牌期刊,有效地配置国家资助的财力;另一方面,要争取更多的社会力量。

3. 机会

(1) 国际上对学术信息公共存取的呼声高涨

人类的基本权利在信息领域的具体体现就是自由、平等、公开地利用信息。国际上许多国家在政策法律中将公共获取信息作为正式条文列入,在科学研究领域,许多国家也制定了相应的政策,倡导学术信息的公开存取。

例如,美国 1998 年兴起的"自由扩散科学成果运动"、2003 年通过的《公共存取科学文献法案》以及 2005 年由美国国立卫生研究院制定并生效的"促进公众存取研究信息"的政策都反映了人们开始认识到科学信息公共存取的重要意义,要求改变过去保守、限制传播的做法,让更多的人受到学术信息公开带来的禅益。

在国际上,经济合作发展组织 OECD 1991 年发表部级公报"要促进环境数据和信息的完全与公开交换"。1994 年,国际社会科学学会全体会议通过社会科学数据管理

政策,其基本目标之一是实现所有数据库,对所有社会科学家,实行完全与公开的共享。

由此可见,国际上已经形成了要求学术信息公共存取的氛围,并首先从政策角度保障其在实践中能够顺利实施。在这种背景下,我国开展学术信息公共存取既是顺应国际科学界的要求和趋势,又能从国外的实践中汲取成功经验,促进我国学术信息资源被更多的公民公开获取。

(2) 国际上兴起了开放存取运动,在理论和实践方面取得进展

开放存取是在学术出版领域兴起的一场新的信息交流活动,按照《布达佩斯开放存取先导计划》的定义"对于某文献,存在多种不同级别和种类的、范围更广、更容易操作的获取方法。对某文献的'开放存取'即意味着它在 Internet 公共领域里可以被免费或以少量费用获取,并允许任何用户阅读、下载、复制、传递、打印、搜索、超链该文献,也允许用户为之建立索引,用作软件的输入数据或其他任何合法用途。用户在使用该文献时不受财力、法律或技术的限制,而只需在获取时保持文献的完整性,对其复制和传递的唯一限制,或者说版权的唯一作用应是使作者有权控制其作品的完整性,及作品被正确接受和引用"。从中可以看出,开放存取与公共存取没有本质的区别,学术界在开放存取运动理论和实践的进展可以为我国学术数字信息的公共存取提供借鉴。

开放存取运动主要取得了以下进展:

①召开了一系列的重要国际会议,提出和确立了对开放存取运动影响深远的倡议、宣言、原则和策略。其中最重要的文件是《布达佩斯开放存取先导计划》、《Bethesda 开放存取出版声明》和《柏林宣言》,这三份重要的文件如同三座耀眼的灯塔,指导着后人对开放存取的研究,推动了开放存取运动的发展。特别是在《布达佩斯开放存取先导计划》中提出了实施开放存取的两种方式:自我存档(Self-Archiving)和开放存取期刊(Open-access Journals),为开放存取实践提供了两条可行通道。

②吸收许多国家科研机构参与到开放存取中,得到了多方力量的支持。例如,美国国会图书馆、CoMell 大学、Mellon 基金会等都表示关注开放存取。尤其是 2003 年首批签署《柏林宣言》的科研机构达到了 30 余个,越来越多的科研机构呼吁向所有网络使用者免费公开更多的科学资源。

③自我存档资源库在实践中发展。Eprints. org 网站(http://www. eprints. org)提供了一份当前开放存取资源库的清单和一本如何自动构建开放存取资源库的操作手册;SHERPA 项目(http://www. sherpa. ac. uk)正在许多研究型高校开展开放存取机构资源库的建设;最著名的开放存取搜索引擎 OAIster(http://www. oaister. org)能从分布在不同位置的机构资源库中检索出用户所需内容。

④开放存取期刊从数量到质量都获得极大提高。瑞典 Lund 大学图书馆 2006 年底收录的高质量开放存取期刊数目已达到 2 477 种,且在不断增加中。开放存取论文的引用情况是衡量开放存取期刊影响力的主要指标,研究表明,开放存取期刊的质量在逐步提高,在学术界的影响力也越来越大。以期刊"Journal of Postgraduate Medicine"为例,2000 年向该期刊的投稿数量不到 200 篇,到了 2004 年这个数字已经超过了 600

篇,在 ISI 的影响因子也逐年提高,2000 年的影响因子低于 0.05,到了 2003 年则接近 0.3①。

(3) 创作共用协议来解决知识产权与公共存取的矛盾

创作共用协议是在开放存取中倡导的知识产权保护机制,其内容是除特殊说明外,任何人都可以免费拷贝、分发(任何形式)、讲授、表演某个站点的任何作品(文字、图片、声音、视频等)。创作共用协议对数字信息资源公共存取的贡献在于:

①一旦数字作品选择了应用"创作共用协议",即意味着任何人在遵循一定条件下,都可以免费拷贝,以任何形式分发、讲授、表演任何数字作品甚至其派生作品。这与公共存取的要求不谋而合。

②用户使用"创作共用协议"作品的条件是必须满足作品中的授权方式要求,"创作共用协议"共提供了 4 个最常见的授权方式,供作者自由、灵活选择。

③有一套较为简单的使用规则,方便数字作品在互联网上传播,从而使得选择"创作共用协议"的数字作品能被用户通过常见的搜索引擎发掘。

创作共用协议产生的目的就是让任何创造性作品都有机会被更多人分享和再创造,共同促进人类知识作品在其生命周期内产生最大价值。这种思想得到了众多机构、组织、个人的积极响应,许多学者将其新创作的著作选择采用创作共用协议,一些开放存取期刊出版机构也直接采纳此协议,更不用说相当多数量的大型网站和个人博客网站中使用了创作共用协议。特别是在科研信息领域,针对科学信息的获取,创作共用组织又继续制定了"创作共用协议"的演化版"科学共用协议",从而使得科学信息的知识产权保护有了解决思路。总之,创作共用协议可以说在解决知识产权带来的信息资源垄断问题上迈出了可喜的一步,为数字环境下信息资源的公共存取创造了条件。

(4) 实现开放存取的开源软件普及

信息公共存取的技术研究也取得了较大的进展,标志性成果之一是提出了基于 OAI-PMH 的数字信息开放存取体系框架。该体系框架的提出为网络上元数据的互操作问题提供了一种可行的解决方案,使用户的访问不受系统平台、应用程序、学科领域、国界及语言的限制。

基于 OAI-PMH 的数字信息开放存取体系框架提出来后,在世界许多国家得到广泛应用。像英国南开普敦大学开发的 Eprints、美国麻省理工大学图书馆与惠普公司开发的 Dspace、欧洲核研究理事会开发的 CDSware 以及康奈尔大学等开发的 Fedora 等都是基于 OAI-PMH 的开放存取系统。他们都公布源代码,是真正的开放软件,用户可以自由移植、重新配置,或者二次开发。

此外,一些已经问世的开源软件(Open source software,简称 OSS)也为开放存取提供了技术支持,如 Red Hat Linux OS、Javascript、Apache Web Server 等等。许多机

---

① Leslie Chan. Maxing Research Impact of Scientific Publications from Developing Countries through Open Access:Experience from Bioline International. http://www. bioline. org. br. [2007－01－02]

构在建立机构资源库时可灵活选用需要的技术。

（5）DOI 技术为信息存取的有效性提供保障

在数字信息资源存取中，需要一个唯一而完整的标识系统来保证信息存取的准确有效性。数字对象标识符（DOI）技术的出现和发展正好满足了这一需求，它是互联网上重要的基础设施和名称管理机制，适用于通过网络服务发现和识别数字内容，已被国际标准化组织吸纳成为国际标准 ISOTC46/SC9。DOI 技术不仅能唯一标识出数字对象，而且能吸收各个领域已普遍使用的现有标识格式，具有很好的兼容性优点。

DOI 技术提出来后，得到了国外许多机构的积极响应，特别是电子数据库提供商，包括 Elservier，Springer Link，Blackwell，John Willey 等多家出版商，正在逐渐采用 DOI 来标识自己的内容实体。DOI 的应用范围也逐步从现有的出版领域扩展到电子政务、电子商务中，如英国政府部门、经济合作发展组织 OECD 等组织的文献管理都采用了 DOI 技术，呈现出很好的发展态势。据统计，目前已经有 1 000 个命名授权机构，超过 1 500 万个 DOI 注册①。目前在互联网上最成功的应用是 CrossRef 数据库。

CrossRef 是多个出版机构联合建立的开放式参考文献链接系统，每个成员出版商从 International DOI Foundation 获得了一个 DOI 作为前缀，出版商为其出版的每一篇期刊论文编制一个内部号作为后缀，形成一个唯一的 DOI 标识表示数字对象。CrossRef 的功能犹如一种数据转换盘，它虽然不存储全文，但能够使出版商和其他组织通过利用 DOI 对成员的出版商出版的论文加以标识，创建链接。用户点击 CrossRef 链接，就可以链接到显示有论文全部引文目录的出版商网页，大多数情况下，也包括引文的文摘。DOI 技术保证了 CrossRef 中数据在网上的固定性，一旦文章的网址发生改变，只要出版商在 CrossRef 元数据库中 DOI 目录中更改文献的 URL 即可。一旦出版商改变它的 URL，只要在中心 DOI 目录中更新，每一个与之相关的 DOI 便会自动更改，对网站读者而言，这一切都是透明操作的，没有任何影响②。

DOI 技术为学术数字信息资源的有效存取带来了革命性的影响，CrossRef 也在不断地提高其性能，扩大其影响，截至 2006 年底，已有 500 多家出版机构申请加入 CrossRef，存储有 6 000 种期刊，超过 450 万篇文献的 DOI 记录，为用户实现引文到原文的链接提供了便利，为数字信息资源真正实现共享提供了途径。

（6）搜索引擎与学术信息的结合

一方面，以 Google 为代表的搜索引擎巨头开始将目光瞄准学术信息市场，通过与学术出版商合作以免费的方式为用户提供高质量的、面向主题的搜索服务，例如 Google Scholar。另一方面，针对互联网上开放存取资源库，出现了以 OAIster 和 Citebase 为代表的开放存取搜索引擎。这两方面的进展对学术数字信息资源公共存取

---

① Norman Paskin. Digital Object Indentifiers for Scientific Data. In 19th International CODATA Conference, Berlin，Nov 10 2004. http://www.codata.org/04conf/papers/Paskin-paper.pdf.［2007－01－02］
② 何立民，万跃华，李平.电子文献正文引文跨越学术领域的链接.大学图书馆学报，2003，21（3）：36～39

的意义在于：

①符合人们获取信息的习惯。通过搜索引擎获取所需信息是人们最常见、最直接的方式，但是现有的搜索引擎的返回结果大部分质量得不到保障。专业的出版社拥有高质量的学术信息，却难以提供令用户满意的检索方式。Google Scholar 等学术主题搜索软件正好填补了两者的缺陷，提供一个传统的搜索引擎界面来获取高质量的学术信息。这种搜索引擎还有个特点是检索结果按照文章被引频次排列，与用户的相关性大大增强。科学的排序原则是 Google Scholar 使人信服的依据。

②有效地组织了互联网上分布式的开放资源。用户常常抱怨互联网上有价值的信息都是要付费才能获取，而事实上，互联网上已出现许多免费的开放资源，但是缺少一种有效的组织方式，所以才造成用户难以获悉的局面。开发专门针对开放存取资源的搜索引擎成为一个新的技术热点，例如开放存取搜索引擎 OAIster 就对全球 712 个机构资源库建立了索引数据库，通过这个搜索引擎能对全球分布式开放资源进行检索。

③搜索引擎不断加强与学术机构的合作。"2004 年 12 月 13 日，Google 宣布将与美国纽约公共图书馆以及哈佛大学、斯坦福大学、密歇根大学和英国牛津大学的图书馆合作，将这些著名图书馆的馆藏图书扫描制作成电子版放到网上供读者阅读。Google Scholar 将打造成全球最大的网上图书馆。"① Google 的举动表明，它在传统数据提供商的基础上建立学术服务的新阵营，打造学术评价的新标准。目前，Google 公司已经与许多科学和学术机构进行了合作，如 ACM、Naure、IEEE、OCLC 等。我国国家图书馆也通过 Google 向公众开放书目数据，万方数据库、维普资讯数据库等也开始与 Google Scholar 的合作②。

（7）开放存取中产生了新的商业模式

数字信息资源的开放存取依托先进的网络技术和数字技术，相比传统基于订阅模式而言，一方面不需要为印刷、版权管理及其实施消耗费用，另一方面减少了从信息源传播到最终用户的中间环节，所以在开放存取中数字信息资源的出版和传播成本大大降低。这个优点增加了开放存取的竞争性。但是开放存取并非没有成本，在开放存取期刊和自我存档资源库建设中都需要一定的费用。为了弥补运营成本，许多新出现的商业模式可以保障数字信息资源开放存取的顺利开展。

这些商业模式可分为自产收入（Self-generated Income）和内外赞助（Internal and External Subsides）两大途径。其中，自产收入包括作者付费出版、印刷版销售、广告收入、提供副产品、提供增值收费服务等方式；内外赞助包括各研究机构、基金组织、政府以及私人的赞助等。所有这些商业模式都可以作为学术数字信息资源实施公共存取战略的经济补偿机制。

---

① 新华社. Google 建最大网上图书馆，网上藏书数量巨大. http://telecom. chinabyte. com/158/1889158. shtml.［200612－16］

② 毛力. 学术数据库与普及型搜索引擎的合作研究. http://www. cqvip. com/tq/20060722_5. htm.［2006－10－4］

4. 威胁

(1) 学术数字信息资源的类型不一、标准繁多

数字信息资源区别于传统印刷型信息资源的一个显著特点是表现形式多种多样，有文本、图像、声音、视频等，各种类型又包含许多不同的格式，例如光文本就有.pdf、.doc、.caj等等格式。这种特性给数字信息资源的存取带来诸多挑战。

①异构数字信息资源的集成。分布在不同组织机构中的数字资源在内容结构、元数据描述、检索界面以及检索协议等方面呈现异构性。对用户而言，没有必要也不可能去适应各个资源系统，而是通过互操作机制，提供面向用户的逻辑上统一或相互有机连接的数字信息服务机制，支持用户在整个数字信息环境中有效搜寻、获取和利用信息。这就是数字信息资源集成技术要解决的问题。

②数字信息资源的利用需要相应的配套工具。人们获取一本纸质图书的内容几乎不再需要其他辅助设备，而数字信息资源的利用仅仅获得了数字内容是不够的，还要有一套设备能读取内容。数字信息存储格式的多样化要求人们不断地开发和掌握各种浏览工具，因此，掌握一定的计算机技能是数字时代人们获取数字信息的一项基本技能。

总之，数字信息资源的多样性，一方面需要加强数字信息资源的标准化建设，开发集成化的数字信息系统；另一方面，对数字信息资源的用户培训也要跟上需要。这两方面的工作都是必不可少的。

(2) 知识产权与数字信息资源存取的矛盾

知识产权法授予了作者对其数字作品的复制、传播、演绎等方面的专有权，以弥补作者的创作型劳动，并鼓励更多作品的创作。随着知识产权的扩张，在网络时代已被越来越多的利益集团沦为牟利的工具，限制了人们对数字信息资源的存取。这种矛盾体现在：

①知识产权的排他性会导致信息垄断。版权法和专利法确立的目的是保证研究和发展的经济效率水平，保护作者与发明者的知识财产，确保他们所付出的时间和精力得到补偿，以鼓励未来的创造性活动。但是，知识产权法也可能使知识商品的提供者成为垄断者，制定社会无效率的价格，从而造成信息市场的失灵。

②知识产权的保护期限也与数字信息资源的特性不相适应。知识产权法要求对所保护的对象有一定的保护期限，在保护期限内的作品不能自由使用。但是数字信息资源的特点之一是具有很强的时效性，一旦没有及时地获取就可能失去了其价值。所以，从促进数字信息资源利用效率角度来看，现有的知识产权保护期限的规定会阻碍数字信息资源的利用效率。

③知识产权中合理利用的范围过于狭窄。世界各国在知识产权法中都设了"合理使用"的范畴，规定在一定条件下使用他人的作品和发明，可以不经著作权人或专利权人的许可，不向其支付报酬，但应当指明作者姓名、作品名称和出处，并且不得侵犯著作权人或专利权人依法享有的其他权利。合理使用的范围一直是谨慎规定的，尽管这样，许多非营利性图书馆、档案馆和教育机构在教学和科学研究中的使用仍被排斥在外。

④知识产权对数据库的保护不合法,延伸到数据和信息本身。对数据库的保护虽然也有其经济上的合理性,但是这种专有权的设定必然会导致数据库制作者对一些数据的垄断,使公众难以获取信息或者难以从其他不同的途径获取所需的信息。

⑤知识产权保护的技术措施也限制了访问信息资源。使用先进的技术措施来保护数字信息知识产权不受侵犯也是一个重要手段。各种加密、电子签名、电子水印等技术为防止作品被他人擅自访问、复制、传播以及监督作品的使用提供了保障,但也带来了人们利用信息的困难。

（3）信息资源公共存取实现技术的局限

信息技术的发展虽然给数字信息的公共存取解决了许多技术障碍,但是仍有一些技术瓶颈在探索中。

首先,OAI-PMH虽然提供了一个分布式开放资源库存取框架,但是仍有一些技术上的不足。例如,OAI-PMH只规定了不同存档库之间如何交换数字资源的"线索",并没有规定它们之间如何交换数字资源本身;再者,从网络实现上讲,OAI是基于HTTP协议的,HTTP协议是一种无状态、被动的协议。因此,HTTP协议的许多缺陷自然也就成了OAI的缺陷,如在应用OAI-PMH协议进行互操作的情况下,各个机构存档库之间保持信息同步比较困难。诸如此类问题给OAI-PMH的适用范围带来影响,需要在实践中不断改进。

其次,数字信息的海量存储和管理问题。开放存取模式允许用户自我存档和管理数字信息资源,随着加入开放存取的组织或个人越来越多,存储开放存取信息的服务器将不堪重负。如何保存和管理海量数据是数字信息资源开放存取要解决的任务之一。海量信息的存储需要大容量和高密度的电子贮存设备,包括大容量、高密度的硬盘和光盘以及光盘塔和光盘库。如何对开放存取的信息的存储空间分配、如何组织用户放进开放存取仓储的文件,这些问题都值得深入探讨。

第三,是开放存取信息的检索问题。虽然元数据收割技术在实现语言无关、平台无关、协议无关的互操作方面有较大的进展,部分地解决了开放存取资源在不同语言、不同平台之间互操作的问题,方便用户发现并利用更为广泛的资源,但从用户角度来讲,使用最多的检索工具仍为搜索引擎,搜索引擎的信息检索效率(包括多语种检索、图像检索、语音检索、智能检索)与速度仍是用户满意度提高的重要指标。前面我们看到无论是Google Scholar等类主题式学术搜索引擎服务,还是针对开放存取机构资源库开发的搜索引擎OAIster,其性能都不完善。例如,Google Scholar链接的都是数据库提供者和出版者提供服务的网页,本身并不提供原文服务,对公共存取数字信息资源而言仍然要依赖出版者的开放与否,并且,Google Scholar覆盖的资源数量还是有限的。专业的开放搜索引擎也存在返回结果与用户相关性不大的毛病。所以,如何设计出性能卓越的能搜索开放存取资源的搜索引擎,是数字资源能被公共存取的先决条件。

（4）作者付费出版带来的问题

开放存取的主要经济模式是作者付费出版,读者免费使用。这种模式在实行中会带来诸多问题：作者是否支付得起呢？对于无法支付出版费的科研工作者是否公平呢？开放存取是否会导致科研部门支付的费用超过了以往购买期刊的费用呢？特别在不同的学科，作者对付费的心理承受能力不同。例如在人文社会科学领域，一直以来都没有作者付费出版的传统，与自然科学领域相比能够获得的项目或课题资助也少得多，这些因素都会限制这些学科对开放存取的接受。如果科研工作者发布自己科研成果的费用过高，阻碍贫穷者的创作热情，那么就违反了开放存取的初衷。

除了对科研工作者带来困扰外，对出版商、图书馆等相关利益人也会带来影响。2004 年 7 月 21 日，英国议会科学及技术人员经过 5 个月的调查得出"作者付费是确实可行的"，但还需要"进一步验证"。还有一些大学官员担心如果把原本是图书馆经费挪作"作者出版费"后，会进一步缩减图书馆的经费。有些出版商认为即使是按照各个出版社规定的每篇论文出版的费用来收取费用，对一些高质量的期刊仍是远远不能弥补成本的。高质量的期刊意味着高退稿率，带来的是每篇文章出版成本的增加。例如，美国科学公共图书馆的 PLoS 对每篇论文的发表要求作者支付 1 500 美元费用，但实际上的成本远远高于 1 500 美元。如果实施了开放存取，出版商过去是从期刊的订购费中获利，现在就转向靠从出版费中获利。为了获利就只能降低稿件录用标准，这样做的可能后果是整个学术期刊市场论文质量的下降。

如此看来，"作者付费出版"模式的确给学术数字信息资源的公共存取带来了阻碍，学术数字信息资源公共存取战略的实施要考虑到作者付费出版在实际运行中的灵活性，并积极采用其他可行的商业模式。

（5）学术数字信息资源开放存取的质量问题

开放存取的两种实现途径即开放存取期刊和自我存档资源库都不同程度地存在信息质量问题。有些开放存取期刊沿用了传统学术期刊出版流程中的专家评审和同行评议制度，比如 BioMed Central 期刊刊登的所有研究论文都要经过同行严格评议，SPARC 则通过与著名的学会、协会以及大学出版社合作，直接吸收优秀的编辑和专家对出版物的质量进行评估。但是，从 Lund 大学开放存取目录中收录的期刊来看，具有较高知名度和影响力的高水平期刊很少列入其中。从科研人员的角度考虑，能在著名期刊发表论文是促进其科学研究的巨大动力，通常优先选择在顶级期刊上发表而放弃新兴的免费开放存取期刊。如此一来，只会使优秀的成果仍集中在传统形式的期刊上。

自我存档资源库的信息质量更令人担忧，将成果存于自我存档库中如同人们在互联网上发布信息，除了国家法律法规限制的内容不能发布外，几乎没有其他约束条件。通常只是网站维护人员粗粗判断信息的内容是否满足发表要求，但是由于其并非专业人士，难以对成果的质量做出鉴定。所以不管是个人主页、机构资源库还是学科资源库，都充斥着各种各样的研究成果，格式多种多样，质量良莠不分。

总之，开放存取期刊和自我存档库的质量问题是影响开放存取发展的主要因素。在我国实施学术数字信息资源公共存取战略时，如何建立一套质量控制机制，提高公众能开放获取的数字信息质量，是一项必不可少的战略行动内容。

数字信息资源公共存取战略可以利用 SWOT 分析工具,结合前文的研究,我们构造了我国学术数字信息资源实施公共存取战略的 SWOT 分析模型(表 7.2)。该 SWOT 战略分析矩阵是形成我国数字信息资源公共存取战略的依据。

表 7.2　我国学术数字信息资源公共存取战略的 SWOT 分析模型

	机会(O)	威胁(T)
外部环境	(1) 国际上对学术信息公共存取的呼声高涨 (2) 国际上兴起了开放存取运动,在理论和实践方面取得进展 (3) 创作共用协议来解决知识产权与公共存取的矛盾 (4) 实现开放存取的开源软件普及 (5) DOI 技术为信息存取的有效性提供保障 (6) 利用搜索引擎开放存取学术信息取得进展 (7) 开放存取中产生了新的商业模式	(1) 学术数字信息资源的类型不一、标准繁多 (2) 知识产权与数字信息资源存取的矛盾 (3) 信息资源公共存取实现技术的瓶颈 (4) 作者付费出版带来的问题 (5) 学术数字信息资源开放存取的质量问题
	优势(S)	劣势(W)
内部环境	(1) 我国信息化战略为数字信息资源的发展创造了契机 (2) 社会主义价值观与和谐社会目标为数字信息资源公共存取提供了思想武器 (3) 开放存取运动在我国得到积极响应 (4) 我国已经开展创作共用协议的本地化工作 (5) 我国绝大多数网络信息资源提供免费存取 (6) 发展中国家的身份可获得一些特殊的照顾	(1) 数字信息资源的供给能力和需求存在很大的缺口 (2) 开放存取的理论研究和实践探索仍处在初级阶段 (3) 数字信息资源的标准建设面临挑战 (4) 创作共用协议在我国的研究和应用有待推进 (5) 数字对象标识符技术尚没被普遍接受 (6) 社会资助来源少,实现数字信息公共存取的资金短缺

7.2　我国学术数字信息资源公共存取战略指导思想和战略目标

7.2.1　指导思想和基本方针

随着信息技术的发展以及数字信息资源对我国经济繁荣、国力增强、人类进步以及社会发展的重要作用日益显著,如何保障实现我国公众对与其科学研究、教育学习相关的信息的获取权利,抓住当前国际上正在兴起的开放存取运动带来的机遇,制定我国的数字信息资源公共存取战略是一项迫在眉睫的任务。

我国数字信息资源公共存取战略的指导思想是:以邓小平理论和"三个代表"重要

思想为指导,贯彻落实科学发展观和和谐社会理论,统筹规划和合理开发数字信息资源,充分发挥科研数字信息资源在推动经济发展和社会进步中的重要作用,不断满足人们对科研数字信息资源日益增长的需求,不断提高我国数字信息资源的利用效率,不断提高我国在世界上的综合实力和竞争力。

我国数字信息资源公共存取的战略方针是:以科学发展观为统领,促进数字信息资源的开发;以需求为主导,促进科研数字信息资源的公共服务;以效率为目标,促进数字信息资源的利用;以和谐为基础,促进各方利益的均衡。

以科学发展观为统领是我国数字信息资源的基本依据,要统筹规划、合理安排中文数字信息资源的开发工作,加强数字信息资源的标准建设,完善数字信息资源的相关法律制度。

以需求为导向要求以满足人们科研、学习、教学的信息需求为目标,努力消除数字鸿沟现象,减轻直至消除各种影响人们获取学术信息的障碍,让人人享有获得信息的平等权利。

以效率为目标是指要以提高数字信息资源利用效率为主要目标,一方面要开发和应用领先的技术来提高数字信息资源的存取效率,另一方面还要培养我国用户获取信息的能力。

以和谐为基础是指要处理好数字信息资源公共存取中各相关利益机构之间的利益关系,包括数字信息资源创作者(作者)、传播者(出版商)、使用者(读者)以及服务者(图书馆)之间的关系。

7.2.2 战略目标

1. 战略愿景

互联网已经从根本上改变了科学知识和文化遗产的传播方式,在人类历史上首次创造了一个全球人类知识共享和交互的机会。为了实现全球对科学知识的自由访问,根据数字信息资源存取的外部环境和内部条件,我们认为,我国学术数字信息资源公共存取的战略愿景大体可以表述为:

与《2006—2020年国家信息化发展战略》战略目标基本同步,到2020年,保证我国所有的学校、科研机构、图书馆、企业等机构以及个人科研用户在高速发展的信息时代从事以教学、科研、学习为目的活动时,能通过互联网络可持续地、免费地获取学术数字信息资源,并且能下载、使用、复制、传播、制作数字信息资源。

2. 使命陈述

为实现战略愿景的内容,未来,我们的具体使命包括:

(1) 成为开放存取运动的积极倡导者和行动者;

(2) 建立与数字信息资源相适应的知识产权保护机制;

(3) 在建设机构资源库的基础上实现开放存取平台;

(4) 建设若干种在国际上有较高影响力和知名度的中文开放存取期刊;

（5）努力提高我国国民获取信息的技能。

7.3 我国学术数字信息资源公共存取战略内容

7.3.1 普及开放存取理念，提高对学术数字信息公共存取的认识

开放存取是实现数字信息资源公共存取战略的有效途径，我国要积极加入开放存取运动的热潮中，在社会各界树立开放存取的理念，建立适应我国国情的数字信息资源公共存取模式。为此要做到：

（1）向社会各界宣传开放存取运动所带来的良好发展契机，以及数字信息资源公共存取对科学研究的进步和人类社会的发展的重要价值。开展对开放存取知识的宣传普及、教育培训工作。

（2）开放存取的发展离不开包括出版界、科研机构、信息部门、政府部门以及全球支持开放存取的国际组织的共同努力。积极争取开放存取发展的经济资助和法律保障，科研机构应鼓励科研人员将其作品发表在开放存取期刊和机构资源库上。

（3）要渐进发展、稳步提高，逐步建立适应我国国情的数字信息资源公共存取模式。从支出来讲，应以社会发展学术信息服务支出为主；从消费来讲，应当做到覆盖面广、水平适度、兼顾公平与效率；从发展过程来讲，应当优先完善基础教育与基础科学公共服务；从供给来讲，应当是多元化、社会化的信息资源供给体系。

7.3.2 建立保障数字信息资源公共存取的相关法律政策

为了协调数字信息资源公共存取中各方之间的关系，平衡数字信息资源的创造者、出版者、使用者以及服务者这些利益团体的相关利益，相关法律政策的建设是一项重要内容，为此：

（1）数字信息资源的公共存取并不意味着对现有的知识产权法的抛弃，相反，知识产权法在数字时代更应被重视和发展。实现数字信息资源公共存取战略后，任何人可以下载、使用、打印、传播、复制作品，前提是需注明作品来源，并保证作品的完整性。

（2）对于作品的保护，倡导采用国际上目前比较通行的创作共用协议来处理数字作品的创作与使用之间的关系。如果机构资源库已经采用了创作共用协议，那么其内容正式出版后出版机构也必须按照所采用的协议要求；按照创作共用协议的要求，发表在开放存取期刊上的论文版权不再全部归出版机构所有，作者保留部分权利。版权拥有者能够允许其他人广泛地利用其作品。

（3）无论是要求还是科研人员主动将自己的科研成果存入机构资源库中，机构资源库都应向科研人员清楚地表明本机构资源库应遵守的各项相关法律政策，以避免不必要的纠纷。

（4）在科研项目立项和审批时，借鉴国外经验，声明倡导和支持开放存取出版，制

定支持开放存取的项目成果发表的政策。

7.3.3 加强网络设施建设和管理

未来,以互联网为主的网络将是人们获取信息资源的主要媒体,为此需要:

(1)建设网络硬件基础设施,应用先进的网络通信技术,为我国公众提供一个更大容量、更快速度、更优性能的互联网络,使得越来越多的人能通过互联网络获取高质量的数字信息资源。

(2)加强互联网的治理,形成适应互联网发展规律和特点的运行机制。与国际互联网管理组织协商,坚持法律、经济、技术手段与必要的行政手段相结合,营造积极健康的互联网发展环境。

(3)提升网络的普及水平,重点建设教育、科研部门的网络。特别是要提高图书馆、学校等信息访问集中的部门互联网接入、传输和访问信息的能力。

7.3.4 加快制定数字资源标准规范

数字信息资源标准规范建设是数字信息资源开发利用的基础,要在政府引导下,以企业和行业协会为主体,加快产业技术标准体系建设,为此需注意以下方面:

(1)要优先采用国外已有的标准,包括国际标准组织 ISO 颁布的标准以及国际上同类项目已使用的工业标准和事实标准(如 W3C),结合中文环境的特殊性,实施本地化工作,在吸收利用的基础上,研究并制定符合中文环境的数字信息资源标准规范。

(2)数字信息资源标准规范的研究统一规划。协调标准的制定工作,组织相关部门制定人口、法人单位、地理空间、物品编码等基础信息的标准。及早建立通用元数据体系实现系统互操作和共享。加强国际合作,积极参与国际标准制定。

(3)从我国具体国情出发,推广标准的应用。在数字信息资源开发利用活动中,各单位根据自己的实际情况,选择适宜的标准,实现更高层次信息服务协议的统一。

7.3.5 多种途径为公共存取提供经费支持

就我国情况来讲,出版费用问题是科研人员考虑的核心问题,也是影响学术数字信息资源公共存取的主要问题。要寻求多种途径来为公共存取提供资金支持,例如:

(1)可以争取国际上支持开放存取出版费用的组织的资助,如英国惠康基金会(Wellcome Trust)、美国科学公共图书馆 PLoS 等等都在一定程度上为作者提供研究资金。

(2)出版方建立会员制度,吸纳科研机构作为会员。科研机构交纳会员费,并可以机构会员的优惠方式支付开放存取出版费用。

(3)有关部门在课题立项或批准时,可以设立专门的支持开放存取出版资金,允许科研人员从课题经费中支持开放存取的出版费用。

(4)加入有关发展中国家开放存取的项目和平台。例如,拉丁美洲、加勒比海及伊比亚国家科技期刊开放存取计划建设项目科技在线图书馆(Scientific Electronic Library Online,SciELO)对发展中国家授予机构会员资格,解决开放存取期刊的相关费用。[①]

7.3.6 积极建设机构资源库

机构资源库作为实现数字信息资源公共存取的基础设施,需要在以下方面展开工作:

(1) 制定鼓励政策,倡导更多的科研机构和个人能将其科研成果主动存放入机构资源库中。

(2) 利用先进技术优化机构资源库的服务功能。例如,尽量使用通用的元数据来满足不同科研机构信息资源互操作的需要;提供最新信息提醒与推荐论文功能;能进行流量统计等等。

(3) 建立机构资源库的质量评估程序,控制存入资源库中的信息内容。

(4) 机构资源库的建设还需要能保证其内容长期可获得性的数字资源长期保存技术。

(5) 为实现对机构资源库的内容的获取,需要与主流的搜索引擎进行集成,开发针对机构资源库的搜索引擎技术以及其他检索技术和工具。

(6) 充分利用机构资源库作为科研成果发表的平台在社会科学评价中的作用,追踪文章被下载、阅读、转载的次数,采用科学的统计方法和评价指标体系,来评价科研人员的科研绩效。

(7) 还要建立保证机构资源库可持续发展的财政资助和管理机制。

7.3.7 扶持开放存取期刊出版

探讨适合我国国情的开放期刊出版模式,在分阶段有重点地选择部分现行期刊向开放存取模式转变的基础上,适当地创办一些新的开放存取期刊,逐步提高开放存取期刊的比重和影响力,为此,需要:

(1) 鼓励各科研机构、团体及组织将科研经费用在科研成果的出版或发表上,特别鼓励将科研成果发表在本学科或相关学科的开放存取期刊上。建议各项目基金制定支持开放存取的政策,要求所有受基金资助的研究论文必须以某种开放存取的方式提供访问的条件,并同意用项目经费支付出版费。

(2) 可以创建开放存取期刊,培育开放存取的品牌,也可以选择有一定基础的现有期刊向开放存取期刊转变,并允许传统期刊和开放存取期刊长期并存,共同发展,争取在5年内达到各个学科都有自己领域内的若干种有代表性的开放存取期刊。

(3) 建立和加强开放存取期刊的质量控制机制,坚持执行"同行评议"机制。在信

---

① 刘海霞,胡德华等. SciELO 对发展中国家开放存取期刊建设的启示. 图书馆建设,2006,(5):58~60

息技术的辅助下,实现同行评议的高效化、自动化、互动化。

(4)将开放存取期刊纳入学术评价体系,对传统的学术评价方法、模式、体制进行创新,在学术评价体系中给开放存取期刊以恰当合理的位置,提高开放存取期刊在学术界的影响力①。

(5)处理好开放存取期刊的版权问题。赋予开放存取期刊版权保护协议应有的法律效力,建立起国家许可证制度,使利用开放资源的责任转由第三方的非营利信息服务组织来承担。鉴于数字作品侵权特点,为了保护作者的"首创权",还应建立数字作品认证体系,对开发存取期刊论文的收稿、发表时间进行客观记录,并对作品的主体资格作出法律认定。

(6)开展多种形式的经济补偿机制。按照 BOAI 的实施建议,制定科学的政策来实施开放存取期刊的商业模式,逐渐减少学术期刊的发行收入在整个经营收入的份额,逐步实现开放存取期刊在国家一定的扶持和资助下能实现自给自足,持续发展。

7.3.8　提高公众信息获取技能

开展形式多样的信息化知识和技能普及活动,提高公众信息意识、信息行为、信息素质等信息获取能力。信息获取技能包括了解和掌握各种常见的信息源获取技巧,熟悉检索语言、检索方法等基本检索知识,能保证信息获取的准确性,以及熟练运用多种方式获取所需信息,特别能用现代信息技术收集有关信息,以保证信息获取的方便性、快捷性。

为此,需要开展公众信息获取技能教育培训,在全国普及信息技术教育,建立完善的信息技术基础课程体系,全面推进信息素质教育。根据我国现状,公众信息获取能力的提高应建立分层次、分阶段、分重点、循序渐进的培训模式。具体是:

(1)要普及基本信息检索与利用技能。例如可以公开课的方式向社会公众免费培训。

(2)各信息服务机构要积极向社会公众开展培训。例如,图书馆可以向社会公众发放《图书馆使用指南》、《图书馆技能训练学习书》等小册子。

(3)利用互联网络开展网上信息获取训练。例如,可以在互联网上提供问答式服务,解答用户获取信息中的一些疑难问题。

7.4　我国学术数字信息资源公共存取的主要战略行动

7.4.1　推进创作共用协议的本地化进程

数字信息资源公共存取要求作者保留部分作品的权利,最为简单有效的是采用国

---

① 秦珂.开放存取期刊的资源体系及其发展问题探微.河北科技图苑,2006,(9):31~34

际上针对网络数字作品的许可授权机制——创作共用协议。在推进我国创作共用协议研究中,需要:

(1) 吸收更多组织加入到创作公用协议本地化工作中,继续推动简体中文版知识共享协议的研究,使之更好地符合我国的国情和知识产权保护制度。

(2) 有计划、有步骤地在我国的互联网网站中推行创作共用协议的应用,从个人博客逐渐到门户网站以及综合网站,从文化艺术领域推广到电子商务、电子政务领域。

(3) 在新出版的数字作品中宣传创作共用协议的优势,鼓励更多的数字出版物采用创作共用协议。

7.4.2 推动数字资源唯一标识符技术发展

鉴于数字资源唯一标识符技术对于提高信息资源存取有效性的重要作用,建立我国数字资源唯一标识符体系是一项很有意义的研究。未来应在以下方面开展行动:

(1) 向社会各界普及数字资源唯一标识符技术知识,得到出版机构、数据库供应商、图书馆、信息中心等各部门的积极响应。

(2) 建立同现有数字对象标识系统(DOI)兼容的我国唯一标识符系统。在遵守知识产权的前提下,可采取两个手段:一个是在唯一标识符号码的结构方面尽量采用 DOI 系统现有的体系;另一个方法是采用 DOI 解析系统相似的软件,如 CNRI 的唯一标识符解析软件或者协议。在上述基础上同 IDF 建立合作关系可以最大限度地保证系统的互操作性。

(3) 建立我国 DOI 的管理机制。包括 DOI 系统在我国开展的组织机构、注册代理、运作程序等,保障 DOI 系统的顺利开展。

(4) 开发基于 DOI 技术的应用。针对我国应用 DOI 技术的空白现状,可以在借鉴国外实例的基础上,开展应用研究。例如国外的 CrossRef 数据库已经得到了广泛应用,而我国还没有类似的产品出现,可以在现有的中文社会科学引文索引数据库(如 CSSCI)的基础上,应用 DOI 技术建立中文引文链接系统。

7.4.3 利用网络广告来获取运营资金

为了弥补实施公共存取的成本,减轻作者付费出版成果的压力,在开放存取期刊和机构资源库的建设过程中要开展多种形式的商业运营形式,其中效果较好的是网络广告。由于学术数字信息资源具有特殊的消费群体,因此在实施此模式时,要锁定特殊的目标市场,可以参考如下建议①:

(1) 适合在学术期刊或机构资源库中做广告的产品有:面向知识阶层、面向中等收入以上人群的中高档产品,如计算机类、网络类、汽车、房产、手机、医疗器械;面向科研

---

① 王广宇,吴锦辉.OA 期刊的经费支持问题——借鉴 TV 广告运行模式的探讨. 图书情报工作,2006,(10):114~117

教学人员、专业技术人员的信息知识类产品,如图书期刊、数据库、资讯、教育和文化类产品。

(2)适合在学术期刊或机构资源库中做广告的商家或机构有:以高校、科研院所、情报所、图书馆、信息中心、中介机构为目标客户的公司和机构;信息产业类、新闻出版类、教育培训类、医疗卫生类公司和机构。

(3)适合学术期刊或机构资源库的广告类型有:产品广告、企业形象宣传、招商、招生、发展代理。

通过广告能为开放存取期刊和机构资源库的建设筹集资金,为实施公共存取创造了条件。但要注意的是,广告只能作为弥补成本的手段,而不能作为创办学术期刊或机构资源库的主要目的。学术期刊和机构资源库要在坚持学术信息严谨性和权威性的前提下,通过同行评议等质量机制来提高其可信度。只有这样,才能对广告产生正面影响,从而吸引广告客户投资,进而促进学术期刊和机构资源库的发展。

7.4.4 加强信息质量控制措施

无论是开放存取期刊还是机构资源库都不能忽视质量控制。倡导科学的精神与方法,坚持编辑道德与规范,注重论文质量,公正对待科研成果,是在开放存取时代仍然要坚持的基本原则。可以采取以下质量控制措施:

(1)建立快速高效的同行评议系统。重视评审专家的选择,评审专家应熟悉论文所属领域,能对文章提供客观的评价。对评审的整个过程和内容(包括作者提交的版本、评审专家的报告和作者的答复等)也可以随文章一起在网上登载或提供链接。建立编者、审者、读者、作者互动的动态过程。读者可以针对论文、审稿意见和作者的修改情况发表意见,指出问题与不足,作者也可以随时修改完善自己发表的论文。

(2)建立开放存取论文引文数据库。建立可靠的文献计量学和科学计量学指标,对我国开放存取期刊的学科分布、影响因子、被引情况进行分析与比较,对我国开放存取期刊的质量进行评价,促进我国学术信息的获取性和可信度。

(3)引入网络计量学方法对开放存取论文进行分析。针对开放存取论文的特点,利用网络计量学方法中访问量、点击率、论文下载率、链接分析等重要的网络影响指标作为评价开放存取资源的一种评价方法。

8 结束语

　　人类社会正在迈进一个全新的数字时代。数字信息资源以传统信息资源难以比拟的优势逐渐成为信息资源的主体。数字信息资源是一个国家的数字资产,是学术研究信息的数字存档,一个国家的科技创新能力以及与此相关的国际竞争力都依赖于快速、有效地开发与利用数字信息资源的能力。因此,对数字信息资源的规划、管理、开发和利用,成为国家信息化建设的重点。从战略高度对数字信息资源进行规划是对数字信息资源管理的创新发展,同时也是数字信息资源管理的更高层次要求。2006 年教育部哲学社会科学研究重大课题攻关项目确立了"数字信息资源的规划、管理与利用研究"的课题,这是以武汉大学马费成教授为首席专家,联合国内外信息管理科学领域的专家学者开展的一个合作研究项目。本书作为该课题的成果之一,将研究基于系统观的数字信息资源战略规划模式子课题。

8.1　主要贡献

　　1. 系统研究了数字信息资源战略规划理论基础

　　数字信息资源战略规划是对数字信息资源发展中的战略性重大问题进行全局性、长远性、根本性的重大谋划,是数字信息资源管理与现代战略规划的融合。本书主要探讨了能促进数字信息资源战略规划研究的 3 个领域知识。

　　首先是数字信息资源相关知识。研究了数字信息资源的含义、作为信息资源的性质以及区别于传统信息资源的主要特性;回顾了数字信息资源的产生与发展历程;探讨了数字信息资源的分类;最后,还特别强调了数字信息资源具有的生命周期性以及这个特性对数字信息资源管理产生的影响。

　　第二个理论基础是企业战略规划理论。介绍了战略的概念演变以及战略规划概念;对国外战略规划的经典理论进行系统研究和述评;总结了企业战略规划的一般过程。

　　第三个理论基础是信息资源规划理论。研究了信息资源规划理论形成的 3 个主要来源:James Martin 的信息工程方法论(IEM)、F. W. Horton 的信息资源管理理论以及 William Durell 的数据管理;研究了我国学者提出的信息资源规划概念及理论要点;以及信息资源规划理论的核心——战略信息系统规划的研究现状。

2. 分析比较了国内外数字信息资源战略

本书对国内外数字信息资源战略研究现状进行了分析比较。在介绍国外数字信息资源战略概况的基础上,重点选择了几个代表性国家的典型案例:包括美国国会图书馆的国家数字信息基础设施和保存计划(National Digital Information Infrastructure and Preservation Program,简称 NDIIPP)、加拿大图书档案协会的"国家数字信息战略"(National Digital Information Strategy)、新西兰的"数字化未来"(Digital Future)以及澳大利亚数字信息资源战略。系统研究了这些战略的体系结构、战略规划模式、主要内容等方面,从中总结了国外数字信息资源战略的特点和发展趋势。

本书还研究了我国对数字信息资源战略的理论研究和实践探索情况,提出我国在数字信息资源战略规划中值得重视的几个问题。

3. 构建了国家数字信息资源战略体系

本书在总结数字信息资源战略理论基础及国内外实践的基础上,提出了数字信息资源战略规划的含义、意义、分类以及主要研究任务。接着提出了国家数字信息资源战略体系问题,本书认为国家数字信息资源战略体系需要在深入分析数字信息资源的特点,抓住能影响战略构建的关键问题,构建出一个立足数字信息资源发展规律,符合国家方针政策的具有实际可行性和生命力的战略体系。为此需要考虑以下四方面:一是从与国家宏观政策协调性出发;二是从数字信息资源的类型出发;三是从数字信息资源的生命周期出发;四是从数字信息资源的战略特点出发。在对上述四方面系统研究的基础上,沿着数字信息资源的生命周期和类型两条交叉主线来构建,形成一个三层次的体系结构。最外层按照数字信息资源类型划分为政务数字信息资源战略、公益数字信息资源战略和商业数字信息资源战略;中间层按照数字信息资源的生命周期分为数字信息资源生产、采集、配置、存取、归档、销毁/回收 6 个子战略;核心内容层包括数字信息资源的法律政策、标准规范、技术创新、商业模式、组织机制和最佳实践。

4. 提出了数字信息资源战略规划模式及方法

本书系统回顾了在企业信息系统建设中提出的各种信息系统战略规划方法,以及关键成功因素法和面向内部流程管理这两种经典的战略规划方法在国外数字信息资源战略中的应用案例。提出了引入 PEST 方法对数字信息资源的总体环境和内部条件进行分析的思想,并结合数字信息资源战略的特点,对 PEST 方法进行改进,提出国家数字信息资源的 PEST 方法总体环境和内部条件分析要素。

本书还研究了企业战略规划理论中的 3 种战略思维,以及基于 3 种战略思维的 2 种战略规划模式各自的特点和不足。在分析的基础上,提出了一种基于系统观的数字信息资源战略规划模式,将数字信息资源战略规划过程分为 3 个阶段:战略环境分析、战略功能定位、战略形成。在进行正式的战略规划过程之前必须做的工作是战略背景研究。这种模式依据数字信息资源的系统特性,将数字信息资源看成是一个整体,明确数字信息资源发展的环境因素,并进行综合分析与评价,形成科学的战略。

5. 基于系统观分析了我国学术数字信息资源公共存取的总体环境及内部条件

本书的很大篇幅都是在研究我国学术数字信息资源公共存取问题,这样安排的目的一方面是为了通过实证,验证本书提出的战略规划模式,另一方面是在重点研究对我国学术界影响很大的一个有价值的问题——学术信息的获取与共享。开放存取在世界范围内已经兴起,对社会各界产生了不同程度的影响。笔者看到,开放存取的理念和我国学术界一直追求的学术信息的公开与共享目标有很多的共同之处,这是实现我国学术信息资源公共获取目标的一个很好措施。为此,笔者认为,可以借助开放存取在中国的发展所带来的良好机遇,探讨我国实施学术数字信息资源公共存取战略。

在研究了开放存取概念、发展历程以及国内外研究现状基础上,本书系统分析了以"开放存取"为理念的学术数字信息资源战略总体环境和内部条件,利用的是 PEST 分析方法。在全球总体环境分析中,主要分析了开放获取的学术数字信息资源分布现状、学术数字信息资源存取中的知识产权问题、学术数字信息资源存取的技术环境、学术数字信息资源存取的经济机制、学术数字信息资源开放存取的社会环境等。其中,有关创作共用协议、数字对象标识符系统、基于 OAI-PMH 协议的开放存取技术体系等内容都是目前国内外研究的前沿和热点问题,笔者查看了国外大量的资料,许多内容在国内都是首次出现。

在内部条件分析中,主要分析了我国学术数字信息资源建设和存取现状、开放存取运动在我国的发展历程及研究进展、我国数字信息资源标准规范、我国数字信息资源存取的政策环境、创作共用协议在我国的发展、我国数字信息资源文献标识技术的研究进展、我国数字信息资源存取的经济环境、我国学者对开放存取的社会接受度等方面。特别是通过调查问卷,获得了我国学者对开放存取态度的大量数据,并经过量化分析统计,探讨了我国学者学术交流的社会环境。

6. 提出了以开放存取为理念的我国学术数字信息资源公共存取战略

本书根据基于系统观的数字信息资源公共存取战略环境分析的结果,构建了我国学术数字信息资源公共存取战略的 SWOT 分析矩阵。提出了我国数字信息资源公共存取战略指导思想、基本方针、战略目标;构建了包括 8 个方面的战略内容和 4 个主要战略行动。这 8 个战略内容包括:普及开放存取理念,提高对学术数字信息公共存取的认识;建立保障数字信息资源公共存取的相关法律政策;加强网络设施建设和管理;加快制定数字资源标准规范;多种途径为公共存取提供经费支持;积极建设机构资源库;扶持开放存取期刊出版;提高公众信息获取技能。主要战略行动包括:推进创作共用协议的本地化进程;推动数字资源唯一标识符技术发展;利用网络广告来获取运营资金;加强信息质量控制措施。

8.2　进一步研究的方向

鉴于数字信息资源战略规划对人类社会进步和经济发展的重要意义,未来的研究仍有许多问题需要解决。本书只是抛砖引玉,对某些基本问题作了初步探索,需要在以下方面作进一步研究。

(1) 有关信息资源战略规划的理论与方法,本书提出的 PEST 方法和 SWOT 分析模型可能具有一定的局限性。未来还需要对其逐渐完善,或引入更合理的方法,或在现有基础上作适当改进。

(2) 有关开放存取的研究。开放存取的概念传入我国的时间并不很长,研究目前还停留在初级阶段,有许多具体实施细节问题还没能解决。未来需要在开放存取期刊、机构资源库建设等方面多关注一些国际上最新的进展,探讨适应我国国情的发展模式。

(3) 由于条件的限制,本次调查只是在南京大学小范围内进行的,样本量较少,分析的方法还不够科学。未来还需要用更科学的分析方法,例如利用 SPSS 软件进行聚类分析和相关分析,找出学科、性别、地域、年龄等因素与开放存取之间的相关关系。这一部分工作已经在进行中。

附录 A：开放存取经济补偿机制

	模式名称	描述	优点	缺点	说明
自产收入（Self-generated Income）					
1	论文出版费	作者交纳的评审费来补偿出版成本	作者能够直接从科研成果发表中获利	不适用所有的学科	有些学科已经存在出版费的做法
2	印刷版销售	向作者提供印刷形式来补偿出版成本	针对有印刷型信息资源的需求的读者，实施简单，没有产生过多的成本	与开放存取的要求不符合	对于只以 HTML 格式在网上发布的期刊来说，增加了对 PDF 离线纸质信息的需要
3	广告	对期刊的目标顾客群投放网络广告	向读者提供有价值的信息能够产生附加收入	一些小型的、领域狭窄的期刊不适用	对于综合性和门户型期刊有目标用户被广告吸引
4	合作式赞助	企业赞助一些开放存取项目运营费用	比广告需要的成本要低	相关利益团体导致潜在冲突	期刊需在保证公正性和独立性的前提下接受赞助
5	离线出版（以光盘或者印刷形式）	以付费方式出版开放存取期刊的印刷形式的副产品或者以光盘形式出版全年论文集	满足用户多样化的需要，能有更多的收入	重新协调在线信息会导致出版过程更复杂	适用于对离线阅读需求较多的市场
6	增值付费服务	通过提供增值服务来获得收入	具有较大的市场潜力和利润空间，受出版商欢迎	实施过程中带来成本问题，需要慎重规划	例如，可开展研究热点通报服务、个性化服务等增值服务
7	电子商务	向访问期刊站点的用户提供在线产品或服务	可充分利用拥有的信息资源	需要复杂的技术实施基础，有可能带来新的运营成本	通过提供产品或服务，能使得电子市场更为繁荣
外部赞助（External Subsidies）					
8	基金赠与	支持期刊发展的一些公益基金	基金在一定程度上弥补了运营成本	能支持开放存取期刊发展的基金来源数量太少	对期刊来讲，需要发展基金来支持向开放存取转变

	模式名称	描述	优点	缺点	说明
9	机构捐献或资助	来自机构的正式或非正式的资助	数量上相对较多,期刊能为科研机构带来声誉	可能需要一个主要机构或管理部门(例如图书馆)来作为项目的倡导者	可以充分利用机构的资源
10	政府基金	来自政府的资金资助	对特定科学领域的期刊能提供较多的发展支持	受预算和政策变动的影响,政府基金不能显著地资助科研信息传播	关于政府资助的各种机会
11	馈赠和募款	私营企业的资金赠与	运营费用低时,适度的赠与能资助运营	需要募款的能力和部署,且来源不稳定	对机构的出版商,开发人员能够提供协助和技能
12	无偿物质资助	以非货币形式的物质资源来资助,包括人力、办公场所等	提供相关技术和编审知识尤其对期刊有价值	和无组织附属关系的物质资助谈判可能很困难	对学术、公益机构、社会上其他非营利机构主办的期刊适用
13	合作伙伴关系	组织之间进行资源互补和共享	充分利用双方的资源	要求参与者有相似的目标,但是在资源和用户市场方面没有直接竞争	适用于有相似目标,但是单方面不具备充分的资源的组织

附录 B:国内外开放存取全文的网站

一、国外科学信息开放存取(Open Access)链接

1. 开放存取期刊列表 DOAJ(Directory of Open Access Journals)(网址:http://www.doaj.org)

DOAJ 开放存取期刊列表是由瑞典 Lund 大学图书馆创建和维护的一个随时更新开放存取期刊列表的网站。该列表旨在覆盖所有学科、所有语种的高质量的开放存取同行评审期刊。DOAJ 于 2003 年 5 月正式发布,可提供刊名、国际刊号、主题、出版商、语种等信息。截止到 2006 年 11 月,网站有 2 454 种开放存取期刊,涵盖农业和食物科学、生物和生命科学、化学、历史和考古学、法律和政治学、语言和文献等 16 学科主题领域,其中 720 种期刊提供文章级的检索,包括 119 971 篇文章。

2. Blackwell 电子期刊(网址:http://www.blackwell-synergy.com/)

Blackwell 以出版国际性期刊为主,包含很多非英美地区出版的英文期刊。目前,Blackwell 出版期刊总数已超过 800 种,其中理科类期刊占 54%左右,其余为人文社会科学类。

3. Open J-Gate 电子期刊(网址:http://www.openj-gate.com/)

Open J-Gate 是世界最大的 Open Access 英文期刊入口网站,它索引有超过 3 000 种的科研性 OA 期刊,其中超过 1 500 种期刊是有同行审阅(peer-reviewed)的学术性期刊,可链接到全文百万余篇,且每年新增全文 30 万篇左右。

4. e-Print arXiv 预印本书献库

(1)美国主站点(需付国际流量费)(网址:http://arxiv.org)

(2)中科院理论物理研究所镜像站点(网址:http://cn.arxiv.org)

arXiv 预印本书献库是基于学科的开放存取仓储,旨在促进科学研究成果的交流与共享。目前包含物理学、数学、非线性科学、计算机科学和量化生物等 5 个学科共计 392 994 篇预印本书献。

5. 佛罗里达州立大学的 D-Scholarship 仓库(网址:http://dscholarship.lib.fsu.edu)

佛罗里达州立大学的 D-Scholarship 仓库(the Florida State University D-Scholarship Repository)为佛罗里达州立大学的各个院系及其研究人员提供对自己的研究成果和教学资料实施自我存档和自我管理的全面服务。从存储对象来看,D-Scholarship 仓储不仅存储论文的预印本,而且也涉及其他几乎任何基于电子格式的学术内容,包括工作文档、技术报告、会议录、实验数据、电子演示文稿、多媒体文件和简单的网络文献。

6. 科学公共图书馆(网址:http://www.plos.org)

科学公共图书馆(The Public Library of Science,PLoS)成立于 2000 年 10 月,是一

个致力于使世界科技和医学文献成为可免费存取的公共信息资源的非赢利组织。

7. 德国马普学会(Max Planck Society)(网址:http://www.livingreviews.org)

该学会创办了3种开放存取杂志:

(1) Living Reviews in Relativity ISSN,1433 - 8351

http://relativity.livingreviews.org

(2) Living Reviews in Solar Physics ISSN,1614 - 4961

http://solarphysics.livingreviews.org

(3)Living Reviews in European Governance ISSN:1813 - 856X

http://europeangovernance.livingreviews.org/

8. LU:research(网址:http://lu-research.lub.lu.se)

是瑞典 Lund 大学的信息开放存取仓库,为本校教员提供研究成果的本地发布,对外统一揭示 Lund 大学的研究成果及其相关信息。目前数据主要在书目级,只有少量全文。

9. 英国南安普敦大学开放存取仓库(网址:http://eprints.soton.ac.uk)

英国南安普敦大学(university of Southampton)2002 年建立了本校的开放存取仓库,为本校研究人员和学术作品提供开放存取服务,截至到 2006 年 11 月,已经有 20 000 多种书目和全文记录,该仓库是 JISC TARD (Targeting Academic Research for Deposit and Disclosure)项目的一个组成部分。

10. 加拿大多伦多大学图书馆开放存取仓库(网址:http://tspace.library.utoronto.ca)

加拿大多伦多大学图书馆(university of Toronto libraries)2003 年建立了本校的开放存取仓库,为本校研究人员的学术作品提供开放存取服务。

二、国内学术信息开放存取(Open Access)链接

1. 中国科技论文在线(网址:http://www.paper.edu.cn)

具有快速发表、版权保护、形式灵活、投稿快捷、查阅方便、名家精品、优秀期刊、学术监督等特点,给科研人员提供了一个快速发表论文方便、交流创新思想的平台。

2. 奇迹文库(网址:http://www.qiji.cn)

是中国第一个开放存取仓库,服务器位于公网上,为中文论文开放存取提供一个平台。本仓库以物理学论文为主,也做其他学科论文的存储,另外建立了和国外的其他开放存取仓库的链接。由一群年轻的科学、教育与技术工作者发起并创建,负责人来自北京科技大学物理系,信息资源没有经过同行评议和质量审核。截止到 2006 年 11 月,已有 16 831 个注册用户,共有 3 094 篇文章,每天访问量 30 000 次。

3. 中国预印本服务系统(网址:http://prep.istic.ac.cn/eprint)

是一个提供预印本书献资源服务的实时学术交流系统。该系统由国内预印本服务子系统和国外预印本门户子系统构成。

国内预印本服务子系统主要收藏的是国内科技工作者自由提交的预印本书章,可

以实现二次文献检索、浏览全文、发表评论等功能。

国外预印本门户子系统是由中国科学技术信息研究所与丹麦技术知识中心合作开发完成的，它实现了全球预印本书献资源的一站式检索。通过 SINDAP 子系统，用户只需输入检索式一次即可对全球知名的 16 个预印本系统进行检索，并可获得相应系统提供的预印本全文。目前，国外预印本子系统含有预印本二次文献记录约 80 万条。

4. 香港科技大学科研成果全文仓储（网址：http://repository. ust. hk/dspace）

是由香港科技大学图书馆用 Dspace 软件开发的一个数字化学术成果存储与交流知识库，收有由该校教学科研人员和博士生提交的论文（包括已发表和待发表）、会议论文、预印本、博士学位论文、研究与技术报告、工作论文和演示稿。

5. 开放阅读期刊联盟（网址：http://www. oajs. org/）

是由中国高校自然科学学报研究会发起的，加入该联盟的中国高校自然科学学报会员承诺，期刊出版后，在网站上提供全文免费供读者阅读，或者应读者要求，在 3 个工作日之内免费提供各自期刊发表过的论文全文（一般为 PDF 格式）。读者可以登陆各会员期刊的网站，免费阅读或索取论文全文。现共有 15 种理工科类期刊、3 种综合师范类期刊、3 种医学类期刊和 1 种农林类期刊。

6. "中国学术会议在线"（网址：http://www. meeting. edu. cn/）

是经教育部批准，由教育部科技发展中心主办，面向广大科技人员的科学研究与学术交流信息服务平台。

附录 C：对学术数字信息开放存取的接受程度调查

尊敬的学者：

您好！

为更好地促进我国学术信息的交流和共享，推动我国开放存取运动的发展进程，本人希望能对"我国学术数字信息资源公共存取战略"这一领域作系统研究。这方面的工作离不开各位学者的合作与支持，我们拟对国内部分学者进行此次问卷调查，大约要用10 分钟时间填完，感谢各位学者在繁忙工作中抽出宝贵时间阅览和填写该调查表。

一、作为研究者进行学术创作的动机调查

本部分希望获知研究者在学术期刊上发表论文的动机，在回答以下问题前请回顾你最近发表的一篇论文。

1. 请问您最近发表的论文在哪种期刊上出版？

请写出期刊的全称：（   ）

2. 当您在选择期刊投稿时，下列因素对您的重要程度。（请在相应的单元格内打√）

	非常重要	相当重要	不太重要	一点也不重要	不知道
期刊的名声					
编委的名声					
期刊影响因子					
是否有在线投稿系统					
提供印本和电子版					
发行周期					
读者水平					
作者是否拥有作品版权					
是否允许作者在公共网上发布预印本					

3. 编委对您最近发表的论文的评语对您有何作用？（   ）

①极大地提高了我的论文质量

②对我的论文有一定帮助

③没有任何帮助

4. 在您看来，同行评议对论文的重要性。（   ）

①非常重要　　②相当重要　　③不太重要　　④不知道

二、作者对当前的期刊出版系统的态度

5. 对期刊出版方的做法，请表明您的态度。（请在相应的单元格内打√）

	非常反对	反对	有一点反对	中立	有一点赞同	非常赞同	不知道
期刊应尽量地发表更多的论文							
引用率是成果利用的一个很好的衡量因子							
期刊定价过高带来学术信息访问的难度							
论文下载率也是衡量成果利用率的一个因子							
在读者有能力承担费用的期刊上发表论文							
期刊应越来越专业化							

6. 请问您主要是利用哪些方法来发现感兴趣的学术信息。（请在相应的单元格内打√）

	经常利用	一般利用	不太利用	从来不利用
去图书馆				
同事（同学）推荐				
根据论文中的参考文献				
个人订阅期刊				
使用文摘服务（例如 CNKI 的题录服务）				
访问期刊的网站				
通过搜索引擎检索				

三、对开放存取期刊（Open Access Journal）的了解程度

7. 您了解多少有关开放存取期刊的知识。（　　）

①非常多　　　　　②相当多　　　　　③知道一点　　　　④一点也不知道

8. 您曾经在开放存取期刊上发表文章吗？（　　）

开放存取期刊是指用户能从互联网上以免费或基于成本收费的方式自由阅读、下载、复制、分发和打印的期刊论文。通常为了弥补期刊出版成本，出版方要向作品作者或其所属研究机构收取出版费。也即开放存取期刊是由作者付费出版，使用时免费的新的期刊出版模式。

①是的，我尽可能地在开放存取期刊上发表论文

②是的，我曾经在开放存取期刊上发表过论文，但不经常

③没有

④不知道

9. 关于开放存取出版的论述，请表明您的态度。（请在相应的单元格内打√）

	非常反对	有一点反对	中立	有一点赞同	非常赞同	不知道
有利于作者发表更多的论文						
作者在哪种期刊上发表论文的可选范围缩小						
有利于论文质量的提高						
减少了退稿率						
给图书馆带来更大的经费压力						
较容易获得所需论文						
对期刊的保存产生很大影响						

10. 请思考下面叙述"向开放存取出版模式转变将会对当前的学术出版体系造成不利影响"

　　a. 请问上述情景发生的可能性。（　　）

　　①非常不可能发生　②不可能发生　③可能发生　④非常可能　⑤不知道

　　b. 出现这种情景是有利还是不利？（　　）

　　①非常不利　　　　　　　②相当不利　　　　　　③既不好也不坏

　　④相当有利　　　　　　　⑤非常有利　　　　　　⑥不知道

11. 请回顾过去 3 年来，您发表的论文是否有课题经费或机构资助？（　　）

　　①所有的论文都有经费资助

　　②多于 50％的论文有经费资助

　　③不到 50％的论文有经费资助

　　④所有论文都没有经费资助

12. 您认为谁应该承担学术期刊的出版成本？（可以多选，最多选 3 个)（　　）

　　①作者本身　　　　　　　②作者所属的单位

　　③读者　　　　　　　　　④图书馆或信息中心

　　⑤商业机构赞助　　　　　⑥科研项目基金　　　　　　⑦政府

四、对"机构存档库"（Institutional repositories）的了解程度

13. 您了解多少有关机构存档库的知识。（　　）

　　①非常多　　　　②相当多　　　　③知道一点　　　　④一点也不知道

14. 请问您曾经将您的论文放入机构存档库（Institutional Repositories）或者学科存档库（Subject Repository）吗？（　　）

　　机构存档库是由机构负责管理的，将学术信息以数字形式进行收藏和保存的知识库。这些机构通常指大学或者学科社团。作者能将他们的作品放入其中，在遵守知识产权的前提下，由机构负责提供信息组织、存档和传播所需要的基础设施。但作者的作品没有经过同行评审。学科存档库同机构存档库类似，只是存放的是学科信息资源。

①是的,我主动放入机构存档库

②是的,要求我放入机构存档库

③没有做过,但如果有机会我愿意这样做

④没有做过,也不打算这样做

⑤我不知道

15. 如果在机构存档库这种模式下,您愿意读者看到您的论文的不同版本形式吗?(例如,在出版商网站上的正式版本,以及 1～2 种预印版本或后印版本)(　　)

①非常愿意　　　　　　　　②相当愿意　　　　　　　　③不太愿意

④一点也不愿意　　　　　　⑤不知道

16. 请思考下面叙述"向机构存档库这种模式转变将会破坏当前的学术期刊系统"。

a. 请问上述情景发生的可能性?(　　)

①非常不可能发生　　　　　②不可能发生　　　　　　　③可能发生

④非常可能　　　　　　　　⑤不知道

b. 出现这种情景是有利还是不利?(　　)

①非常不利　　　　　　　　②相当不利　　　　　　　　③相当有利

④非常有利　　　　　　　　⑤既不好也不坏　　　　　　⑥不知道

五、有关您的基本情况

以下是对您的个人情况的简要调查,您的合作将有助于我们研究作者的个人背景与对开放存取认识程度之间的关系。

17. 请问您现在的主要工作地点是在中国的哪个地区?(　　)

①华中地区　　②华东地区　　③华南地区　　④华西地区　　⑤华北地区

18. 请问您的职业。(　　)

①大学院校教师　　　　　　②高校行政管理人员　　　　③政府职员

④企业管理人员　　　　　　⑤技术人员　　　　　　　　⑥其他

19. 请问您的主要研究领域属于哪个学科?(　　)

①理工　　　　　　　　　　②农业　　　　　　　　　　③医药卫生

④文史哲　　　　　　　　　⑤政治军事与法律　　　　　⑥教育与社会科学综合

⑦电子技术与信息科学　　　⑧经济与管理

20. 请问您的性别。(　　)

①男　　　　　　　　　　　　　　　　　②女

21. 请问您的年龄。(　　)

①26 岁以下　　　　　　　　②26～35 岁　　　　　　　　③36～45 岁

④46～55 岁　　　　　　　　⑤56～65 岁　　　　　　　　⑥65 岁以上

22. 过去的一年内您曾经担任下面的社会角色吗?(　　)

①期刊论文的作者　　②论文的评审人　　③期刊编委　　④以上都没有

最后万分感谢您的帮助！请将填好的表格发送到 openaccessnju@sina.com 信箱中,若您是打印稿,请告诉我您的联系方式,我将和您联系。

最后,如果方便,请留下您的姓名、工作单位以及联系方式,以便我将调查结果反馈给您。

姓名:

工作单位:

联系方式:

课题研究组

2006.11

| REFERENCES

参 考 文 献

英语参考文献

1. The Library of Congress. About the Digital Preservation Program. http://www. digitalpreservation. gov/about/index. html. [2006 - 09 - 10]

2. Netcraft. December 2006 Web Server Survey. http://news. netcraft. com/ archives/web_servey. html. [2007 - 02 - 10]

3. Lara Srivastava, Tim Kelly, etc. ITU Internet Reports 2006: digital life. Geneva: International Telecommunication Union. 2007: 8 - 12

4. Library of Congress. Building a National Strategy for Digital Preservation: Issues in Digital Media Archiving. Washington: Council on Library and Information Resources and Library of Congress. 2002. http://www. clir. org/PUBS/reports/ pub106/pub106. pdf. [2006 - 9 - 15]

5. Timothy D. Jewell, Ivy Anderson, etc. Electronic Resource Management Report of the DLF ERM Initiative. Washington: Digital Library Federation. 2004. http://www. diglib. org/pubs/dlf102/ERMFINAL. pdf. [2006 - 9 - 15]

6. Abby Smith. Strategies for Building Digitized Collections. Washington: Digital Library Federation. 2001

7. Library and Archives Canada. Toward a Canadian Digital Information Strategy. http://www. collectionscanada. ca/cdis/index-e. html. [2006 - 9 - 15]

8. Hon David Cunliffe. The Digital Strategy-Creating Our Digital Future (2005). http://www. digitalstrategy. govt. nz. [2006 - 9 - 15]

9. JISC. Draft JISC Strategy 2007—2009. http://www. jisc. ac. uk/aboutus/ strategy/draft_strategy0709. aspx. [2007 - 1 - 21]

10. Minstryof Internal Affairs and Communications. Postal Services Policy Planning. http://www. soumu. go. jp/english/index. html. [2006 - 9 - 15]

11. MIC. U-Japan Policy Working Toward Realizing the Ubiquitous Network Society by 2010. http://www. soumu. go. jp/menu_02/ict/u-japan_en/outline01. html. [2006 - 9 - 15]

12. Louis A. Pitschmann. Building Sustainable Collections of Free Third-Party Web Resources. http://www. clir. org/PUBS/reports/pub98/contents. html. [2006 -

9 - 15]

13. Timothy D. Jewell. Selection and Presentation of Commercially Available Electronic Resources:Issues and Practices. http://www. clir. org/pubs/reports/pub99/contents. html. [2006 - 9 - 15]

14. Abby Smith. Digital Preservation:An Individual Responsibility for Communal Scholarship. Education Review,2003,(5~6):10~11

15. Curtis D. ,Scheschy V. M,Tarango A. R. Developing and Managing Electronic Journal Collections. Libraries and the Academy,2002,2(1):176 - 178

16. Besek,June M. Copyright issues relevant to the creation of a digital archive. Microform and Imaging Review,2003,32(3):86~97

17. Timothy D. Jewell, Ivy Anderson, Adam Chandler, Sharon E. Farb, Kimberly Parker, Angela Riggio, and Nathan D. M. Robertson. Electronic Resource Management Report of the DLF ERM Initiative. http://www. diglib. org/pubs/dlfermi0408/ [2006 - 9 - 15]

18. Mahon B. , Siegel E.. Digital Preservation:Information Services and Use. NewYork:IOS Press,2002

19. Stwarts Granger, Kelly Russell, Ellis Weinberger. Cost Elements of Digital Preservation. version 4. 0. October 2000. http://www. leeds. ac. uk/cedars/colman/costElementsOfDP. doc. [2006 - 9 - 15]

20. James Martin. An Information Systems Manifesto. New Jersey: Prentice Hall,1984

21. James Martin. Information Engineering:Introduction. New Jersey:Prentice Hall,1991

22. D. A. marchand, F. W. Horton. Info trends:Profiting from Your Information Resources,1986. 20~25

23. William Durell. Data Administration:A Practical Guide to Successful Data Management. New York:McGraw-Hill Companies,1985

24. National Library of Australian. Electronic Information Resource Strategies and Action Plan 2002—2003. http://www. nla. gov. au/policy/electronic/eirsap/#acc. [2006 - 06 - 01]

25. Hal R. Varian. Universal Access to Information. Communication of the ACM,2005,48(10):65~66

26. Bush V. As We May Think. The Atlantic Monthly,1945,(7):101~108

27. Williams R V, Bowden M E. Chronology of Chemical Information Science. http://www. libsci. sc. edu/b ob/chemnet/DATE. hmtl. [2006 - 09 - 12]

28. Hein K. Introduction to Information Technology. http://www. missouri. edu/~

REFERENCES

heink/7301-fs2004/ebooks/ebkhistory. html. [2006 - 09 - 12]

29. Joyce M. Afternoon, a Story. Hypertext edition ed. Cambridge(MA): Eastgate Systems Inc, 1987

30. Albert O. Hirschman. Strategy of Economic Development. New York: WW Norton &Co Ltd, 1980

31. Reich Blaize Homer, Benbasat Izak. Measuring the Linkage between Business and Information Technology Objects. MIS Quarterly, 1996, (1): 55~81

32. Henderson JC, Venkertraman N. Strategic Alignment: A Model for Organizational Transformation Through Information Technology Management. New York: Oxford University Press, 1992. 117

33. Das S. , Zahra S. , Warkentin M. Integration the Content and Process of Strategic MIS Planning with Competitive Strategy. Decision Science, 1991, 22: 953~983

34. Earl, M. J. Experiences in Strategic Information Systems Planning. MIS Quarterly, 1993, (1): 12~23

35. Hirschheim R. , Sabherwal R. Detours in the Path Toward Strategic Information Systems Alignment. California Managemen Review, Fall2001, 44(1): 87~108

36. King W R. , Teo TSH. Integration between Business Planning and Information Systems Planning: Validation a Stage Hypothesis. DecisionScience, 1997, 28(2): 279~308

37. Kearns G. S. , Leaderer A. L. The Effect of Strategic Alignment on the Use of IS based Resources for Competitive Advantage. Journal of Strategic Information Systems, 2000(12): 265~293

38. King W R, Pollalis. R, Yannis S. IT based Coordination and Organizational Performance: A Gestalt Approach. Journal of Computer Information Systems, 2001, 41(2): 156 - 172

39. Burn J. M, Szeto C. A Comparison of the View of Business and IT Management on Success Factors for Strategic Alignment. Information& Management, 2000, 37: 197~216

40. Raghunathan B. , Raghunathan T. S. , Tu Q. . Dimensionatlity of the Strategic Grid Framework: The Construct and Its Measurement. Information Systems Research, 1999, 10(4): 343~355

41. Lederer F. Toward a Theory of strategic Information Systems Planning. Journal of Strategic Information Systems, 1996, (5): 237~253

42. Min S. K, Suh E. H. , Kim S. Y. An Integrated Approach toward Strategic Information Systems Planning. Journal of Strategic Information Systems, 1999, (8): 373~394

43. Gottschalk P. Key Issues in IS Management inNorway：An Empirical Study Based on methodology. Information Resources Management Journal，2001，(2)：37～45

44. Teo T. S, Ang J. S. An Examination of Major IS Problems. International Journal of Information Management，2001，21：457～470

45. Segars A. H. , Grover V. Profiles of Strategic Information Systems Planning. Information Systems Research，1999，(3)：199～232

46. Min S. K, Suh E. H. , Kim S. Y. An Integrated Approach toward Strategic Information Systems Planning. Journal of Strategic Information Systems，1999，(8)：373～394

47. Hevner A. R. ,Berndt D. J. ,Studnicki J. Strategic Information Systems Planning with Box Structures. Proceedings of the 33rd Hawaii International Conference on System Sciences，2000

48. King W. R. , Pollalis A. P. IT based Coordination and Organizational Performance：A Gestalt Approach. Journal of Computer Information Systems，2001，41(2)：156～172

49. Lee G. G, Pai J. C. Effects of Organizational Context and Intergroup Behaviour on the Success of Strategic Information Systems Planning：An Empirical Study. Behaviour and Information Technology，2003，22(4)：263～280

50. Kearns G. S, Leaderer A. . The Impact of Industry Contextual Factorson IT Focus and the Use of IT for Competitive Advantage. Information and Management，2004，41：899～919

51. Hendley T. Comparison of Methods & Costs of Digital Preservation. http：//www. ukoln. ac. uk/services/elib/papers/supporting/pdf/hendley-report. pdf. [2006－9－1]

52. IBM Corporation. Business Systems Planning-Information Systems Planning. New York：IBM Press，1975

53. Holland Systems Corporation. Strategic Systems Planning. Michigan：Holland Systems Corporation，1986

54. King RW. Strategic planning for management information systems. MIS Quarterly，1978，2(1)：27～37

55. Rockart JF. Chief Executives define their own data needs. Harvard Business Review，1979，57(2)：81～93

56. Porter E M, Millar E V. How information gives you competitive advantage. Harvard Business Review，1985，63(4)：149～160

57. McFarlan F. Information technology changes the way you compete. Harvard Business Review，1984，62(3)：98～103

58. Liu Yanquan. Impacts and Perspectives of Digitization Practice in the US Libraries. Digital Library Forum,2005,(11):1~9

59. John C. Beachboard,Charles R. McClure,John Carlo Bertot. A Critique of Federal Telecommunications Policy Initiatives Relating to Universal Service and Open Access to the National Information Infrastructure. Government Information Quarterly,1997,14(1):11~26

60. Sabo. Public Access to Science Act. http://thomas. loc. gov/cgi-bin/query/z? c108:H. R. 2613. [2006 - 9 - 15]

61. Organization for Economic Co operation and Development(OECD). Ministerial Communique. http://www. oecd. org/publication/report. [2006 - 9 - 15]

62. International Social Science Council General Assembly. Social Science Data Management Policy. http://www. unesco. org/ngo/issc. [2006 - 9 - 15]

63. Universities UK. Access to Research Publications:Universities UK Position Statement. http://www. universitiesuk. ac. uk/mediareleases/show. asp? MR= 431. [2006 - 09 - 08]

64. Australian Research Information Infrastructure Committee. Australian Research Information Infrastructure Committee Open Access Statement. [2006 - 12 - 17]. http://www. caul. edu. au/scholcomm/OpenAccessARIICstatement. doc

65. International Federation of Library Associations. IFLA Statement on Open Access to Scholarly Literature and Research Documentation. http://www. ifla. org/v/cdoc/open-access04. html. [2006 - 11 - 2]

66. World Summit on the Information Society. Declaration of Principles. http:// www. itu. int/wsis/documents/doc single-en-1161. asp. [2006 - 11 - 2]

67. Harnad S,Brody T. Comparing the Impact of Open Access(OA) vs. Non-OA Articles in the Same Journals. D-lib Magazine,2004,10(6). http://www. dlib. org/dlib/june04/harnad/06harnad. html. [2006 - 8 - 20]

68. Samson Soong. Building and Sustaining Digital Repositories in Support of Global Information Access and Collaboration. 图书馆学与资讯科学,2006,32(1):25~33

69. Lessig L. Open access and creative common sense. . http://www. biomedcentral. com/openaccess/archive/? page=features&issue=16. [2006 - 8 - 20]

70. Severine Dusollier, Yves Poullet, Mireille Buydens. Copyright and Access to Information in the Digital Environment,a study prepared for the UNESCO Congress on Ethical, Legal and Societal Challenges of Cyberspace Info ethics. http://unesdoc. unesco. org/images/0012/001238/123894eo. pdf. [2006 - 8 - 20]

71. Patterson, Linderburg. The Nature of Copyright:a Law of User's Right. Washington:The University of Georgia Press,1991:123 转引自吴汉东等. 知识产

权基本问题研究. 北京：人民大学出版社，2005

72. UKOLN. Nof-digitise Technical Standards and Guidelines. Revised February 2003. http://www. mla. gov. uk/resources/assets//T/technicalstandardsv5_rtf_7958. rtf. [2006 - 8 - 15]

73. Canadian culture online program. Standards and Guidelines for Digitization Projects for Canadian Culture Online Program. http://www. pch. gc. ca/ccop-pcce/pubs/ccop-pcceguide_e. pdf]. [2006 - 8 - 15]

74. Institute of Museum and Library Service. A Framework of Guidance for Building Good Digital Collections. http://www. imls. gov/pubs/forumframework. htm. [2006 - 8 - 15]

75. Fcla Digital Archive. FDA Recommended Data File Formats. http://www. fcla. edu/digitalArchive/pdfs/recFormats. pdf. [2006 - 8 - 15]

76. Consultative Committee for Space Data Systems. Producer-Archive Interface Methodology Abstract Standard Blue Book. Canada,2004. http://public. ccsds. org/publications/archive/651x0b1. pdf. [2006 - 8 - 15]

77. Office of e-Envoy, UK Cabinet Office. E-Government Interoperability Framework. Version 4. 1,October 31,2002. http://www. e-envoy. gov. uk/oee/oee. nsf/sections/framework-egif4 /MYMfile/egif4. htm. [2006 - 8 - 15]

78. John Willinsky. The Nine Flavours of Open Access Scholarly Publishing. Q Journal of Postgraduate Medicine. 2003,(49):263~267

79. Stevan Harnad. Fast-Forward on the Green Road to Open Access:The Case against Mixing Up Green and Gold. Ariadne,2005,(42). http://www. ariadne. ac. uk/issue42/harnad/. [2006 - 8 - 15]

80. Peter Suber. Open Access Overview:Focusing on Open Access to Peer-Reviewed Research Articles and Their Preprints. http://www. earlham. edu/~peters/fos/overview. htm. [2006 - 8 - 15]

81. Van de Somple, H. , Bekaert, J. , Liu, X. , Balakireva, L. and Schwander, T. aDORe:a modular, standards-based digital object repository. The Computer Journal,2000,48(5):514~535

82. Marc Langston,James Tyler. Linking to journal articles in an online teaching environment:the Persistent Link, DOI, and OpenURL. Internet and Higher Education,2004,(7):51~58

83. Carol A. Risher, William R. Rosenblatt. The Digital Object Identifier-an Electronic Publishing Tool For The Entire Information Community. Serials Review,1998,24(3/4):12~20

84. The International DOI Foundation. The Doi System Introductory Overview.

▌REFERENCES

http://www. doi. org. [2006 - 9 - 14]

85. Wleklinski, J. M. Studying Google Scholar: Wall to wall coverage? Online Information Review, 2005, 29(2): 22~26

86. Jacso, P.. Google Scholar: The pros and the cons. Online Information Review, 2005, 29(2): 208~214

87. Kat Hagedorn. OAIster: a "no dead ends" OAI service provider. library Hi Tech, 2003, 21(2): 170~181

88. Bergman, M. K. Tthe Deep Web: Surfacing Hidden Value". the Journal of Electronic Publishing, 2001, 7(8): 124~135

89. Dryburgh A. The Costs of Learned Journal and Book Publishing. A Benchmarking Study for ALPSP. ALPSP, 2002, (9): 221~229

90. Wellcome Trust. An economic analysis of scientific research publishing. http:// www. wellcome. ac. uk/en/images/SciResPublishing3_7448. pdf. [2006 - 9 - 15]

91. Wellcome Trust. Costs and business models in scientific research publishing. Cambridge shire: SQW Limited Enterprise House Vision Park Histon, 2004

92. Warren E. Leary. Measure calls for Wider Access to Federally Financed Research. The New York Times, 2003 - 06 - 26(3)

93. The Association of Historians of Nineteenth-Century Art. sponsorship. http:// 19thc-artworldwide. org/sponsorship. html. [2006 - 11 - 12]

94. The Institute for the Study of American Popular Culture. Endowment Fund. http://www. americanpopularculture. com/journal/endowment _ fund. htm. [2006 - 11 - 16]

95. Declan Butler. Britain decides "open access" is still an open issue. http://rolos. nature. corn/news/2004 /040719/pf/430390b_pf. html. [2006 - 9 - 15]

96. David Malak. Scientific publishing: Opening the Books on Open Access. Science, 2003, 302(24): 550~554

97. Declan Butler. Scientific publishing: Who will pay for open access? Nature, 2003, 425(09): 554~555

98. David Nicholas, Paul Huntingon, Ian Rowlands, Hamid R. , &JamaliM. Open Access Publishing: An International Survey of Author Attitudes and Practices. http://www. ucl. ac. uk/ciber/documents. [2006 - 9 - 20]

99. David Nicholas, Ian Rowlands. Open Access Publishing: The Evidence from the Authors. the Journal of Academic Librarianship, 2005, 31(3): 179~181

100. Robinson A. Open access: the view of a commercial publisher. Journal of Thrombosis and Haemost, 2006, (4): 1454~1460

101. Odlysko AM. Competition and cooperation: libraries and publishers in the

transition to electronic scholarly journals. JSch Pub,1999,(30):163~185

102. Rowlands I,Nicholas D. New Journal Publishing Models:an International Survey of Senior Researchers. A CIBER report for the Publisher's Association and the International Association of STM Publishers. http://www. ucl. ac. uk/ciber/pa_stm_final_report. pdf. [2006－9－15]

103. National Institutes of Health. Report on the NIH Public Access Policy. http://publicaccess. nih. gov/Final_Report_20060201. pdf. [2006－9－20]

104. Publishing Research Consortium. NIH Author Postings:a Study to Understand Knowledge of, and Compliance with, NIH Public Access Policy. Publishing Research Consortium. http://www. publishingresearch. org. uk/. [2006－9－20]

105. Leslie Chan. Maximing Research Impact of Scientific Publications from Developing Countries through Open Access:Experience from Bioline International. http://www. bioline. org. br. [2007－01－02]

106. Norman Paskin. Digital Object Identifiers for Scientific Data. In 19th International CODATA Conference,Berlin,2004. http://www. codata. org/04conf/papers/Paskin-paper. pdf. [2007－01－02]

中文参考文献

1. 新华网. 国外数字图书馆的启动和实施. http://news. xinhuanet. com/it/2002－05－27/content_411040. htm. [2006－9－15]

2. 邱均平,段宇锋. 数字图书馆建设之我见. 情报科学,2002,(10):1089~1091

3. 中国人民大学图书馆. 国外数字图书馆研究与建设. http://www. lib. ruc. edu. cn/zy/tx-brow. php? id＝46. [2006　09－11]

4. 中国互联网络信息中心. 全球互联网统计信息跟踪报告(第 23 期). http://www. cnnic. net. cn/download/manual/info_v23. pdf. [2007－02－10]

5. 中国互联网络信息中心. 2005 年中国互联网络信息资源数量调查报告. http://www. maowei. com/download/2006/20060516. pdf. [2006－09－15]

6. CALIS 华中地区中心. 集团采购简介. http://www. lib. whu. edu. cn/calis2/yjsjk_jtcgjj. asp. [2006－09－15]

7. 任波. 美、欧、日推动信息化发展的相关政策和措施. 科学研究动态监测快报,2005,(12):3~5

8. 中共中央办公厅.《关于加强信息资源开发利用工作的若干意见》. 中办发〔2004〕34 号. http://www. cnisn. com. cn/news/info_show. jsp? newsId＝14799. [2006－9－15]

9. 中共中央办公厅. 2006—2020 年国家信息化发展战略. http:// chinayn. gov. cn/info_www/news/detailnewsbmore. asp? infoNo＝8396. [2006－12－26]

REFERENCES

10. 温斯顿·泰伯. 美国国会图书馆:21世纪数字化发展机遇. 国家图书馆学刊,2002, (4):7~12

11. 中央研究院数位典藏国家型科技计划资料室. 数位典藏国际资源观察报告. 台北: 中央研究院. 2005,3(1). http://www. sinica. edu. tw/％7Endaplib/watch％ 20report/v3n1/ watch_report_v3n1_new. htm. 2006-9-15

12. 信息社会世界峰会执行秘书处. 关于信息社会世界峰会清点工作的报告. http:// www. itu. int/wsis/docs2/tunis/off/5-zh. doc. [2006-9-15]

13. 霍国庆. 四层面构成的信息战略框架. http://cio. it168. com/t/2006-08-07/ 200608011723692. shtml. [2006-09-07]

14. 高复先. 信息资源规划:信息化建设基础工程. 北京:清华大学出版社,2002

15. 徐作宁,陈宁,武振业. 战略信息系统规划研究述评. 计算机应用研究,2006,(4): 3~7

16. 张建生. 战略信息系统——从信息中获取优势. 天津:天津人民出版社,1996, (12):60~94

17. 杰克·D·卡隆. 信息技术与竞争优势. 北京:机械工业出版社,1998

18. 吴基传. 数字图书馆:文化的数字勘探. 光明日报,2006-7-17(3)

19. 马费成,靖继鹏. 信息经济分析. 北京:科学技术文献出版社,2005. 180

20. 谌力. EMC跨出信息生命周期管理的一大步. [2004-3-8]. http:// cnw2005. cnw. com. cn/ store/detail/detail. asp? articleId＝30361&ColumnId＝4028&pg ＝&view＝. [2006-9-11]

21. 林穗芳. 电子编辑和电子出版物:概念、起源和早期发展(上). http://www. cbkx. com/2005-3/index. shtml. [2006-7-4]

22. 林穗芳. 电子编辑和电子出版物:概念、起源和早期发展(中). http://www. cbkx. com/2005-4/770_6. shtml. [2006-7-4]

23. 羿文. 数据库发展史的回顾与思考. 情报学刊,1989,(6):52~56

24. 郑睿. 美国数据库公司一瞥. 图书馆杂志,2003,(1):65~67

25. 黄如花. 数字图书馆信息组织的优化. 情报科学,2004,(12):1435~1439

26. 徐嵩泉. 信息生命周期管理(ILM)——企业提升信息管理水平的利器. http:// www. amteam. org/static/2004-06-22. [2006-7-4]

27. 魏桂英. 信息生命周期管理:呵护信息的生命. 信息系统工程,2005,(9):71~72

28. 于光远. 经济社会发展战略. 北京:中国社会科学出版社,1982. 1

29. 钮先钟. 战略研究. 南宁:广西师范大学出版社. 2003. 15~98

30. 艾尔弗雷德·D·钱德勒. 战略与结构:美国工商企业成长的若干篇章. 昆明:云南 人民出版社,2002. 7~8,156~172

31. 安德鲁斯. 企业战略概念. 北京:经济科学出版社,1998

32. 陈荣平. 战略管理的鼻祖:伊戈尔·安索夫. 保定:河北大学出版社,2005

33. 亨利·明茨博格等. 战略历程:纵览战略管理学派. 北京:机械工业出版社,2002

34. 戴夫·弗朗西斯. 竞争战略进阶. 大连:东北财经大学出版社,2003

35. 周三多. 现代企业战略管理. 南京:江苏人民出版社,1993.12

36. 刘夏清编著. 战略管理技术与方法. 长沙:湖南人民出版社,2003.15~28

37. 迈克尔·波特著;陈小悦译. 竞争战略. 北京:华夏出版社,1997.50~68

38. 高复先. 信息资源规划的理论指导. 中国教育网络,2006,(9):62~64

39. 高复先. 建立信息资源管理基础标准. 中国信息界,2005,(11):24~26

40. 薛华成. 管理信息系统. 第2版. 北京:清华大学出版社,1993.121~128

41. 温斯顿·泰伯,孙利平. 美国国会图书馆:21世纪数字化发展机遇. 国家图书馆学刊,2002,(4):7~12

42. 许群辉. 美国数字信息资源保存项目NIIPP及其启示. 现代情报,2006,(9):67~69

43. 周佳贵. 美国数字信息保存计划——NDIIPP及其对我国的启示. 图书馆工作与研究,2006,(1):34~37

44. 宛玲. 国外数字资源长期保存的最新发展及对我国的启示. 中国图书馆学报,2004,(2):22~26

45. 宛玲,吴振新,郭家义. 数字资源长期战略保存的管理与技术策略——中欧数字资源长期保存国际研讨会综述. 现代图书情报技术,2005,(1):56~61

46. 孔健,裴非. 图书情报事业在可持续发展战略中的地位与作用. 情报科学,2003,(5):476~478

47. 联合国教科文组织编. 世界文化报告1998. 北京:北京大学出版社,2000

48. 惠普. 惠普信息生命周期管理——技术角度. http://h50236. www5. hp. com/AA0-4186CHN06. 4. pdf. [2006-9-11]

49. 董宝青. 信息资源开发利用的公共政策设计. http://www. media. edu. cn/zheng_ce_5165/20060627/t20060627_185820_1. shtml. [2006-9-2]

50. 张玉林. 企业信息化战略规划的一种新的分析框架模型. 管理科学学报,2005,(8):88~98

51. 张学军,蔡晓兵. 再论信息系统战略规划方法的分类及组合策略. 中国管理信息化,2005,(6):31~33

52. 田奋飞. 不同战略思维模式下的企业战略规划模式探析. 企业研究,2006,(5):36~38

53. 董小焕. 论企业战略管理的系统观. 集团经济研究,2006,(10):1

54. 戴维. 战略管理:概念与案例(第10版)影印版. 北京:清华大学出版社,2006.5

55. 张曙光,蓝劲松. 大学战略管理基本模式述要. 现代大学教育,2006,(4):32~36

56. 中国互联网络信息中心. 第18次中国互联网络发展状况统计报告. http://tech. sina. com. cn/focus/cnnic18/index. shtml. [2007-3-5]

57. 中国网. 世界人权宣言. http://www. china. com. cn/chinese/zhuanti/zgqy/924994. htm. [2006-07-26]

58. 吴现杰. 关于《联合国教科文组织公共图书馆宣言(1994)》的几点思考. 河北科技图苑,2005,18(1):35～37

59. 信息社会世界高峰会议. 建设信息社会:新千年的全球性挑战. http://www. itu. int/dms_pub/itu-s/md/03/wsispc3/td/030915/ S03 - WSISPC3 - 030915 - TD - GEN - 0006! R3! MSW - C. doc. [2006 - 11 - 14]

60. 孙枢等. 美国科学数据共享政策考察报告. http://www. br. gov. cn/showzhuanti. asp? newsid= 20/2005 - 09 - 01. [2006 - 11 - 2]

61. 陈传夫,曾明. 科学数据完全与公开获取政策及其借鉴意义. 图书馆论坛,2006,(4):1～5

62. Lowie,刘兹恒. 一种全新的学术出版模式:开放存取出版模式探析. 中国图书馆学报,2004,(6):66～69

63. 刘闯,王正行. 美国国有科学数据"完全与公开"共享国策剖析. http://www. spatialdata. org/expcrtise/expertise - 08. htm. [2006 - 8 - 20]

64. 王云娣. 网络开放存取的学术资源及其获取策略研究. 中国图书馆学报,2006,(2):76～78

65. 劳伦斯;费兰芳. 莱格斯网络知识产权思想评述. 知识产权,2003,(1):62～64

66. 吴伟光. 数字作品版权保护的物权化趋势分析——技术保护措施对传统版权理念的改变. http://cyber. tsinghua. edu. cn/user1/wuweiguang/archives/2006/59. html. [2006 - 8 - 20]

67. 韦之. 欧盟数据库指令. 著作权,2000,(2):48～52

68. 罗伯特·考特,托马斯·尤伦著;张平等译. 信息获取经济学. 上海:上海人民出版社,1994. 185

69. 李明德,许超. 著作权法. 北京:法律出版社,2003. 27

70. Lowie. 基于开放存取的学术期刊出版模式研究. http://openaccess. bokee. com/. [2006 - 8 - 15]

71. 宁杰. 知识共享——数字时代著作权保护新理念. http://www. law. ruc. edu. cn/Article/ShowArticle. asp? ArticleID=3170. [2006 - 9 - 15]

72. 张晓林,曾蕾. 数字图书馆建设的标准与规范. 中国图书馆学报,2002,28(6):7～16

73. 郭家义. 数字信息资源长期保存系统的标准体系研究. 现代图书情报技术,2006,(4):14～18

74. 齐华伟,王军. 元数据收割协议 OAI-PMH. 情报科学,2005,23(3):414～420

75. 董慧,丁波涛. OAI-PMH 协议初探. 图书情报知识,2004,(6):70～73

76. 何朝晖. DOI:数字资源的"条形码". 图书馆工作与研究,2003,(5):29～31

77. 毛力. GOOGLE SCHOLAR 的出现与期刊评价. http://www. d-library. com. cn/info/info_literature_bq_detail. jsp? id=307. [2006 - 9 - 14]

78. 张文彦. Google Scholar 与图书馆的未来. 中国信息导报,2005,(9):38～41

79. 娄卓男. 论网络广告的定价方式. 现代情报,2003,23(6):158～159

80. 向林芳. 高校图书馆数据库的采购. 图书馆学研究,2006,(3):63～65

81. 李国新. 中国古籍资源数字化的进展与任务. 大学图书馆学报,2002,(1):21～27

82. 年心博客. CALIS 的集团采购. http://openaccess. bokee. com/222048. html.
[2006－9－12]

83. 沈玉兰,张爱霞. 国际标准规范开放建设现状与发展研究报告. 科技部科技基础性
工作专项资金重大项目《我国数字图书馆标准规范建设》资助,2003. http://cdls.
nstl. gov. cn/cdls. [2006－9－15]

84. 国务院信息化工作办公室. 中国信息化发展报告 2006. http://www. china. com.
cn/chinese/PI-c/1254023. htm. [2006－9－12]

85. 张晓林,肖珑等. 我国数字图书馆标准与规范的建设框架. 图书情报工作,2003,
(4):7～12

86. 张晓林等. 数字图书馆标准规范的发展趋势. 科技部科技基础性工作专项资金重
大项目《我国数字图书馆标准规范建设》资助,2003. http://cdls. nstl. gov. cn/
cdls. [2006－9－15]

87. 毛军,倪金松. 中国数字资源唯一标识符发展战略. 科技部科技基础性工作专项资
金重大项目资助,2003. http://cdls. nstl. gov. cn/2003/Whole/TecReports.
html. [2006－9－15]

88. 李麟,初景利. 开放存取出版模式及发展策略. 中国科技期刊研究,2006,17(3):
341～347

89. 维普资讯网.《中文科技期刊数据库(全文版)》的网上包库价格表. http://www.
cqvip. com/productor/zhongkanAll-2. htm. [2006－9－15]

90. 维普资讯网. 维普信息资源系统网络流量计费服务价格表. http://www. cqvip.
com/productor/liuliang. htm. [2006－9－15]

91. 维普资讯网. 用户服务模式介绍. http://www. cqvip. com/serveCenter/
moshijieshao. htm. [2006－9－15]

92. 江杭生. 开放使用——学术出版界的战争. http://www biotech orgon/news/
news/show. php? id＝251 94. [2006－9－15]

93. 徐永光. 非公募基金会迎来春天. http://www. crcf. org. cn/news/findnews/
shownews. asp? newsid＝1381. [2006－9－15]

94. 新华网. 发改委专家:我国 99％的企业从未参与过捐赠. http://news. xinhuanet.
com/ fortune/2005－11/14/content_3776253. htm. [2006－9－15]

95. 初景利,李麟. 中国科研工作者对开放获取的态度. Http://libraries. csdl. ac. cn/
Meeting/MeetingID. asp? MeetingID＝ 7&MeetingMenuID＝51. [2006－9－15]

96. 安玉洁. 开放存取在我国发展缓慢原因探析及对策研究. 数字图书馆论坛,2006,
(8):55～60

97. 杨玮等. SWOT 分析法在区域信息产业发展研究中的应用. 电子政务,2006,(4):76～81

98. 贾晓辉等. SWOT 分析框架在知识产权战略分析中的应用——以 TD-SCDMA 为例. 电子知识产权分析,2006,(9):21～25

99. 何立民,万跃华,李平. 电子文献正文引文跨越学术领域的链接. 大学图书馆学报,2003,21,(3):36～39

100. 新华社. Google 建最大网上图书馆,网上藏书数量巨大. http://telecom.chinabyte.com/158/1889158.shtml.[2006-9-15]

101. 毛力. 学术数据库与普及型搜索引擎的合作研究. http://www.cqvip.com/tq/20060722_5.htm.[2006-10-4]

102. 赵培云. 如何搞好中国数字图书馆统一标准建设. 世界标准化与质量管理,2004,(3):48～49

103. 刘海霞,胡德华等. SciELO 对发展中国家开放存取期刊建设的启示. 图书馆建设,2006,(5):58～60

104. 秦珂. 开放存取期刊的资源体系及其发展问题探微. 河北科技图苑,2006,(9):31～34

105. 王广宇,吴锦辉. OA 期刊的经费支持问题——借鉴 TV 广告运行模式的探讨. 图书情报工作,2006,(10):114～117

互联网网站

1. 联合国信息通信技术任务组(UNICTTF)"为数字发展创造有利环境"全球论坛. http://www.unicttaskforce.org/seventhmeeting/

2. 中欧数字资源长期战略保存国际研讨会. http://159.226.100.135/meeting/cedp/index.html

3. 科学信息开放获取政策与战略国际研讨会. http://libraries.csdl.ac.cn/meeting/openaccess.asp

4. 我国数字图书馆标准规范建设课题网站. http://cdls.nstl.gov.cn/

5. 奥地利的数字战略 http://www.cio.gv.at/

6. Ministry of Internal Affairs and Communications. Information and Communications Policy Site. http://www.soumu.go.jp/english/index.html

7. u-Japan. http://www.wsis-japan.jp/

8. 新西兰的数字战略. http://www.digitalstrategy.govt.nz/

9. International Trade Centre. http://www.intracen.org

10. 美国回顾工程. http://memory.loc.gov/ammem/index.html

11. 国家数字信息基础设施建设和保存项目. http://www.digitalpreseervation.gov/ndiipp

12. 美国英语文化遗产中心数字存档战略. http://www.english-heritage.org.uk/upload/pdf/dap_manual_archiving.pdf

13. 加拿大国家数字信息资源战略. http://www.collectionscanda.ca/cdis

14. 新西兰"数字化未来". http://www.digitalstrategy.govt.nz

15. PANDORA 项目. http://pandora.nla.gov.au/index.html

16. PADI. http://www.nla.gov.au/padi

17. 我国数字图书馆标准规范建设. http://cdls.nstl.gov.cn/

18. Lund 大学开放存取目录. http://www.doaj.org

19. NIH Public Access Policy. http://publicaccess.nih.gov/index.htm

20. Budapest Open Access Initiative. http://www.soros.org/openaccess

21. Bethesda Statement on Open Access Publishing. http://www.earlham.edu/~peters/fos/bethesda.htm

22. Berlin Declaration on Open Access to Knowledge in the Sciences and Humanities. http://www.zim.mpg.de/openaccess-berlin/berlindeclaration.html

23. IFLA Statement on Open Access to Scholarly Literature and Research Documentation. http://www.ifla.org/V/cdoc/open-access04.html

24. PLoS Open Access License. http://www.PLoS.org/journals/license.html

25. BioMed Central Copyright. http://www.biomedcentral.com/info/about/copyright

26. Science Commons. http://science.creativecommons.org/

27. 中国创作共用协议. http://www.creativecommons.cn/

28. 国家图书馆. http://www.nlc.gov.cn/

后 记

本书是我的博士论文的公开出版。2004年,我荣幸的考入南京大学信息管理系,师从孙建军教授。三年来,在导师的指导下,在南京大学百年名校浓厚的学术氛围和许多著名专家学者的熏陶、引导下,无论在学业还是在做人方面都受益良多。如今,我的博士论文有机会付梓出版,甚感欣慰。

参加博士论文答辩已一年有余,看着眼前即将出版的书稿,内心仍激动不已。

首先,衷心地感谢我的导师孙建军教授。是导师鼓励我攀登一个又一个科学高峰,是导师在指点我解决一个又一个迷津,也是导师在关心着我的生活和成长。我的导师,学识渊博,对专业孜孜以求,精益求精。百忙之余仍然读书不辍,不断探求;为人师表,率先垂范;传道授业,呕心沥血。如果说我从导师那里学会了怎样做好学问,那么首先应该说我从导师那里领略了真正的学术精神,导师严谨的治学态度和坚韧的探索精神将使我终生受益。

我庆幸在博士期间能得到南京大学信息管理系沈固朝教授、苏新宁教授、朱庆华教授、叶继元教授、郑建明教授、朱学芳教授、张志强教授、华薇娜教授、陈雅副教授、杨建林副教授、成颖副教授等南京大学信息管理系的老师,在论文的开题、写作、问卷调查过程中给予我无私的帮助和指导。他们的博学多才,带领我进入一个深奥而迷人的殿堂,如果说论文有所贡献的话,那正是诸位师长谆谆教导的结果。

感谢我的那些同门。三年来,我们在实验室里一起学习,一起奋斗,这段美好的回忆会让我终身难忘!还有我的室友,三年来我们朝夕相处,结成了情同姐妹的友谊。这份珍贵的感情,使我的博士求学生活不再枯燥和乏味,感谢她们给予我的帮助和温暖!

感谢我的父母,当初放弃工作选择读研,直至读博,离你们是越来越远了。而您们总是用宽容和善良的心来接纳我,你们的支持和理解,使我能自由的选择自己的人生道路,实现我的梦想。

我要特别感谢我的先生,一直以来对我默默的支持。

值得一提的是,论文获得了教育部哲学社会科学研究重大课题攻关项目"数字信息资源的规划、管理与利用研究"的资助,要特别感谢武汉大学信息管理系马费成教授等课题组老师的支持和指导,以及课题组博客网站(http://202.114.66.51/blog)的所有工作人员。

最后,借本书即将出版之际,感谢对本书的出版给予关心和支持的东南大学出版社张煦同志,以及为本书的编辑和校审作了大量工作的各位同志。

柯 青

2008年11月于南京大学

Contents

Digital Information Resources Strategy Planning